JN107078

高校の
数学II・Bが1冊で
しっかりわかる本

東大卒プロ数学講師
小杉拓也

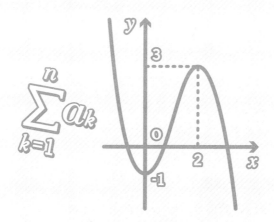

かんき出版

はじめに
1冊で高校の数学Ⅱ・Bがわかる決定版！

本書を手にとっていただき、誠にありがとうございます。

この本は、高校で習う数学Ⅱ・Bを、1冊でしっかり理解するための本で、2022年度から開始された新学習指導要領に対応しています。一方、旧課程対応の大学受験予定の方にとっても、ベクトルは収録していませんが、十分に役立つ内容です。

『1冊でしっかりわかる』シリーズは、読者の皆様のおかげでロングセラーになっています。

特に『高校の数学Ⅰ・Aが1冊でしっかりわかる本』（現在は『改訂版』を発売）を刊行した後、驚くほど多くの読者の方々から「数学Ⅱ・B版も出してほしい！」という声をいただきました。私の著者歴のなかでも、続編のご依頼をこれほどたくさんいただいたことはありません。この熱望に後押ししていただき、本書をつくることにしました。

①2022年度以降に高校に入学し、定期試験や大学受験のための基礎を固めて、成績を上げたい生徒
②旧課程対応の大学受験予定の生徒で、ベクトル以外の数学Ⅱ・Bを学びたい方
③学び直しや頭の体操をしたい大人の方

今回は、上の方を対象に、新課程での数学Ⅱ・Bの全範囲をスムーズに理解できるように「絶対につまずかせない！」という思いで執筆しました。ただし、教科書の内容をおさらいするだけでは、本当の意味で数学を理解することはできません。そこで、この本では、7つの強みを独自の特長として備えています。

その1　**各項目に** 🔵 コレで完璧！ポイント **を掲載！**
その2　ここが大切！ **に各項目の要点をギュッとひとまとめ！**
その3　**高校の数学Ⅱ・Bの全内容が短時間で「しっかり」わかる！**
その4　**「学ぶ順序」と「ていねいな解説」へのこだわり！**
その5　**用語の理解を深めるために、巻末に「意味つき索引」も！**
その6　**範囲とレベルは高校の教科書と同じ！　新学習指導要領にも対応！**
その7　**高校生から大人まで一生使える1冊！**

小さな「わかった！」を積み重ねていけば、苦手だった数学が得意に、さらには好きな教科に変わっていきます。ぜひ楽しみながら、本書を読んでみてください。

『高校の数学Ⅱ・Bが 1冊でしっかりわかる本』の7つの強み

その1 各項目に コレで完璧！ ポイント を掲載！

　高校数学には「これを知るだけでスムーズに解ける」「ちょっとした工夫で苦手が克服できる」といったポイントがあります。

　一方、そういうポイントは、教科書にはあまり載っていません。そこで本書では、私の20年以上の指導経験から、「学校では教えてくれないコツ」「成績が上がる解き方」「ミスを減らす方法」など、知るだけで差がつくポイントを、すべての項目に掲載しました。

その2 ここが大切！ に各項目の要点をギュッとひとまとめ！

　すべての項目の冒頭に、その要点をギュッとまとめた ここが大切！ を掲載しました。要点をおさえたうえで学習することで、それぞれの項目を速く、正確に理解することができます。

その3 高校の数学Ⅱ・Bの全内容が短時間で「しっかり」わかる！

　本書のタイトルの「しっかり」には、2つの意味があります。

　1つめは、高校の数学Ⅱ・Bを「最少の時間」で「最大限に理解できる」ように、大切なことだけを凝縮して掲載しているということ。2つめは、奇をてらった解き方ではなく、高校の教科書にそった、できるだけ「正統」な手順で解説したということです。

　この2つの意味において、忙しい学生や大人の方にも、短時間で「しっかり」学んでいただける1冊になっています。

その4 「学ぶ順序」と「ていねいな解説」へのこだわり！

　数学を学ぶことで、論理的な思考力を伸ばすことができます。なぜなら、数学では「AだからB、BだからC、CだからD」というように、順番に考えを導くことが必要だからです。

論理的に数学を学べるように、本書は「はじめから順に読むだけでスッキリ理解できる」構成になっています。また、読む人が理解しやすいように、とにかくていねいに解説することを心がけました。シンプルな計算でも、途中式を省かずに解説しています。

その5 用語の理解を深めるために、巻末に「意味つき索引（さくいん）」も！

　数学の学習では、用語の意味をおさえることがとても大事です。用語の意味がわからないと、それがきっかけでつまずいてしまうことがあるからです。

　本当の意味で「高校の数学Ⅱ・Bがわかる」には、それぞれの用語とその意味をしっかり理解しておく必要があるのです。そこで本書では、「二項定理（にこうていり）」や「正規分布（せいきぶんぷ）」といった数学独特の用語の意味を、1つひとつていねいに解説しています。

　そのうえで、気になったときに用語を探して、意味をすぐに調べられるように、はじめて出てくる用語にはできるだけよみがなをつけ、巻末の「意味つき索引」とリンクさせています。読むだけで「用語を言葉で説明する力」を伸ばしていくことができます。

その6 範囲とレベルは高校の教科書と同じ！　新学習指導要領にも対応！

　この本で扱う例題や練習問題は、高校の教科書の範囲とレベルにあわせた内容になっています。

　本書は、2022年度から開始された新学習指導要領に対応しています。この新課程では、旧課程で数学Bの範囲だった「ベクトル」が、数学Cの範囲になりました（そのため、本書では「ベクトル」を収録していません）。

　また、新課程では「確率分布と統計的な推測（かくりつぶんぷ　とうけいてき　すいそく）（数学B）」の単元に、「正規分布を使った（せいきぶんぷ）仮説検定（かせつけんてい）」の項目と、「有意水準（ゆういすいじゅん）」などの用語が加わりました。本書では、これらの新たな内容もしっかり解説しています。

その7 高校生から大人まで一生使える1冊！

　本書は、第1編が「数学Ⅱ」、第2編が「数学B」という構成になっています。また、分野ごとに章（PART）を分けているため、学びたい内容を重点的に学習することもできます。

　学び直しが目的の方にとっても、はじめから順に読んだり、学びたい分野だけ読んだりと、さまざまな用途にあわせて使うことが可能です。高校生から大人、さらには高齢者の方々まで、一生使える1冊だといえるでしょう。

本書の使い方

2 この見開き2ページ
または4ページで学
ぶ項目です

3 この項目の分野
が数Ⅱか数Bか
を表しています

4 各項目を学ぶうえで一番の
ポイントです

1 各章で学ぶ
単元です

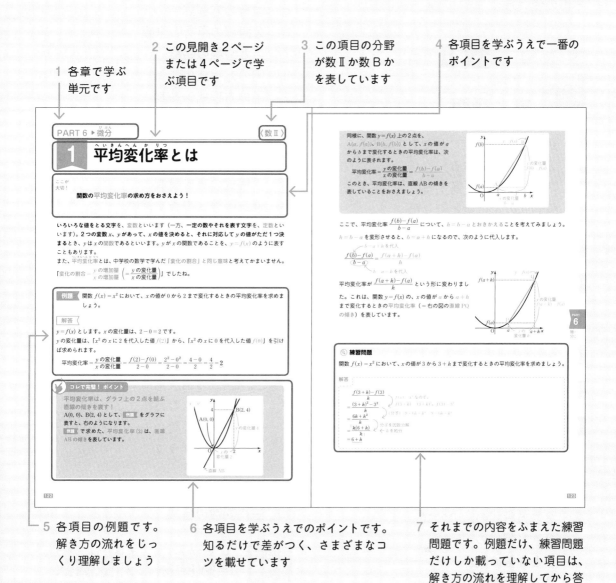

5 各項目の例題です。
解き方の流れをじっ
くり理解しましょう

6 各項目を学ぶうえでのポイントです。
知るだけで差がつく、さまざまなコ
ツを載せています

7 それまでの内容をふまえた練習
問題です。例題だけ、練習問題
だけしか載っていない項目は、
解き方の流れを理解してから答
えをかくして解いてみましょう

もくじ

第1編 数Ⅱ

PART 1 式と証明

PART 2 複素数と方程式

PART 3 図形と方程式

PART 4 三角関数

PART 5 指数関数と対数関数

PART 6 微分

PART 7 積分

第2編 数B

PART 8 数列

PART 9 確率分布と統計的な推測

カバーデザイン　Isshiki

本文デザイン　二ノ宮匡(ニクスインク)

DTP　フォレスト

式と計算についての用語を復習する

初めでつまずかないように、基本の用語を復習しよう！

1 整式についての用語

単項式と多項式をあわせて、整式といいます。

単項式 … $5a$、$-7x^2$ のように、**数や文字のかけ算だけでできている式。**y や -6 など、**1つ
だけの文字や数**も単項式に含まれる

係数 … $5a$ の 5 や、$-7x^2$ の -7 のように、**文字を
含む単項式の数の部分**

> 単項式の例 → $\underset{\substack{\uparrow\\ \text{5 は係数}}}{5a}$、$\underset{\substack{\uparrow\\ \text{-7 は係数}}}{-7x^2}$、$y$、$-6$

多項式 … $2a+3b+17$ のように、**単項式の和の形
で表された式**

> 多項式の例 → $\underset{\substack{\uparrow\\ \text{項}}}{2a}+\underset{\substack{\uparrow\\ \text{項}}}{3b}+\underset{\substack{\uparrow\\ \text{項}}}{17}$

項 … **多項式で、$+$ で結ばれた1つひとつの単項式**

2 次数についての用語

単項式と多項式で、次数の意味が違うので注意しましょう。

（単項式の）次数 … 単項式では、**かけあわされている文字の個数**
を、その式の次数という。例えば、**単項
式 $8ab^2$ は、a と b と b の3つの文字がかけ
あわされているので、次数は 3**

$$8ab^2 = 8 \times \underset{\substack{\uparrow\\ \text{文字が3つ}\\ \to \text{次数は3}}}{a \times b \times b}$$

（多項式の）次数 … 多項式では、**それぞれの項の次数のうち、もっとも高い（大きい）もの**を、
その式の**次数**という

※次数の大小は、「高い」「低い」と表すことが多い。

・n 次式 … **次数が1の式を1次式、次数が2の式を2次式、次数が3の式を3次式、…のよ
うに、次数が n の式を n 次式という**

例題 次の整式は何次式ですか。

$3x - 8x^2y + 2x^2y^2 - 2x^3y^2 - 7y^2$

解答

多項式では、**それぞれの項の次数のうち、もっとも高い（大きい）もの**を、その式の次数といいます。

$3x - 8x^2y + 2x^2y^2 - 2x^3y^2 - 7y^2$

項に分ける

$= 3x + (-8x^2y) + 2x^2y^2 + (-2x^3y^2) + (-7y^2)$

次数1　次数3　次数4　次数5　次数2

（もっとも高い）

答え 5次式

🐱 **コレで完璧！ ポイント**

「降べきの順に整理する」とは？

例えば、$x + 2x^3 - 10 + 7x^2$ を、項の次数が高い（大きい）ほうから順に整理すると、右のようになります。

このように、**整式を1つの文字について次数が高い（大きい）ほうから順に整理する**ことを、

$2x^3 + 7x^2 + x - 10$

次数が高い ⟵⟶ 次数が低い

「降べきの順に整理する」ということをおさえましょう。

---

3 計算についての用語

整式のたし算と引き算では、**分配法則**を使って計算することが多いです。分配法則とは、右のような法則です。

$x(a + b) = ax + bx$　$(a + b)x = ax + bx$

x をどちらにもかける　　x をどちらにもかける

また、**整式のかけ算を、かっこを外して単項式のたし算の形に表すことを、はじめの式を展開する**といいます。また、**展開した結果の式**を、展開式といいます。

×（かける）が省略されている

【例】 $4x(x + 3) = 4x^2 + 12x$

整式のかけ算 を かっこを外して単項式のたし算の形にする

展開する

「$(a + b)x = ax + bx$」の**両辺**（等号 = の左右の式）を入れかえた、右の式も成り立ちます。

多項式で、文字の部分が同じ項を、**同類項**といいます。例えば、$2x$ と $7x$ は、文字 x の部分が同じなので同類項です。

同類項は、「$ax + bx = (a + b)x$」の公式を使って、1つの項にまとめられます。

$ax + bx = (a + b)x$

かっこの中にまとめる

【例】 ① $3a + 4a = (3 + 4)a = 7a$　　② $2xy - 4xy = (2 - 4)xy = -2xy$

同類項をまとめる　　　　　　　　　　同類項をまとめる

2 3次式を展開する

ここが大切！ **次の公式をおさえよう！**

- $(a+b)^3 = a^3 + 3a^2b + 3ab^2 + b^3$
- $(a-b)^3 = a^3 - 3a^2b + 3ab^2 - b^3$
- $(a+b)(a^2 - ab + b^2) = a^3 + b^3$
- $(a-b)(a^2 + ab + b^2) = a^3 - b^3$

1 $(a+b)^3$ と $(a-b)^3$ の展開

3次式の $(a+b)^3$ を展開すると、次のようになります。

$$(a+b)^3$$
$$= (a+b)(a+b)^2$$

$A^{m+n} = A^m A^n$ （数Ⅰの指数法則）

$(a+b)^2 = a^2 + 2ab + b^2$

$$= (a+b)(a^2 + 2ab + b^2)$$

①～⑥の順に計算

$$= a^3 + 2a^2b + ab^2 + a^2b + 2ab^2 + b^3$$

同類項をまとめる
（②と④、③と⑤）

$$= a^3 + 3a^2b + 3ab^2 + b^3$$

「$(a+b)^3 = a^3 + 3a^2b + 3ab^2 + b^3$」であることがわかりました。$(a+b)^3$ の青い字のところを「$+(-b)$」と考えると、右のように、$(a-b)^3$ の公式を導くことができます。

$$(a-b)^3$$

$-b = +(-b)$　　$(a+b)^3$を展開する公式

$$= \{a + (-b)\}^3$$
$$= a^3 + 3 \cdot a^2 \cdot (-b) + 3 \cdot a \cdot (-b)^2 + (-b)^3$$
$$= a^3 - 3a^2b + 3ab^2 - b^3$$

✋ 練習問題1

右の式を展開しましょう。　（1）$(x+2)^3$　　　（2）$(3a-1)^3$

解答

（1）公式「$(a+b)^3 = a^3 + 3a^2b + 3ab^2 + b^3$」で、$a$ を x に、b を 2 におきかえます。

$$(x+2)^3$$

$(a+b)^3$を展開する公式

$$= x^3 + 3 \cdot x^2 \cdot 2 + 3 \cdot x \cdot 2^2 + 2^3$$
$$= x^3 + 3 \cdot x^2 \cdot 2 + 3 \cdot x \cdot 4 + 8$$
$$= x^3 + 6x^2 + 12x + 8$$

（2）公式「$(a-b)^3 = a^3 - 3a^2b + 3ab^2 - b^3$」で、$a$ を $3a$ に、b を 1 におきかえます。

$$(3a-1)^3$$

$(a-b)^3$を展開する公式

$$= (3a)^3 - 3 \cdot (3a)^2 \cdot 1 + 3 \cdot 3a \cdot 1^2 - 1^3$$
$$= 27a^3 - 3 \cdot 9a^2 \cdot 1 + 3 \cdot 3a \cdot 1 - 1$$
$$= 27a^3 - 27a^2 + 9a - 1$$

$(3a)^3 = 27a^3$
$(3a)^2 = 9a^2$

2 $(a+b)(a^2-ab+b^2)$ と $(a-b)(a^2+ab+b^2)$ の展開

$(a+b)(a^2-ab+b^2)$ を展開すると、次のようになります。

$$(a+b)(a^2-ab+b^2)$$

①〜⑥の順に計算

$$= a^3 - a^2 b + ab^2 + a^2 b - ab^2 + b^3$$

②と④、③と⑤の同類項をまとめると、
それぞれ 0 になる

$$= a^3 + b^3$$

同様に、$(a-b)(a^2+ab+b^2)$ を展開すると、「$(a-b)(a^2+ab+b^2)=a^3-b^3$」が成り立ちます。

コレで完璧！ ポイント

慣れないうちは、分配法則を使って検算しよう！
例えば、「$(x+3)(x^2-3x+9)$」という式は、
公式「$(a+b)(a^2-ab+b^2)=a^3+b^3$」で、
a を x に、b を 3 にそれぞれおきかえると、次のように展開できます。

$$(x+3)(x^2-3x+9) = x^3 + 3^3 = x^3 + 27$$

x の
2乗　　$x \cdot 3$
　　　 $= 3x$　　 3 の
　　　　　　　　 2乗

一方、公式に慣れないうちは分配法則を使って、次のように求めることもできます。

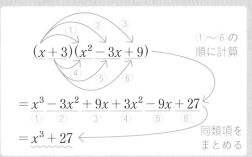

$$(x+3)(x^2-3x+9)$$

①〜⑥の順に計算

$$= x^3 - 3x^2 + 9x + 3x^2 - 9x + 27$$

$$= x^3 + 27$$

同類項をまとめる

練習問題2

次の式を展開しましょう。

（1）$(a-3b)^3$ 　　　　　　　　　　　　（2）$(2a-1)(4a^2+2a+1)$

解答

（1）「$(a-b)^3 = a^3 - 3a^2 b + 3ab^2 - b^3$」で、$b$ を $3b$ におきかえます。

$$(a-3b)^3$$

$(a-b)^3$ を展開する公式

$$= a^3 - 3 \cdot a^2 \cdot 3b + 3 \cdot a \cdot (3b)^2 - (3b)^3$$

$(3b)^2 = 9b^2$

$$= a^3 - 3 \cdot a^2 \cdot 3b + 3 \cdot a \cdot 9b^2 - 27b^3$$

$(3b)^3 = 27b^3$

$$= a^3 - 9a^2 b + 27ab^2 - 27b^3$$

（2）公式「$(a-b)(a^2+ab+b^2)=a^3-b^3$」で、$a$ を $2a$ に、b を 1 におきかえます。

$$(2a-1)(4a^2+2a+1) = (2a)^3 - 1^3 = 8a^3 - 1$$

$(2a)^2$ 　　$2a \cdot 1$ 　1^2
$= 4a^2$ 　　$= 2a$ 　　$= 1$

3 3次式を因数分解する

ここが大切！

次の公式をおさえよう！

- $a^3 + b^3 = (a+b)(a^2 - ab + b^2)$
- $a^3 - b^3 = (a-b)(a^2 + ab + b^2)$
- $a^3 + 3a^2b + 3ab^2 + b^3 = (a+b)^3$
- $a^3 - 3a^2b + 3ab^2 - b^3 = (a-b)^3$

1 因数分解とは（中学数学の復習）

例えば、$x^2 + 7x + 12 = (x+3)(x+4)$ において、$x+3$ と $x+4$ のように、**積をつくっている1つひとつの式**を 因数 といいます。また、**多項式をいくつかの因数の積の形に表すこと**を、因数分解 といいます。

$$x^2 + 7x + 12$$
展開 ↑ ↓ 因数分解
$$\underbrace{(x+3)}_{因数}\underbrace{(x+4)}_{因数}$$

2 $a^3 + b^3$ と $a^3 - b^3$ の因数分解

P11 で習った、展開の公式の両辺を入れかえると、次の因数分解の公式（3次式）が成り立ちます。

- $a^3 + b^3 = (a+b)(a^2 - ab + b^2)$
- $a^3 - b^3 = (a-b)(a^2 + ab + b^2)$

✍ 練習問題1

次の式を因数分解しましょう。

（1）$x^3 + 8$ （2）$a^3 - 27b^3$

解答

（1）公式「$a^3 + b^3 = (a+b)(a^2 - ab + b^2)$」で、$a$ を x に、b を 2 にそれぞれおきかえて考えると、次のように因数分解できます（b に 2 を代入するのは、$8 = 2^3$ のため）。

$$x^3 + 8$$
$$8 = 2^3 \quad a^3 + b^3 を因数分解する公式$$
$$= x^3 + 2^3$$
$$= (x+2)(x^2 - x \cdot 2 + 2^2)$$
$$= (x+2)(x^2 - 2x + 4)$$

（2）公式「$a^3 - b^3 = (a-b)(a^2 + ab + b^2)$」で、$b$ を $3b$ におきかえて考えると、次のように因数分解できます（b に $3b$ を代入するのは、$27b^3 = (3b)^3$ のため）。

$$a^3 - 27b^3$$
$$27b^3 = (3b)^3 \quad a^3 - b^3 を因数分解する公式$$
$$= a^3 - (3b)^3$$
$$= (a - 3b)\{a^2 + a \cdot 3b + (3b)^2\}$$
$$= (a - 3b)(a^2 + 3ab + 9b^2)$$

3 「$a^3 + 3a^2b + 3ab^2 + b^3$」と「$a^3 - 3a^2b + 3ab^2 - b^3$」の因数分解

P10 で習った、展開の公式の両辺を入れかえると、次の因数分解の公式（3次式）が成り立ちます。

- $a^3 + 3a^2b + 3ab^2 + b^3 = (a+b)^3$
- $a^3 - 3a^2b + 3ab^2 - b^3 = (a-b)^3$

練習問題2

次の式を因数分解しましょう。

（1）$2x^3 - 16y^3$

（2）$x^3 + 3x^2 + 3x + 1$

（3）$8a^3 - 36a^2b + 54ab^2 - 27b^3$

解き方のコツ　（1）は左ページで、（2）と（3）はこのページで習った公式をそれぞれ使いましょう。

解答

（1）まず、共通因数（それぞれの項に共通な因数）の 2 をくくり出してから、公式「$a^3 - b^3 = (a-b)(a^2 + ab + b^2)$」で、$a$ を x に、b を $2y$ にそれぞれおきかえて考えると、次のように因数分解できます（ コレで完璧！ ポイント を参照）。

$$2x^3 - 16y^3$$
共通因数の 2 をくくり出す
$$= 2(x^3 - 8y^3)$$
$8y^3 = (2y)^3$
$$= 2\{x^3 - (2y)^3\}$$
$a^3 - b^3$ を因数分解する公式
$$= 2(x - 2y)\{x^2 + x \cdot 2y + (2y)^2\}$$
$$= 2(x - 2y)(x^2 + 2xy + 4y^2)$$

（2）公式「$a^3 + 3a^2b + 3ab^2 + b^3 = (a+b)^3$」で、$a$ を x に、b を 1 に、それぞれおきかえて考えると、次のように因数分解できます。

$$x^3 + 3x^2 + 3x + 1 = (x+1)^3$$

x の3乗　　$3 \cdot x^2 \cdot 1$ $= 3x^2$　　$3 \cdot x \cdot 1^2$ $= 3x$　　1 の3乗

（3）公式「$a^3 - 3a^2b + 3ab^2 - b^3 = (a-b)^3$」で、$a$ を $2a$ に、b を $3b$ に、それぞれおきかえて考えると、次のように因数分解できます。

$$8a^3 - 36a^2b + 54ab^2 - 27b^3 = (2a - 3b)^3$$

$(2a)^3$ $= 8a^3$　　$3 \cdot (2a)^2 \cdot 3b$ $= 3 \cdot 4a^2 \cdot 3b$ $= 36a^2b$　　$3 \cdot 2a \cdot (3b)^2$ $= 3 \cdot 2a \cdot 9b^2$ $= 54ab^2$　　$(3b)^3$ $= 27b^3$

コレで完璧！ ポイント

2段階の因数分解にも慣れていこう！

練習問題2 （1）で、「$2x^3 - 16y^3$」を因数分解するとき、すぐに 3 次式の因数分解が使えないので、どのように解くべきか悩んだ方もいるかもしれません。

「共通因数をくくり出す→公式で因数分解」という、2段階の因数分解はよく出題されるので慣れておきましょう。

4 分数式のかけ算と割り算

ここが
大切！

分数式のかけ算と割り算は、分数と同じように計算できる！

1 分数式とは

$\dfrac{5}{x}$、$\dfrac{x}{2y}$、$\dfrac{x-3}{x+1}$ などのように、$\dfrac{\text{整式}}{\text{次数が1以上の整式}}$ という形で表される式を、分数式といいます。

 コレで完璧！ ポイント

分数式の約分をスムーズにする方法とは？

分数式の分母と分子を、それらの共通の因数で割ることを、約分するといいます。分数式の約分について、次の問題をみてください。

――――――――――――――――――――――――――

問題　分数式 $\dfrac{8a^3 b^4}{12a^5 b}$ を約分しましょう。

解き方1　教科書などには、次のような解き方が載っていることがあります。

$$\dfrac{8a^3 b^4}{12a^5 b}=\dfrac{\overset{2}{8b^3}\cdot \overset{}{a^3 b}\overset{1}{}}{\underset{3}{12a^2}\cdot a^3 b\,\underset{1}{}}=\dfrac{2b^3}{3a^2}$$

分母と分子を
それぞれ分解　　約分する

この解き方では、$8a^3 b^4$ を $8b^3\cdot a^3 b$ に、$12a^5 b$ を $12a^2\cdot a^3 b$ にそれぞれ分解するところが少しややこしいですね。そのため、次の解き方をおすすめします。

解き方2

$$\dfrac{8a^3 b^4}{12a^5 b}=\dfrac{\overset{2}{8}\,\overset{1}{a^3}\,\overset{b^3}{b^4}}{\underset{3}{12}\,\underset{a^2}{a^5}\,\underset{1}{b}}=\dfrac{2b^3}{3a^2}$$

約分する

この解き方では、まず数字部分の8と12を約分しましょう。次に、a^3 と a^5 を、それぞれ a^3 で割ると、$(a^3\div a^3=)1$、$(a^5\div a^3=a^{5-3}=)a^2$ になります。同じように、b^4 と b を、それぞれ b で割ると、$(b^4\div b=b^{4-1}=)b^3$、$(b\div b=)1$ になります。

この方法なら、分母と分子をそれぞれ分解することなく、スムーズに解けるのでおすすめです。

――――――――――――――――――――――――――

コレで完璧！ ポイント で、分数式 $\dfrac{8a^3 b^4}{12a^5 b}$ を、$\dfrac{2b^3}{3a^2}$ に約分しました。$\dfrac{2b^3}{3a^2}$ のように、**これ以上約分できない分数式**を、**既約分数式**といいます。既約分数（分母と分子が整数で、これ以上約分できない分数）と区別するようにしましょう。

2 分数式のかけ算と割り算

分数式のかけ算と割り算は、分数と同じように、次のように計算できます。

かけ算 $\dfrac{A}{B} \times \dfrac{C}{D} = \dfrac{AC}{BD}$

割り算 $\dfrac{A}{B} \div \dfrac{C}{D} = \dfrac{A}{B} \times \dfrac{D}{C} = \dfrac{AD}{BC}$

📝 練習問題1

次の計算をしましょう。

(1) $\dfrac{6}{x-1} \times \dfrac{x^2-x}{3x-6}$

(2) $\dfrac{x^2+2x-15}{x^2-4} \div \dfrac{x^2-6x+9}{x^2+8x+12}$

解答

分母と分子の整式をそれぞれ因数分解してから計算しましょう。

(1) $\dfrac{6}{x-1} \times \dfrac{x^2-x}{3x-6}$ $\rangle$ できるところを因数分解する

$= \dfrac{6}{x-1} \times \dfrac{x(x-1)}{3(x-2)}$

$= \dfrac{\overset{2}{6}}{\underset{1}{x-1}} \times \dfrac{x\overset{1}{(x-1)}}{3(x-2)}$ ← 約分する

$= \dfrac{2x}{x-2}$

(2) $\dfrac{x^2+2x-15}{x^2-4} \div \dfrac{x^2-6x+9}{x^2+8x+12}$ $\rangle$ それぞれ因数分解

$= \dfrac{(x+5)(x-3)}{(x+2)(x-2)} \div \dfrac{(x-3)^2}{(x+2)(x+6)}$ $\rangle$ $\dfrac{A}{B} \div \dfrac{C}{D}$ $= \dfrac{A}{B} \times \dfrac{D}{C}$

$= \dfrac{(x+5)\overset{1}{(x-3)}}{(x+2)(x-2)} \times \dfrac{\overset{1}{(x+2)}(x+6)}{(x-3)\underset{1}{(x-3)}}$ ← 約分する

$= \dfrac{(x+5)(x+6)}{(x-2)(x-3)}$

※(2)の計算結果の $\dfrac{(x+5)(x+6)}{(x-2)(x-3)}$ の分母と分子を展開した、$\dfrac{x^2+11x+30}{x^2-5x+6}$ を答えにしても間違いではありません。ただし、因数分解して整理した形の $\dfrac{(x+5)(x+6)}{(x-2)(x-3)}$ を答えにするのが一般的です。

📝 練習問題2

次の計算をしましょう。

$\dfrac{x^2+4x+4}{x^2+2x-3} \div \dfrac{x^3+6x^2+12x+8}{x^2-9}$

解答

「$x^3+6x^2+12x+8 (= x^3+3 \cdot x^2 \cdot 2 + 3 \cdot x \cdot 2^2 + 2^3)$」の因数分解は、
公式「$a^3+3a^2b+3ab^2+b^3 = (a+b)^3$」を使います。

$\dfrac{x^2+4x+4}{x^2+2x-3} \div \dfrac{x^3+6x^2+12x+8}{x^2-9} = \dfrac{(x+2)^2}{(x+3)(x-1)} \div \dfrac{(x+2)^3}{(x+3)(x-3)}$

$= \dfrac{\overset{1}{(x+2)}\overset{1}{(x+2)}}{(x+3)(x-1)} \times \dfrac{\overset{1}{(x+3)}(x-3)}{(x+2)(x+2)(x+2)} = \dfrac{x-3}{(x-1)(x+2)}$

15

5 分数式のたし算と引き算

ここが大切！ 分母が違う分数式のたし算と引き算は、「それぞれの分母が因数分解できるならする ⟹ 通分」の順に計算しよう！

分数式のたし算と引き算では、分数と同様、次のように計算します。

たし算 $\dfrac{A}{C} + \dfrac{B}{C} = \dfrac{A+B}{C}$　　　　　**引き算** $\dfrac{A}{C} - \dfrac{B}{C} = \dfrac{A-B}{C}$

🖐 練習問題1

次の計算をしましょう。

(1) $\dfrac{x-5}{x+1} + \dfrac{x}{x+1}$　　　　　(2) $\dfrac{5x-14}{x-3} - \dfrac{2x-5}{x-3}$

解答

(1) $\dfrac{x-5}{x+1} + \dfrac{x}{x+1}$　　　$\dfrac{A}{C} + \dfrac{B}{C} = \dfrac{A+B}{C}$

$= \dfrac{x-5+x}{x+1}$

$= \dfrac{2x-5}{x+1}$

(2) $\dfrac{5x-14}{x-3} - \dfrac{2x-5}{x-3}$　　　$\dfrac{A}{C} - \dfrac{B}{C} = \dfrac{A-B}{C}$

$= \dfrac{5x-14-(2x-5)}{x-3}$ 　（$2x-5$ にかっこをつけるのを忘れずに！）

$= \dfrac{5x-14-2x+5}{x-3}$

$= \dfrac{3x-9}{x-3}$ 　共通因数の 3 をくくり出す

$= \dfrac{3(x-3)}{x-3}$ ← 約分する

$= 3$

コレで完璧！ ポイント

分母を因数分解してから通分しよう！

いくつかの分数式の分母を同じ整式にすることを、通分するといいます。また、分母が違う分数式のたし算と引き算は、通分してから計算します。ただ、通分する前に、それぞれの分母の整式が因数分解できる場合は、因数分解してから通分するようにしましょう。

【例】 $\dfrac{2}{x^2-9}+\dfrac{1}{x-3}$ を計算しましょう。

好ましくない解き方

$$\dfrac{2}{x^2-9}+\dfrac{1}{x-3}$$

$$=\dfrac{2(x-3)+x^2-9}{(x^2-9)(x-3)}$$

> ここからさらに変形すれば解けるが、時間がかかる

好ましい解き方

$$\dfrac{2}{x^2-9}+\dfrac{1}{x-3}$$

$$=\dfrac{2}{(x+3)(x-3)}+\dfrac{1}{x-3}$$

> x^2-9 を因数分解

$$=\dfrac{2+x+3}{(x+3)(x-3)}$$

> $\dfrac{1}{x-3}=\dfrac{x+3}{(x-3)(x+3)}$

> 分母を $(x-3)(x+3)$ に通分

$$=\dfrac{x+5}{(x+3)(x-3)}$$

> すばやく正確に解ける！

練習問題2

次の計算をしましょう。

(1) $\dfrac{5}{6x}+\dfrac{3}{4x}$

(2) $\dfrac{3x-7}{x^2+5x}-\dfrac{2}{x}$

(3) $\dfrac{3}{x-4}+\dfrac{2}{x+3}$

解答

(1) $\dfrac{5}{6x}+\dfrac{3}{4x}$

> 6と4の最小公倍数は12だから、分母を $12x$ にして通分する

$$=\dfrac{5\cdot 2+3\cdot 3}{12x}$$

$$=\dfrac{10+9}{12x}$$

$$=\dfrac{19}{12x}$$

(2) $\dfrac{3x-7}{x^2+5x}-\dfrac{2}{x}$

> x^2+5x を因数分解する

$$=\dfrac{3x-7}{x(x+5)}-\dfrac{2}{x}$$

> $\dfrac{2}{x}=\dfrac{2(x+5)}{x(x+5)}$

$$=\dfrac{3x-7-2(x+5)}{x(x+5)}$$

> 分子を展開する

$$=\dfrac{3x-7-2x-10}{x(x+5)}$$

$$=\dfrac{x-17}{x(x+5)}$$

(3) $\dfrac{3}{x-4}+\dfrac{2}{x+3}$

> $\dfrac{3}{x-4}=\dfrac{3(x+3)}{(x-4)(x+3)}$ 、 $\dfrac{2}{x+3}=\dfrac{2(x-4)}{(x-4)(x+3)}$

$$=\dfrac{3(x+3)+2(x-4)}{(x-4)(x+3)}$$

> 分子を展開する

$$=\dfrac{3x+9+2x-8}{(x-4)(x+3)}$$

$$=\dfrac{5x+1}{(x-4)(x+3)}$$

6 整式の割り算

ここが
大切！

「割られる数 ＝ 割る数 × 商 ＋ 余り」は暗記しなくても、簡単な例から導ける！

まずは、数の割り算についてみてみましょう。ここでは、「割られる数」「割る数」「商（割り算の答え）」

$$\underset{割られる数}{11} \div \underset{割る数}{2} = \underset{商}{5} \text{ あまり } \underset{余り}{1} \quad \boxed{\text{割る数（の2）より小さい}}$$

「余り」という用語をおさえてください。数の計算では「余りは、割る数より小さい」というきまりがありましたね。次に、整式の割り算についての **例題** をみてください。

例題 整式 $x^3 - 2x^2 + 4x - 7$ を、整式 $x^2 + 2x - 3$ で割ったときの、商と余りを求めましょう。

解答

① 次のように割り算の筆算を書きましょう。

$$x^2 + 2x - 3 \,\overline{)\,x^3 - 2x^2 + 4x - 7}$$

② 「$x^2 + 2x - 3$」の x^2 に x をかければ、「$x^3 - 2x^2 + 4x - 7$」の x^3 になるので、次のように計算しましょう。

$$\begin{array}{r} x \quad\quad\quad\quad\\ x^2 + 2x - 3 \,\overline{)\,x^3 - 2x^2 + 4x - 7}\\ x^3 + 2x^2 - 3x \end{array}$$

x（商の一部）をかく
$x(x^2 + 2x - 3)$

③ 「$x^3 - 2x^2 + 4x$」から、「$x^3 + 2x^2 - 3x$」を引いてください。「-7」は、そのまま下におろしましょう。

$$\begin{array}{r} x \quad\quad\quad\quad\\ x^2 + 2x - 3 \,\overline{)\,x^3 - 2x^2 + 4x - 7}\\ x^3 + 2x^2 - 3x \quad\quad\\ \hline -4x^2 + 7x - 7 \end{array}$$

-7 をおろす

$-2x^2 - (+2x^2)$　$4x - (-3x)$

④ ②と③と同じように計算を続けると、次のようになります。

これが商になる

$$\begin{array}{r} x - 4 \quad\quad\quad\\ x^2 + 2x - 3 \,\overline{)\,x^3 - 2x^2 + 4x - 7}\\ x^3 + 2x^2 - 3x \quad\quad\\ \hline -4x^2 + 7x - 7\\ -4x^2 - 8x + 12\\ \hline 15x - 19 \end{array}$$

割る数（2次式）　余り

「余りの $15x - 19$」は1次式で、割る数（2次式）より次数が低い

「$15x - 19$（**1次式**）」は、割る数の「$x^2 + 2x - 3$（**2次式**）」より、次数が低いので、「$15x - 19$」が余りだとわかります。

このように、「**余りは、割る数より次数が低い**」ことをおさえましょう。

答え **商 $x - 4$、余り $15x - 19$**

 練習問題

整式 $3x^3 - 8x + 1$ を、整式 $3x^2 - 6x + 2$ で割ったときの、商と余りを求めましょう。

解答

整式 $3x^3 - 8x + 1$ には、x^2 の項がありません。このような場合は、次のように、その項の部分をあけて筆算しましょう。

$$
\begin{array}{r}
x + 2 \\
3x^2 - 6x + 2 \enclose{longdiv}{3x^3 - 8x + 1} \\
\underline{3x^3 - 6x^2 + 2x} \\
6x^2 - 10x + 1 \\
\underline{6x^2 - 12x + 4} \\
2x - 3
\end{array}
$$

割る数（2次式）

余り

x^2 の項がないのでその部分をあける

「余りの $2x - 3$」は1次式で、割る数（2次式）より次数が低い

答え **商 $x + 2$、余り $2x - 3$**

✦ **コレで完璧！ ポイント**

「割られる数＝割る数×商＋余り」は暗記せずに導こう！

「割られる数÷割る数＝商あまり余り」は、「割られる数＝割る数×商＋余り」という式に変形できます。

この「割られる数＝割る数×商＋余り」という式を、そのまま暗記する必要はありませ

ん。テストなどでこの式が必要になったら、「$11 \div 2 = 5$ あまり 1」のような簡単な例を思い浮かべて、そこから「$11 = 2 \times 5 + 1$」に変形できることを確認しましょう。こうすることで、「割られる数＝割る数×商＋余り」という式を導くことができます（この式は、P44で使います）。

簡単な割り算の例を考える

↓

[例]

$$11 \div 2 = 5 \text{ あまり } 1$$

割られる数 ÷ 割る数 ＝ 商 … 余り

↓ 式を変形する

$$11 = 2 \times 5 + 1$$

割られる数 ＝ 割る数 × 商 ＋ 余り

この式を導ける

7 パスカルの三角形と組合せ

ここが大切！

$(a+b)^4$ や $(a+b)^5$ も展開できるようになろう！

1 パスカルの三角形とは

$(a+b)^3$ を展開する公式については P10 で学びましたが、$(a+b)^4$、$(a+b)^5$、… を展開するとどうなるか、みていきましょう。ここで役に立つのが、**パスカルの三角形**です。パスカルの三角形とは、次のように、数を並べたものです。

$a+b$ 　　　　　　1　1　　　　→ $1a+1b = a+b$

$(a+b)^2$ 　　　　1　2　1　　　→ $1a^2 + 2ab + 1b^2$
　　　　　　　　　　　　　　　　　$= a^2 + 2ab + b^2$

$(a+b)^3$ 　　　1　3　3　1　　→ $1a^3 + 3a^2b + 3ab^2 + 1b^3$
　　　　　　　　　　　　　　　　　$= a^3 + 3a^2b + 3ab^2 + b^3$

$(a+b)^4$ 　1　4　6　4　1　→ $1a^4 + 4a^3b + 6a^2b^2 + 4ab^3 + 1b^4$
　　　　　　　　　　　　　　　　$= a^4 + 4a^3b + 6a^2b^2 + 4ab^3 + b^4$

このように、$(a+b)^n$ を展開した式のそれぞれの項の係数が並んだ形になります。

パスカルの三角形は、次の **2 つのルール**で数が並んでいます。

> ① それぞれの行の**両端の数は 1** である。
> ② 両端以外のそれぞれの数は、**左上と右上の数をたしたもの**である。

✍ **練習問題**

次のパスカルの三角形と、それをもとにした式の展開について、㋐から㋖にあてはまる整数を答えましょう。同じ記号には同じ整数が入ります。

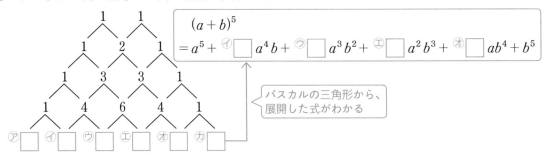

$(a+b)^5$
$= a^5 + ㋑\boxed{}a^4b + ㋒\boxed{}a^3b^2 + ㋓\boxed{}a^2b^3 + ㋔\boxed{}ab^4 + b^5$

パスカルの三角形から、展開した式がわかる

解答

　㋐ 1　㋑ 5　㋒ 10　㋓ 10　㋔ 5　㋕ 1

2 組合せ（$_nC_r$）の復習　（数Aの範囲）

次の項目「二項定理とは」で、組合せ（$_nC_r$）が出てきますので、復習しておきましょう（「組合せ」について詳しく知りたい方は『高校の数学Ⅰ・Aが1冊でしっかりわかる本』のPART 6-5をご参照ください）。

n個の異なるものから、順序を考えずに、r個を取り出して1組にしたものを、n個からr個とる組合せといって、総数を$_nC_r$で表します。n個からr個とる組合せの総数$_nC_r$は、右の式によって求められます。

$$_nC_r = \frac{\overbrace{n(n-1)(n-2)\cdots(n-r+1)}^{r個}}{\underbrace{r(r-1)(r-2)\cdots3\cdot2\cdot1}_{r個}}$$

コレで完璧！ ポイント

「$_nC_r = {}_nC_{n-r}$」「$_nC_0 = 1$」「$_nC_n = 1$」であることをそれぞれおさえよう！

まずは、次の問題をみてください。

問題 5枚のカードから3枚を選ぶとき、その選び方は全部で何通りありますか。

解き方1　「5枚のカードから3枚をとる組合せの総数（$_5C_3$）」を求めると、次のようになります。

$$_5C_3 = \frac{\overbrace{5\cdot4\cdot3}^{3個}}{\underbrace{3\cdot2\cdot1}_{3個}} = \frac{\overset{2}{\cancel{5}}\cdot4\cdot\cancel{3}}{\cancel{3}\cdot\cancel{2}\cdot1} = 10$$

答え **10通り**

解き方2　5枚のカードから3枚を選ぶということは、選ばれないカードが、$(5-3=)2$枚あるということです。つまり、5枚のカードから3枚をとる組合せの総数（$_5C_3$）と、5枚のカードから（選ばれない）2枚をとる組合せの総数（$_5C_2$）は同じになるということです。だから、次のように求められます。

$$_5C_3 = {}_5C_{5-3} = {}_5C_2 = \frac{\overbrace{5\cdot4}^{2個}}{\underbrace{2\cdot1}_{2個}} = \frac{5\cdot\overset{2}{\cancel{4}}}{\cancel{2}\cdot1} = 10$$

答え **10通り**

問題 の **解き方2** から、次のことが成り立ちます。

$$_nC_r = {}_nC_{n-r}$$

[例] $_5C_3 = {}_5C_2 \atop \underset{5-3}{\uparrow}$

組合せの計算でよく使うので、おさえておきましょう。

次に、$_nC_0$と$_nC_n$について考えましょう。$_nC_0$とは、n個から0個とる組合せの総数です。例えば、3枚のカードから0枚をとる組合せの総数（$_3C_0$）の値は何でしょうか？ 0か1かで迷いそうですが、「$_nC_0 = 1$」と定められています。「$_nC_0 = 1$」と定めないと、高校数学（例えば、次に習う「二項定理」）で、つじつまが合わなくなってくるからです。

さらに、「$_nC_n = 1$」であることもおさえておきましょう。例えば、A、B、Cの3枚のカードから3枚をとる組合せの総数（$_3C_3$）は、「A、B、C」の1通りです。こちらはわかりやすいですね。

8 二項定理とは

二項定理を使って展開するときの、２つのコツをおさえよう！

例えば、$(a+b)^3$ の展開式（展開した結果の式）において、ab^2 の係数を求めてみましょう。「$(a+b)^3 = (a+b)(a+b)(a+b)$」で、３つの（　　）のうち、２つの b を選んだときに、次のように ab^2 ができます。

$$(a+b)(a+b)(a+b) \rightarrow abb = ab^2$$
$$(a+b)(a+b)(a+b) \rightarrow bab = ab^2$$
$$(a+b)(a+b)(a+b) \rightarrow bba = ab^2$$

３つの（　　）から、２つの b を選ぶ選び方は ${}_3C_2$ 通りあるので、ab^2 の係数は、${}_3C_2 = \dfrac{3 \cdot \overset{1}{2}}{\underset{1}{2} \cdot 1} = 3$ と求められます。

> 同じように考えると、$(a+b)^3$ の展開式において、
>
> a^3 の係数は、${}_3C_0$　　←　　３つの（　　）から、0 個の b を選ぶ（＝b を選ばない）
>
> $a^2 b$ の係数は、${}_3C_1$　　←　　３つの（　　）から、1 個の b を選ぶ
>
> ab^2 の係数は、${}_3C_2$　　←　　３つの（　　）から、2 個の b を選ぶ
>
> b^3 の係数は、${}_3C_3$　　←　　３つの（　　）から、3 個の b を選ぶ

これにより、$(a+b)^3$ を展開すると、次のようになります。

$$(a+b)^3 = {}_3C_0\,a^3 + {}_3C_1\,a^2 b + {}_3C_2\,ab^2 + {}_3C_3\,b^3 = a^3 + 3a^2 b + 3ab^2 + b^3$$

同様に考えると、$(a+b)^n$ の展開式は次のように表され、これを、**二項定理**といいます。

> **二項定理**
>
> $$(a+b)^n = {}_nC_0\,a^n + {}_nC_1\,a^{n-1} b + {}_nC_2\,a^{n-2} b^2 + \cdots\cdots + {}_nC_r\,a^{n-r} b^r + \cdots\cdots + {}_nC_n\,b^n$$
>
> ↑─ 一般項

二項定理で、${}_nC_r\,a^{n-r} b^r$ を、$(a+b)^n$ の展開式の**一般項**といいます。また、一般項 ${}_nC_r\,a^{n-r} b^r$ の係数 ${}_nC_r$ を、**二項係数**といいます。

コレで完璧！ ポイント

二項定理の式を間違わないように書くコツとは？

二項定理を使って、$(a+b)^5$ を展開すると、次のようになります。

$$(a+b)^5 = {}_5\mathrm{C}_0 a^5 + {}_5\mathrm{C}_1 a^4 b + {}_5\mathrm{C}_2 a^3 b^2 + {}_5\mathrm{C}_3 a^2 b^3 + {}_5\mathrm{C}_4 ab^4 + {}_5\mathrm{C}_5 b^5 \quad \cdots\cdots \boxed{式1}$$

$$= a^5 + 5a^4 b + 10a^3 b^2 + 10a^2 b^3 + 5ab^4 + b^5 \quad\cdots\cdots \boxed{式2}$$

答えである 式2 を導くためには、式1 を正確に書く必要が
あります。逆に、式1 で間違ってしまえば正解にはたどり
つけません。

式1 を正確に書くために、右の2つのコツがあります。

例えば、式1 の項の ${}_5\mathrm{C}_2 a^3 b^2$ について、右の2つのコツ
に気をつけて書いてください。

この2つのコツを意識しながら式を書くことでミスを減ら
せるので、おさえておきましょう。

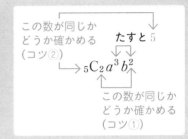

この数が同じか
どうか確かめる
（コツ②）

たすと5

${}_5\mathrm{C}_2 a^3 b^2$

この数が同じか
どうか確かめる
（コツ①）

例題 $(x+3)^4$ を展開しましょう。

解答 二項定理に、$n=4$、$a=x$、$b=3$ をそれぞれあてはめると、次のように計算できます。

$$(x+3)^4 = \underset{(=1)}{{}_4\mathrm{C}_0} \cdot x^4 + \underset{\left(\frac{4}{1}=4\right)}{{}_4\mathrm{C}_1} \cdot x^3 \cdot 3 + \underset{\left(\frac{4\cdot3}{2\cdot1}=6\right)}{{}_4\mathrm{C}_2} \cdot x^2 \cdot 3^2 + \underset{\left(\frac{4}{1}=4\right)}{{}_4\mathrm{C}_1} \cdot x \cdot 3^3 + \underset{(=1)}{{}_4\mathrm{C}_4} \cdot 3^4$$

$$= x^4 + 4 \cdot x^3 \cdot 3 + 6 \cdot x^2 \cdot 9 + 4 \cdot x \cdot 27 + 81$$

$$= \boldsymbol{x^4 + 12x^3 + 54x^2 + 108x + 81}$$

練習問題

$(2x-5y)^6$ の展開式において、$x^5 y$ の項の係数を求めましょう。

解き方のコツ $(2x-5y)^6 = \{2x+(-5y)\}^6$ をすべて展開するのではなく、$(a+b)^n$ の展開式の一
般項 ${}_n\mathrm{C}_r a^{n-r} b^r$ をもとに解きましょう（$n=6$、$a=2x$、$b=-5y$ をそれぞれあてはめる）。

解答

$(2x-5y)^6$ の一般項は、${}_6\mathrm{C}_r \cdot (2x)^{6-r} \cdot (-5y)^r$ $\quad\cdots\cdots$ ❶

$x^5 y (= x^5 y^1)$ の項の係数を求めるのだから、❶の $(-5y)^r$ の指数 r に1をあてはめて計算すればよいこ
とがわかります（指数とは、例えば a^n なら、a の右上の小さい n のことです）。

❶に、$r=1$ を代入すると

$$\underset{\substack{{}_6\mathrm{C}_1=6、(-5y)^1=-5y}}{{}_6\mathrm{C}_1 \cdot (2x)^5 \cdot (-5y)^1} = 6 \cdot (2x)^5 \cdot (-5y) = 6 \cdot 32x^5 \cdot (-5y) = \underset{係数}{-960}x^5 y$$

答え $\boldsymbol{-960}$

9 恒等式とは

恒等式の2つの性質をおさえよう！

$(a+b)(a-b)$ を展開すると、等式 $(a+b)(a-b)=a^2-b^2$ になります（等式とは、等号 $=$ を使って、数や量の等しい関係を表した式のことです）。

また、$x^2-8x+16$ を因数分解すると、等式 $x^2-8x+16=(x-4)^2$ になります。

これらの等式のそれぞれの文字（a、b、x）に**どのような数を代入しても成り立ちます**。このような等式を、**恒等式**といいます。

P10～P13で学んだ、**乗法公式や、因数分解の公式はどれも恒等式**です。

 コレで完璧！ ポイント

恒等式と方程式の違いとは？
等式 $2x+10=0$ は、文字 x に -5 を代入したときだけ成り立ちますが、それ以外の数を代入しても成り立ちません。このような等式を、**方程式**といいます。

つまり、**文字にどのような数を代入しても成り立つ等式**が**恒等式**で、**文字にある数を代入したときだけ成り立つ等式**が**方程式**です。それぞれの違いを、言葉で説明できるようにしておきましょう。

恒等式には、次の2つの性質があります。

> **性質1** $ax^2+bx+c=a'x^2+b'x+c'$ が、x についての恒等式である $\iff$ $a=a'$、$b=b'$、$c=c'$
>
> **性質2** $ax^2+bx+c=0$ が、x についての恒等式である $\iff$ $a=0$、$b=0$、$c=0$
>
> ※「A ならば B（A $\implies$ B）」と「B ならば A（A $\impliedby$ B）」がどちらも成り立つとき、「A $\iff$ B」と表します。

この **性質1** と **性質2** を使って、次の問題を解きましょう。

練習問題1

次の等式が、x についての恒等式になるように、定数 a、b、c の値を求めましょう（定数とは、一定の数やそれを表す文字のことです）。

（1）$-5x^2-x=ax^2+bx+c$

（2）$3ax^2+(b+2)x+(c-6)=0$

解答

> （1）恒等式の **性質1** と **性質2** から、$a = -5$、$b = -1$、$c = 0$ です。
> （2）恒等式の **性質2** から、$3a = 0$、$b + 2 = 0$、$c - 6 = 0$ です。
> それぞれを解いて、答えは、$a = 0$、$b = -2$、$c = 6$ です。

✋ **練習問題2**

等式 $a(x + 2)^2 + b(x - 3) + c = 2x^2 + 11x - 6$ が、x についての恒等式になるように、定数 a、b、c の値を求めましょう。

解答

等式の左辺を展開して、x について降べきの順に整理する（次数が高いほうから順に整理する）と、次のようになります。

$(x + 2)^2$
$= x^2 + 4x + 4$

$$\begin{aligned}
左辺 &= a(x + 2)^2 + b(x - 3) + c \\
&= a(x^2 + 4x + 4) + bx - 3b + c \\
&= ax^2 + 4ax + 4a + bx - 3b + c \\
&= ax^2 + (4a + b)x + (4a - 3b + c)
\end{aligned}$$

x について整理する

$ax^2 + (4a + b)x + (4a - 3b + c) = 2x^2 + 11x - 6$

これが x についての恒等式なので、両辺の係数を比べると右のようになります。

$$\begin{aligned}
&a = 2 \qquad\qquad \cdots\cdots ❶ \\
&4a + b = 11 \qquad \cdots\cdots ❷ \\
&4a - 3b + c = -6 \quad \cdots\cdots ❸
\end{aligned}$$

❶の $a = 2$ を、❷に代入して、
$8 + b = 11$、$b = 3$

$a = 2$、$b = 3$ を、❸に代入して、
$8 - 9 + c = -6$、$c = -6 + 1 = -5$

答え $a = 2$、$b = 3$、$c = -5$

✋ **練習問題3**

等式 $\dfrac{7x + 17}{x^2 + x - 2} = \dfrac{a}{x + 2} + \dfrac{b}{x - 1}$ が、x についての恒等式になるように、定数 a、b の値を求めましょう。

解き方のコツ 「左辺の分母 $x^2 + x - 2$ を因数分解し、右辺を通分する」→「両辺に $(x + 2)(x - 1)$ をかけて分母をはらう」→「x について整理する」→「連立方程式を解く」の順に解きましょう。

解答

$$\begin{aligned}
\frac{7x + 17}{x^2 + x - 2} &= \frac{a}{x + 2} + \frac{b}{x - 1} \\
\frac{7x + 17}{(x + 2)(x - 1)} &= \frac{a(x - 1) + b(x + 2)}{(x + 2)(x - 1)} \\
7x + 17 &= ax - a + bx + 2b \\
7x + 17 &= (a + b)x - a + 2b
\end{aligned}$$

・左辺の分母を因数分解
・右辺を通分
・両辺に $(x + 2)(x - 1)$ をかけて分母をはらう
・右辺を展開
・右辺を x について整理

これが x についての恒等式なので、両辺の係数を比べると右のようになります。

$$\begin{aligned}
&a + b = 7 \qquad \cdots\cdots ❶ \\
&-a + 2b = 17 \quad \cdots\cdots ❷
\end{aligned}$$

❶＋❷から、$3b = 24$、$b = 8$
$b = 8$ を、❶に代入して、
$a + 8 = 7$、$a = -1$

答え $a = -1$、$b = 8$

10 等式の証明

等式の成立は、3つの方法のいずれかを使って証明しよう！

1 等式の証明

等式 $A = B$ を証明するために、次の**3つの方法**のいずれかを使いましょう（複数の方法で解ける場合は、一番解きやすそうなものを選びましょう）。

方法1 A を B に変形、または、B を A に変形する。

方法2 A と B をそれぞれ変形して、同じ式に変形する。

方法3 $A - B = 0$ であることを示す。

例題1 等式 $a^3 - b^3 = (a-b)^3 + 3ab(a-b)$ が成り立つことを証明しましょう。

[解き方のコツ] ここでは、方法1 を使って、証明してみましょう。

[解答]

$$右辺 = (a-b)^3 + 3ab(a-b)$$
$$= a^3 - 3a^2b + 3ab^2 - b^3 + 3a^2b - 3ab^2 \quad \text{展開する}$$
$$= a^3 - b^3$$

左辺と右辺が同じ式になったので、

$$a^3 - b^3 = (a-b)^3 + 3ab(a-b)$$

※ 例題1 は、方法3 を使って証明することもできます。

練習問題

等式 $8(x+y)(x-y) = (3x+y)^2 - (x+3y)^2$ が成り立つことを証明しましょう。

[解き方のコツ] ここでは、方法2 を使って、証明してみましょう。

解答

左辺 $= 8(x+y)(x-y)$

　　 $= 8(x^2-y^2)$ ← $\underset{= a^2-b^2}{(a+b)(a-b)}$

　　 $= 8x^2-8y^2$

右辺 $= (3x+y)^2-(x+3y)^2$ ← $\underset{= a^2+2ab+b^2}{(a+b)^2}$

　　 $= 9x^2+6xy+y^2-(x^2+6xy+9y^2)$

　　 $= 9x^2+6xy+y^2-x^2-6xy-9y^2$

　　 $= 8x^2-8y^2$

左辺と右辺が同じ式になったので、$8(x+y)(x-y) = (3x+y)^2-(x+3y)^2$

※ ◎ **練習問題** は、 方法1 や 方法3 を使って証明することもできます。

コレで完璧！ ポイント

証明のときに、最初からイコールでつなぐのは間違い！

例えば ◎ **練習問題** で、次のように証明しようとするのは間違いなので、気をつけましょう。

はじめから ＝ で
つなぐのは間違い！

どちらも
間違い $\begin{cases} 8(x+y)(x-y) = (3x+y)^2-(x+3y)^2 & \cdots\cdots ❶ \\ 8(x^2-y^2) = 9x^2+6xy+y^2-(x^2+6xy+9y^2) \end{cases}$

〉

（略）

これが間違いである理由は、❶の等式が成り立つことを証明する問題なのに、初めから等号（＝）でつないでしまっているからです。このようなミスを避け、 方法1 〜 方法3 のいずれかを使って証明するようにしましょう。

---

2 条件がある場合の、等式の証明

例題2 $a+b=6$ のとき、等式 $a^2+5b = b^2+7a-6$ が成り立つことを証明しましょう。

解き方のコツ 「$a+b=6$」から「$b=6-a$」と変形し、代入して証明しましょう。

解答 方法3 を使って証明します（ 方法1 や 方法2 を使って証明することもできます）。

$a+b=6$ から、$b=6-a$

左辺 $-$ 右辺 $= a^2+5b-(b^2+7a-6)$ ⤸ かっこを外す

　　　　　 $= a^2+5b-b^2-7a+6$ ⤸ $b=6-a$ を代入

　　　　　 $= a^2+5(6-a)-(6-a)^2-7a+6$

　　　　　 $= a^2+30-5a-(36-12a+a^2)-7a+6$ ⤸ かっこを外す

　　　　　 $= a^2+30-5a-36+12a-a^2-7a+6$

　　　　　 $= 0$

左辺 $-$ 右辺 $= 0$ になったので、$a^2+5b = b^2+7a-6$

11 不等式の証明①（証明問題の基礎）

どんな実数を 2 乗しても、必ず 0 以上になることをおさえよう！

1 不等式の復習（数Ⅰの範囲）

数や量の大小関係を、不等号（>、≧、≦、<）を用いて表した式を不等式といい、次の性質
があります。

不等式の性質

① 両辺に同じ数をたしても引いても、不等号の向きは変わらない。

② 両辺に正の数をかけても、両辺を正の数で割っても、不等号の向きは変わらない。

③ 両辺に負の数をかけたり、両辺を負の数で割ったりすると、不等号の向きは変わる。

---

2 不等式の証明

※ PART 1-11 と 1-12 での不等式に含まれる文字は、すべて実数とします。
実数については、 コレで完璧！ ポイント を参照してください。

例題 1 $a > b$ のとき、不等式 $5a + b > a + 5b$ が成り立つことを証明しましょう。

解き方のコツ 「左辺 > 右辺」を証明するために、「左辺 − 右辺 > 0」であることを示しましょう。

解答 （証明問題などでは、「である」調で記します。これ以降も場合によって同様にします。）

左辺 − 右辺 $= 5a + b - (a + 5b) = 5a + b - a - 5b = 4a - 4b = 4(a - b)$

ここで問題の条件である、「$a > b$」の b を左辺に移項すると、「$a - b > 0$」になる。$a - b$ が正
の数なので、それを 4 倍した、$4(a - b)$ も正の数である。

よって、$4(a - b) > 0$

ゆえに、左辺 − 右辺 > 0 なので、$5a + b > a + 5b$

 コレで完璧！ ポイント

実数を 2 乗するとどうなる？
有理数と無理数をあわせて、実数とい
います。実数の 2 乗について、右の 2
つの性質が成り立つので、おさえましょ
う（有理数については P106、無理数
については P32 を参照してください）。

① 実数 a について 　$a^2 \geq 0$
　　（$a^2 = 0$ となるのは、$a = 0$ のとき）

② 実数 a、b について 　$a^2 + b^2 \geq 0$
　　（$a^2 + b^2 = 0$ となるのは、$a = b = 0$ のとき）

例題2 不等式 $(3x-2)^2 \geqq 8x(x-1)$ が成り立つことを証明しましょう。また、等号が成り立つのはどのようなときですか。

解き方のコツ 「左辺－右辺 ≧ 0」であることを示しましょう。「等号が成り立つ」とは、この場合、「$(3x-2)^2 = 8x(x-1)$」が成り立つという意味です。

解答

左辺 － 右辺 $= (3x-2)^2 - 8x(x-1)$ 　　　　展開する
　　　　　$= 9x^2 - 12x + 4 - 8x^2 + 8x$
　　　　　$= x^2 - 4x + 4$ 　　　$a^2 - 2ab + b^2 = (a-b)^2$
　　　　　$= (x-2)^2 \geqq 0$

実数の2乗なので、
$(x-2)^2$ は0以上

コレで完璧！ポイント の①を参照

左辺 － 右辺 ≧ 0 になったので、
$(3x-2)^2 \geqq 8x(x-1)$
等号が成り立つ（左辺＝右辺）のは、
「左辺－右辺＝0」になるときである。
つまり、左辺 － 右辺 $= (x-2)^2 = 0$ の
ときだから、$x-2=0$
すなわち、$x=2$ のときである。

練習問題1

不等式 $x^2 \geqq -5y^2 + 2xy$ が成り立つことを証明しましょう。また、等号が成り立つのはどのようなときですか。

解き方のコツ 「左辺－右辺 ≧ 0」であることを示しましょう。「左辺－右辺」を計算するとき、「(実数の2乗)＋(実数の2乗)」になるように工夫することがポイントです。

解答　※①～③は解説の順を表します。

①左辺 － 右辺 $= x^2 - (-5y^2 + 2xy)$
　　　　　　$= x^2 - 2xy + 5y^2$ 　　　$5y^2 = y^2 + 4y^2$
　　　　　　$= x^2 - 2xy + y^2 + 4y^2$ 　$x^2 - 2xy + y^2 = (x-y)^2$
　　　　　　$= (x-y)^2 + (2y)^2$ 　　　$4y^2 = (2y)^2$

②$(x-y)^2 \geqq 0$、$(2y)^2 \geqq 0$ なので
$(x-y)^2 + (2y)^2 \geqq 0$

どちらも0以上なので、
和も0以上になる

③左辺 － 右辺 ≧ 0 になったので、$x^2 \geqq -5y^2 + 2xy$
等号が成り立つ（左辺＝右辺）のは、「左辺－右辺＝0」になるときである。
「左辺－右辺 $= (x-y)^2 + (2y)^2$」で、等号が成り立つのは、
「$(x-y)^2 = 0$ 　かつ　$(2y)^2 = 0$」のときである。 コレで完璧！ポイント の②を参照

左辺 － 右辺 $= (x-y)^2 + (2y)^2$

どちらも0のとき、
左辺＝右辺になる

$(x-y)^2 = 0$ 　　　2乗を外す
$x-y=0$ 　　　　$-y$ を右辺に移項
$x=y$

$(2y)^2 = 0$ 　　　2乗を外す
$2y=0$
$y=0$

この2つの式をともに満たすとき、左辺＝右辺になる
（$x=y$ と $y=0$ がどちらも成り立つとき、$x=y=0$）

すなわち、等号が成り立つのは $x=y=0$ のときである。

12 不等式の証明②（相加平均と相乗平均）

ここが大切！

$a > 0$、$b > 0$ のとき、$\dfrac{a+b}{2} \geqq \sqrt{ab}$ が成り立つことをおさえよう！

3 不等式の証明（2乗した実数の大小）

2乗した実数について、次のことがいえます。

$a > 0$、$b > 0$ のとき、「$a^2 > b^2 \iff a > b$」、「$a^2 \geqq b^2 \iff a \geqq b$」がそれぞれ成り立つ。

この性質を使って、次の問題を解いてみましょう。

✎ 練習問題2

$a > 0$ のとき、不等式 $a + 3 > \sqrt{6a+9}$ が成り立つことを証明しましょう。

解き方のコツ 「（左辺の2乗）−（右辺の2乗）> 0」であることを、まず示しましょう。

解答

$\qquad$（左辺）^{2} −（右辺）^{2}

$= (a+3)^2 - \left(\sqrt{6a+9}\right)^2$ $\quad$ $(a+b)^2 = a^2 + 2ab + b^2$

$= a^2 + 6a + 9 - (6a+9)$ $\qquad$ $a > 0$ のとき、$\left(\sqrt{a}\right)^2 = a$

$= a^2 + 6a + 9 - 6a - 9 = a^2$

$a > 0$ だから $a^2 > 0$

したがって、$(a+3)^2 > \left(\sqrt{6a+9}\right)^2$

$a > 0$ のとき、$a + 3 > 0$、$\sqrt{6a+9} > 0$

だから、$a + 3 > \sqrt{6a+9}$

4 相加平均と相乗平均

2つの正の実数 a、b について、$\dfrac{a+b}{2}$ を相加平均、$\sqrt{ab}$ を相乗平均といいます。例えば、2と8の相加平均は $\dfrac{2+8}{2} = \dfrac{10}{2} = 5$、相乗平均は $\sqrt{2 \times 8} = \sqrt{16} = 4$ となります。相加平均と相乗平均には、次のことが成り立ちます。

$a > 0$、$b > 0$ のとき、$\qquad \dfrac{a+b}{2} \geqq \sqrt{ab}$

等号が成り立つ $\left(\dfrac{a+b}{2} = \sqrt{ab}$ になる$\right)$ のは、$a = b$ のときである。

「$\dfrac{a+b}{2} \geqq \sqrt{ab}$」の両辺を2倍した「$a+b \geqq 2\sqrt{ab}$」の形もよく使われるので、おさえておきましょう。

 コレで完璧！ ポイント

相加平均と相乗平均の関係が成り立つ理由とは？

まず、不等式 $a+b \geqq 2\sqrt{ab}$ が成り立つことを証明します。

$$(左辺)^2 - (右辺)^2 = (a+b)^2 - \left(2\sqrt{ab}\right)^2$$

$\left.\begin{array}{l}(a+b)^2 = a^2 + 2ab + b^2 \\ (xy)^n = x^n y^n\end{array}\right.$

$$= a^2 + 2ab + b^2 - 4ab$$
$$= a^2 - 2ab + b^2$$
$$= (a-b)^2 \geqq 0 \quad \triangleleft \boxed{(実数)^2 \text{ は 0 以上}}$$

したがって $(a+b)^2 \geqq \left(2\sqrt{ab}\right)^2$ $\triangleleft \boxed{(左辺)^2 \geqq (右辺)^2 \text{ が証明できた}}$

$a>0$、$b>0$ のとき、$a+b>0$、$2\sqrt{ab}>0$ だから

$$\boxed{a+b \geqq 2\sqrt{ab}}$$

等号が成り立つのは、「左辺 − 右辺 ＝ 0」のときである。
つまり、$(a-b)^2 = 0$ のときだから、$a-b=0$
すなわち、$a=b$ のときである。

「$a+b \geqq 2\sqrt{ab}$」であることが証明できたので、両辺を2で割った「$\dfrac{a+b}{2} \geqq \sqrt{ab}$」も成り立ちます。

練習問題3

$a>0$ のとき、不等式 $a + \dfrac{25}{a} \geqq 10$ が成り立つことを証明しましょう。また、等号が成り立つのはどのようなときですか。

$\boxed{\text{解き方のコツ}}$ 相加平均と相乗平均の関係を使って証明しましょう。

解答

$a>0$ だから $\dfrac{25}{a} > 0$ である。 $\boxed{\text{「}a+\dfrac{25}{a}\text{」の } a \text{ と } \dfrac{25}{a} \text{ が} \\ \text{ともに正であることを示す}}$

よって、相加平均と相乗平均の関係より

$a + \dfrac{25}{a} \geqq 2\sqrt{a \cdot \dfrac{25}{a}}$ $\triangleleft \boxed{\text{「}a+b \geqq 2\sqrt{ab}\text{」に } b = \dfrac{25}{a} \text{ を} \\ \text{代入した式}}$

$a + \dfrac{25}{a} \geqq 2\sqrt{a \cdot \dfrac{25}{a}}$ $\triangleleft$ 約分する
$\phantom{a + \dfrac{25}{a} \geqq 2\sqrt{}}$ $2\sqrt{25} = 2 \times 5 = 10$

$a + \dfrac{25}{a} \geqq 10$ $\triangleleft$ 証明できた

等号が成り立つのは
$a = \dfrac{25}{a}$ のときである。

両辺に a をかけると
$a^2 = 25$、 $a = \pm 5$
$a>0$ だから、$a=5$
ゆえに、等号が成り立つのは
$a=5$ のときである。

1 複素数とは

ここが
大切！

2乗すると −1 になる、新しい数 i について学んでいこう！

1 実数についての復習

数ⅠAと、数Ⅱの前ページまでで出てきた数は、すべて**実数**です。実数を分類すると、次のようになります。

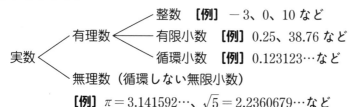

※それぞれの用語の意味は、『高校の数学Ⅰ・Aが1冊でしっかりわかる本』のPART1-10をご参照ください。

2 複素数とは

2乗すると −1 になる数を i（読み方は、**アイ**）と表します。この i を**虚数単位**といい、「$i^2 = -1$」が成り立ちます。

a、b を実数とするとき、$a + bi$ の形で表される数を、**複素数**といいます。
複素数 $a + bi$ で、a を**実部**、b を**虚部**といいます。

コレで完璧！ ポイント

「虚数とは i である」というのは間違い？

複素数 $a+bi$ は、$b=0$ のとき、$a+0\cdot i = a+0 = a$（実数）を表します。すなわち、**実数は複素数に含まれる**ということです。

また、$b \neq 0$ のとき、複素数 $a+bi$ を虚数といいます。特に、$a=0$ のとき、虚数 bi を純虚数といいます。

$$
\text{複素数} \quad a+bi \quad
\begin{cases}
\overset{b=0}{\text{のとき}} & \text{実数 【例】} -5、0、\dfrac{1}{9}、-\sqrt{3}、\pi \text{ など} \\
\overset{b \neq 0}{\text{のとき}} & \text{虚数 【例】} i、2+3i、-6i \text{ など}
\end{cases}
$$

虚数の意味は「$b \neq 0$ のときの、複素数 $a+bi$」ですから、「虚数とは i である」という言い方は厳密には間違いです。ただし、i は虚数の一部ですから、「i は虚数である」や「虚数 i」という表現は問題ありません。

※これ以降のページにおいて、複素数 $a+bi$ などで、a、b は実数とします。また、虚数において、数の大小関係や正負は考えないので注意しましょう。

3 複素数の相等

2つの複素数の、実部と虚部がともに等しいときのみ、それらの複素数は等しいといえます。

$$
\begin{aligned}
a+bi = c+di &\iff a=c \text{ かつ } b=d \\
\text{特に} \quad a+bi = 0 &\iff a=0 \text{ かつ } b=0
\end{aligned}
$$

例題 次の等式を満たす実数 x と y を求めましょう。

（1）$(x-3y)+(2x+11)i = 5+3i$

（2）$(2x+y)+(y-2)i = 0$

解答

（1）x、y が実数だから、$x-3y$、$2x+11$ も実数です。よって、次の2つの式が成り立ちます。

$x-3y=5$ ……❶

$2x+11=3$ ……❷

❶、❷を解いて、$\underline{x=-4、y=-3}$

（2）x、y が実数だから、$2x+y$、$y-2$ も実数です。よって、次の2つの式が成り立ちます。

$2x+y=0$ ……❶

$y-2=0$ ……❷

❶、❷を解いて、$\underline{x=-1、y=2}$

2 複素数の計算

ここが
大切！

負の数の平方根を考えよう！

複素数の計算では、i をふつうの文字と同じように計算しましょう（「$i^2 = -1$」がポイントです）。

🖐 練習問題1

次の計算をしましょう。

（1）$(1-4i)+(6+7i)$

（2）$(5+i)-(10+3i)$

（3）$(2-3i)(1-i)$

（4）$(-2i)^3$

解答

（1）　$(1-4i)+(6+7i)$
　　$= 1-4i+6+7i = \underline{7+3i}$

（2）　$(5+i)-(10+3i)$
　　$= 5+i-10-3i = \underline{-5-2i}$

（3）　$(2-3i)(1-i)$
　　$= 2-2i-3i+3i^2$ ⟩分配法則
　　$= 2-2i-3i+3\cdot(-1)$ ⟩$i^2 = -1$
　　$= \underline{-1-5i}$

（4）　$(-2i)^3$
　　$= (-2)^3 \cdot i^3$ ⟩$(ab)^n = a^n b^n$
　　$= -8 \cdot i \cdot i^2$ ⟩$i^3 = i \times i^2$
　　$= -8 \cdot i \cdot (-1)$ ⟩$i^2 = -1$
　　$= \underline{8i}$

🖐 練習問題2

次の計算をしましょう。

（1）$\dfrac{2+3i}{1-2i}$

（2）$\dfrac{5-i}{7i}$

解答

（1）複素数 $a+bi$ と、複素数 $a-bi$ を、互いに**共役な複素数**といいます。分母の $1-2i$ と共役な複素数 $1+2i$ を分母と分子にかけると、次のように、分母を i がない形（実数）にできます。

$$\frac{2+3i}{1-2i} = \frac{(2+3i)(1+2i)}{(1-2i)(1+2i)} = \frac{2+4i+3i+6i^2}{1^2-(2i)^2} = \frac{2+7i-6}{1+4} = \frac{-4+7i}{5} = \underline{-\frac{4}{5} + \frac{7}{5}i}$$

分母と分子に $1+2i$ をかける

$6i^2 = 6\cdot(-1) = -6$
$-(2i)^2 = -4i^2 = -4\cdot(-1) = +4$

答えは、$a+bi$ の形にする

（2）分母が bi（この場合は $7i$）のときは、i を分母と分子にかけると、次のように、分母を実数にできます。

$$\frac{5-i}{7i}$$

分母と分子に
i をかける

$$=\frac{(5-i)i}{7i \cdot i}$$

$$=\frac{5i-i^2}{7i^2}$$

$5i-i^2=5i-(-1)=1+5i$
$7i^2=7\cdot(-1)=-7$

$$=\frac{1+5i}{-7}$$

$$=\frac{-(1+5i)}{7}$$

$\dfrac{b}{-a}=-\dfrac{b}{a}=\dfrac{-b}{a}$

$$=\frac{-1-5i}{7}$$

$$=-\frac{1}{7}-\frac{5}{7}i$$

答えは、$a+bi$
の形にする

2乗すると a になる数を、a の平方根といいましたね。数の範囲を実数から、複素数にひろげることで、**負の数の平方根**を考えることができます。

まず、次の2つの計算をみてください。

$$\left(\sqrt{5}\,i\right)^2$$
$$=\left(\sqrt{5}\right)^2 i^2$$
$$=5\cdot(-1)$$
$$=-5$$

$(ab)^n=a^n b^n$
$i^2=-1$

$$\left(-\sqrt{5}\,i\right)^2$$
$$=\left(-\sqrt{5}\right)^2 i^2$$
$$=5\cdot(-1)$$
$$=-5$$

$(ab)^n=a^n b^n$
$i^2=-1$

$\left(\sqrt{5}\,i\right)^2$ と $\left(-\sqrt{5}\,i\right)^2$ のどちらも計算結果は、-5 になりました。2乗して -5 になったのだから、-5 の平方根は、$\sqrt{5}\,i$ と $-\sqrt{5}\,i$ です。

🕊 コレで完璧！ ポイント

「$\sqrt{a}\,i=\sqrt{-a}$」であることをおさえよう！

$a>0$ のとき、$\sqrt{a}\,i=\sqrt{-a}$ のように表します。例えば、-5 の平方根は、$\sqrt{5}\,i$ と $-\sqrt{5}\,i$ でしたが、それぞれ $\sqrt{5}\,i=\sqrt{-5}$、$-\sqrt{5}\,i=-\sqrt{-5}$ となります。両辺を入れかえて、まとめると右のようになります。

①②の順で変形する
②i をつける
②i をつける

$a>0$ のとき $\quad \sqrt{-a}=\sqrt{a}\,i \qquad$ 特に、$\sqrt{-1}=\sqrt{1}\,i=i$

① $-$ を外す
① $-$ を外す

【例】 $\sqrt{-5}$ と $-\sqrt{-5}$ $\quad\underset{平方根}{\overset{2乗すると}{\rightleftarrows}}\quad$ -5

$\quad$‖ $\qquad$ ‖

$\sqrt{5}\,i$ と $-\sqrt{5}\,i$

3 2次方程式の解の公式

ここが
大切！

2次方程式の解の範囲を、実数から複素数にひろげよう！

中学数学や数Ⅰでは、2次方程式の解を実数の範囲で考えてきました。これ以降は、解を複素数の範囲で求めてみましょう。

1 2次方程式 $x^2 = k$ の解き方

例題1 次の方程式を解きましょう。

（1） $x^2 = -1$ （2） $x^2 = -11$

解答

（1） $x^2 = -1$ を解くと、

$$x = \pm\sqrt{-1}$$
$$= \pm\sqrt{1}\,i$$
$$= \pm i$$

$a > 0$ のとき、
$\sqrt{-a} = \sqrt{a}\,i$
$\sqrt{1} = 1$

（2） $x^2 = -11$ を解くと、

$$x = \pm\sqrt{-11}$$
$$= \pm\sqrt{11}\,i$$

$a > 0$ のとき、
$\sqrt{-a} = \sqrt{a}\,i$

※（2）のように、$\sqrt{-a}$ ではなく、$\sqrt{a}\,i$ という形で答えにしましょう。

2 2次方程式の解の公式

すでに習ったように、2次方程式 $ax^2 + bx + c = 0$ の解は、解の公式を使って求めることができます。

2次方程式の解の公式

$$x = \frac{-b \pm \sqrt{b^2 - 4ac}}{2a}$$

※これ以降、ことわりがないかぎり、方程式の解は複素数の範囲で考えます（方程式の係数は実数）。

例題2 次の方程式を解きましょう。

（1） $x^2 + 7x + 5 = 0$ （2） $9x^2 - 6x + 1 = 0$

（3） $x^2 + 4x + 7 = 0$

解答

（1）解の公式に、$a=1$、$b=7$、$c=5$ を代入して計算すると、

$$x=\frac{-7\pm\sqrt{7^2-4\cdot1\cdot5}}{2\cdot1}=\frac{-7\pm\sqrt{49-20}}{2}=\frac{-7\pm\sqrt{29}}{2}$$

（2）解の公式に、$a=9$、$b=-6$、$c=1$ を代入して計算すると、

$$x=\frac{-(-6)\pm\sqrt{(-6)^2-4\cdot9\cdot1}}{2\cdot9}$$

$$=\frac{6\pm\sqrt{36-36}}{18}$$

$$=\frac{6\pm\sqrt{0}}{18}\quad\leftarrow\sqrt{0}=0$$

$$=\frac{6}{18}=\frac{1}{3}$$

（3）解の公式に、$a=1$、$b=4$、$c=7$ を代入して計算すると、

$$x=\frac{-4\pm\sqrt{4^2-4\cdot1\cdot7}}{2\cdot1}$$

$$=\frac{-4\pm\sqrt{16-28}}{2}$$

$$=\frac{-4\pm\sqrt{-12}}{2}$$

$$=\frac{-4\pm\sqrt{12}\,i}{2}$$

$a>0$ のとき、$\sqrt{-a}=\sqrt{a}\,i$

$$=\frac{\overset{-2}{-4}\pm\overset{1}{2}\sqrt{3}\,i}{\underset{1}{2}}$$

← 分子がたし算か引き算のときは数をすべて約分する

どれも2で割る

$$=-2\pm\sqrt{3}\,i$$

$$\left([例]\ \frac{2+4}{8}=\frac{\overset{1}{2}+\overset{2}{4}}{\underset{4}{8}}=\frac{3}{4}\right)$$

例題2 （1）（2）のように、**方程式の実数の解**を**実数解（じっすうかい）**といい、（3）のように、**方程式の虚数の解**を**虚数解（きょすうかい）**といいます。また、（2）のように、**2つの解が重なったもの**を**重解（じゅうかい）**といいます。

 コレで完璧！ ポイント

「b が偶数のときの解の公式」を使おう！

例題2 （3）で、通常の「解の公式」を使った場合、約分などの計算が大変でしたね。そんなときは、次の「b が偶数のときの解の公式」を使いましょう（（2）でも使えます）。

2次方程式 $ax^2+bx+c=0$ で、b を2で割ったものを b' とする。このとき、方程式の解は、次のように求められます。

$$x=\frac{-b'\pm\sqrt{b'^2-ac}}{a}$$

※この公式が成り立つ理由は、『高校の数学Ⅰ・Aが1冊でしっかりわかる本』の PART 3-9 をご参照ください。

この公式を使うと、例題2 （3）は、次のように解けます。

例題2（3）の別解

$x^2+4x+7=0$ では、b が偶数の4なので、4を2で割って、$b'=4\div2=2$

「b が偶数のときの解の公式」に、$a=1$、$b'=2$、$c=7$ を代入して計算すると、

$$x=\frac{-2\pm\sqrt{2^2-1\cdot7}}{1}=-2\pm\sqrt{4-7}$$

$$=-2\pm\sqrt{-3}=-2\pm\sqrt{3}\,i$$

このように途中式も少なく、約分もすることなく、スムーズに解けるので、b が偶数のときは、この公式を積極的に使っていきましょう。

4 2次方程式の判別式

$ax^2 + bx + c = 0$ の b が偶数の場合の判別式も使いこなそう！

2次方程式 $ax^2 + bx + c = 0$ の解は、$x = \dfrac{-b \pm \sqrt{b^2 - 4ac}}{2a}$ のうち、$b^2 - 4ac$ の符号（ + か － ）によって、実数解になるか虚数解になるかが決まります。

$b^2 - 4ac$ を、2次方程式 $ax^2 + bx + c = 0$ の判別式といい、D で表します。

2次方程式 $ax^2 + bx + c = 0$ の解についての3パターンをまとめると、次のようになります。

2次方程式の解の判別

2次方程式 $ax^2 + bx + c = 0$ の判別式を、$D = b^2 - 4ac$ とすると

① $D > 0 \iff$ 異なる2つの実数解をもつ

② $D = 0 \iff$ 重解をもつ

③ $D < 0 \iff$ 異なる2つの虚数解をもつ

上の①と②をあわせると、「$D \geqq 0 \iff$ 実数解をもつ」が成り立ちます。

また、$ax^2 + bx + c = 0$ の b が偶数の場合は、まず b を2で割って、b' としましょう。そのうえで、次の判別式を使うとスムーズに計算できます。

$ax^2 + bx + c = 0$ の b が偶数（$b = 2b'$）のときの判別式

$$\frac{D}{4} = b'^2 - ac$$

※判別式が D ではなく、$\dfrac{D}{4}$ である理由は、『高校の数学Ⅰ・Aが1冊でしっかりわかる本』の PART 3 - 10 をご参照ください。

例題 次の2次方程式の解を判別しましょう。

（1）$2x^2 - 3x - 4 = 0$ 　　　　　　　　（2）$5x^2 + 2x + 6 = 0$

（3）$4x^2 + 12x + 9 = 0$

解答 判別式を D とおきます。

（1）判別式 $D = b^2 - 4ac$ に、$a = 2$、$b = -3$、$c = -4$ を代入すると、

$$D = (-3)^2 - 4 \cdot 2 \cdot (-4) = 9 + 32 = 41$$

$D = 41 > 0$ なので、**異なる 2 つの実数解をもつ。**

（2）b が偶数の 2 なので、2 で割ると、$b' = 1$

判別式 $\dfrac{D}{4} = b'^2 - ac$ に、$a = 5$、$b' = 1$、$c = 6$ を代入すると、

$$\frac{D}{4} = 1^2 - 5 \cdot 6 = 1 - 30 = -29$$

$\dfrac{D}{4} = -29 < 0$ なので、**異なる 2 つの虚数解をもつ。**

（3）b が偶数の 12 なので、2 で割ると、$b' = 6$

判別式 $\dfrac{D}{4} = b'^2 - ac$ に、$a = 4$、$b' = 6$、$c = 9$ を代入すると、

$$\frac{D}{4} = 6^2 - 4 \cdot 9 = 36 - 36 = 0$$

$\dfrac{D}{4} = 0$ なので、**重解をもつ。**

🖐 練習問題

2 次方程式 $x^2 - ax + 16 = 0$ が異なる 2 つの虚数解をもつとき、定数 a の値の範囲を求めましょう。

解答

この 2 次方程式の判別式を D とおきます。
$$D = (-a)^2 - 4 \cdot 1 \cdot 16 = a^2 - 64 = (a + 8)(a - 8)$$
異なる 2 つの虚数解をもつのは $D < 0$ のときだから、

$(a + 8)(a - 8) < 0$

したがって、$-8 < a < 8$ $\alpha < \beta$ のとき、$(x - \alpha)(x - \beta) < 0$ の解は、$\alpha < x < \beta$

※ 2 次不等式の解き方については、🐱 **コレで完璧！ ポイント** をご参照ください。

🐱 **コレで完璧！ ポイント**

2 次不等式の解き方を復習しよう！

$\alpha < \beta$ のとき、

$(x - \alpha)(x - \beta) > 0$ の解は、$x < \alpha, \ \beta < x$

$(x - \alpha)(x - \beta) < 0$ の解は、$\alpha < x < \beta$

です。2 次不等式の解き方についてさらに詳しく知りたい方は、『高校の数学Ⅰ・Ａが 1 冊でしっかりわかる本』の PART 3 - 12 をご参照ください。

5 解と係数の関係

2次方程式 $ax^2 + bx + c = 0$ の2つの解を α、β とするとき、次の関係が成り立つことをおさえよう！

$$\alpha + \beta = -\frac{b}{a} \qquad \alpha\beta = \frac{c}{a}$$

2次方程式 $ax^2 + bx + c = 0$ の解の公式で、$D = b^2 - 4ac$ とすると、

$$x = \frac{-b \pm \sqrt{b^2 - 4ac}}{2a} = \frac{-b \pm \sqrt{D}}{2a}$$

この2つの解を、

$$\alpha = \frac{-b + \sqrt{D}}{2a}、\quad \beta = \frac{-b - \sqrt{D}}{2a} \text{ とすると、}$$

$$\alpha + \beta = \frac{-b + \sqrt{D}}{2a} + \frac{-b - \sqrt{D}}{2a}$$

$$= \frac{-2b}{2a} \qquad {\scriptstyle +\sqrt{D} - \sqrt{D} = 0}$$

$$= -\frac{b}{a} \qquad {\scriptstyle 分母と分子を2で割る}$$

$$\alpha\beta = \frac{-b + \sqrt{D}}{2a} \cdot \frac{-b - \sqrt{D}}{2a}$$

$$= \frac{(-b)^2 - (\sqrt{D})^2}{(2a)^2} \qquad {\scriptstyle 分子は公式 \atop (a+b)(a-b) \atop = a^2 - b^2 \text{ で展開}}$$

$$= \frac{b^2 - D}{4a^2}$$

$$= \frac{b^2 - (b^2 - 4ac)}{4a^2} \qquad {\scriptstyle D = b^2 - 4ac \atop \text{を代入}}$$

$$= \frac{4ac}{4a^2} \qquad {\scriptstyle 分子 = b^2 - b^2 + 4ac \atop = 4ac}$$

$$= \frac{c}{a} \qquad {\scriptstyle 分母と分子を4aで割る}$$

したがって、ここが大切！ に書いた通り、「$\alpha + \beta = -\dfrac{b}{a}$」と「$\alpha\beta = \dfrac{c}{a}$」が成り立ちます。これを、2次方程式の、**解と係数の関係**といいます。

例題 次の2次方程式の2つの解の和と積をそれぞれ求めましょう。

（1）$3x^2 - 4x + 6 = 0$ 　　　　　　　　（2）$6x^2 + 9x - 10 = 0$

解答

（1）2次方程式 $3x^2 - 4x + 6 = 0$ の2つの解を α、β とすると、解と係数の関係から、

$$\alpha + \beta = -\frac{-4}{3} = \frac{4}{3} \qquad \alpha\beta = \frac{6}{3} = 2$$

$$\scriptstyle (-) \times (-) = (+)$$

（2）2次方程式 $6x^2 + 9x - 10 = 0$ の2つの解を α、β とすると、解と係数の関係から、

$$\alpha + \beta = -\frac{9}{6} = -\frac{3}{2} \qquad \alpha\beta = \frac{-10}{6} = -\frac{5}{3}$$

練習問題

2次方程式 $2x^2 + 6x - 1 = 0$ の2つの解を α、β とするとき、$\alpha^2 + \beta^2$ の値を求めましょう。

解答

解と係数の関係から、　$\alpha + \beta = -\dfrac{6}{2} = -3$　　　　$\alpha\beta = \dfrac{-1}{2} = -\dfrac{1}{2}$

$\alpha^2 + \beta^2$

$= \boxed{\alpha^2 + 2\alpha\beta + \beta^2} - 2\alpha\beta$ 　式に $+2\alpha\beta - 2\alpha\beta$ をつけ加える

$= \boxed{(\alpha + \beta)^2} - 2\alpha\beta$

$= (-3)^2 - 2 \cdot \left(-\dfrac{1}{2}\right)$ 　$\alpha + \beta = -3$、$\alpha\beta = -\dfrac{1}{2}$ を代入

$= 9 + 1 = \underline{10}$

コレで完璧！ ポイント

練習問題 で、$(\alpha - \beta)^2$ などの値はどう求めるか？

$(\alpha - \beta)^2$ や $\alpha^3 + \beta^3$ の値を求める問題も解いてみましょう。

問題　2次方程式 $2x^2 + 6x - 1 = 0$ の2つの解を α、β とするとき、次の式の値を求めましょう。
(1) $(\alpha - \beta)^2$ 　　　　　　　　　(2) $\alpha^3 + \beta^3$

解き方　解と係数の関係から、$\alpha + \beta = -3$、$\alpha\beta = -\dfrac{1}{2}$

(1) $(\alpha - \beta)^2$ を次のように変形することで解けます。

$(\alpha - \beta)^2$

$= \alpha^2 \boxed{-2\alpha\beta} + \beta^2$ 　$-2\alpha\beta$ を

$= \alpha^2 \boxed{+2\alpha\beta} + \beta^2 \boxed{-4\alpha\beta}$ 　$+2\alpha\beta - 4\alpha\beta$ に変形

$= (\alpha + \beta)^2 - 4\alpha\beta$ 　$\alpha + \beta = -3$、

$= (-3)^2 - 4 \cdot \left(-\dfrac{1}{2}\right)$ 　$\alpha\beta = -\dfrac{1}{2}$ を代入

$= 9 + 2 = \underline{11}$

(2) 「$(\alpha + \beta)^3 = \alpha^3 + 3\alpha^2\beta + 3\alpha\beta^2 + \beta^3$」は、「$\alpha^3 + \beta^3 = (\alpha + \beta)^3 - 3\alpha^2\beta - 3\alpha\beta^2$」のように変形できます。ここから、次のように求められます。

$\alpha^3 + \beta^3 = (\alpha + \beta)^3 - 3\alpha^2\beta - 3\alpha\beta^2$

$= (\alpha + \beta)^3 - 3\alpha\beta(\alpha + \beta)$

$= (-3)^3 - 3 \cdot \left(-\dfrac{1}{2}\right) \cdot (-3)$

$= -27 - \dfrac{9}{2} = -\dfrac{63}{2}$

※「$\alpha^2 + \beta^2 = (\alpha + \beta)^2 - 2\alpha\beta$」や「$(\alpha - \beta)^2 = (\alpha + \beta)^2 - 4\alpha\beta$」などの変形はよく出てくるので、おさえておきましょう。

6 2次式の因数分解

2次方程式 $ax^2+bx+c=0$ の2つの解を α、β とするとき、次のように因数分解できることをおさえよう！

$$ax^2+bx+c=a(x-\alpha)(x-\beta)$$

2次方程式 $ax^2+bx+c=0$ の2つの解を α、β とするとき、解と係数の関係から、

$$\alpha+\beta=-\frac{b}{a}\quad\cdots\cdots❶、\qquad \alpha\beta=\frac{c}{a}\quad\cdots\cdots❷$$

❶の両辺に -1 をかけて、左辺と右辺を入れかえると、

$$\frac{b}{a}=-(\alpha+\beta)\quad\cdots\cdots❸$$

❷の左辺と右辺を入れかえると

$$\frac{c}{a}=\alpha\beta\quad\cdots\cdots❹$$

$$
\begin{aligned}
&ax^2+bx+c\\
&=a\left(x^2+\frac{b}{a}x+\frac{c}{a}\right)\qquad\text{← a をくくり出す}\\
&=a\{x^2-(\alpha+\beta)x+\alpha\beta\}\qquad\text{← ❸と❹を代入}\\
&=a(x-\alpha)(x-\beta)\qquad x^2+(a+b)x+ab=(x+a)(x+b)\\
&\qquad\qquad\qquad\qquad\qquad\quad\underbrace{}_{\text{和}}\quad\underbrace{}_{\text{積}}
\end{aligned}
$$

したがって、「$ax^2+bx+c=a(x-\alpha)(x-\beta)$」のように因数分解できます。

例題1 次の2次式を複素数の範囲で因数分解しましょう。

（1）x^2+8x-2　　　　　　　　　　　　（2）$3x^2-5x+3$

解答

（1）2次方程式 $x^2+8x-2=0$ を、「b が偶数のときの解の公式」を使って解くと、

$$x=-4\pm\sqrt{4^2-1\cdot(-2)}=-4\pm\sqrt{16+2}=-4\pm\sqrt{18}=-4\pm3\sqrt{2}$$

2次方程式 $ax^2+bx+c=0$ の2つの解を α、β とすると、$ax^2+bx+c=a(x-\alpha)(x-\beta)$ のように因数分解できるから、

$$
\begin{aligned}
x^2+8x-2&=\{x-(-4+3\sqrt{2})\}\{x-(-4-3\sqrt{2})\}\\
&=(x+4-3\sqrt{2})(x+4+3\sqrt{2})
\end{aligned}
$$

（2）2次方程式 $3x^2 - 5x + 3 = 0$ を、解の公式を使って解くと、

$$x = \frac{5 \pm \sqrt{(-5)^2 - 4 \cdot 3 \cdot 3}}{2 \cdot 3} = \frac{5 \pm \sqrt{25 - 36}}{6} = \frac{5 \pm \sqrt{-11}}{6} = \frac{5 \pm \sqrt{11}\,i}{6}$$

2次方程式 $ax^2 + bx + c = 0$ の2つの解を α、β とすると、$ax^2 + bx + c = a(x - \alpha)(x - \beta)$ のように因数分解できるから、

$$3x^2 - 5x + 3$$
$$= 3\left(x - \frac{5 + \sqrt{11}\,i}{6}\right)\left(x - \frac{5 - \sqrt{11}\,i}{6}\right)$$

↑
この 3 を書き忘れないようにする

 コレで完璧！ ポイント

2つの数 α、β を解とする2次方程式を、どう求めるか？

2つの数 α、β を解とする2次方程式（x^2 の係数が 1）は、

$(x - \alpha)(x - \beta) = 0$ のように表され、左辺を整理すると、次のようになります。

$$\text{左辺} = (x - \alpha)(x - \beta) = x^2 - \beta x - \alpha x + \alpha\beta = x^2 - (\alpha + \beta)x + \alpha\beta$$

これにより、次のことが言えます。

> 2つの数 α、β を解とする2次方程式の1つは、
> $$x^2 - \underset{\text{解の和}}{(\alpha + \beta)}x + \underset{\text{解の積}}{\alpha\beta} = 0$$

例題 2 2つの数 $1 + 3i$ と $1 - 3i$ を解にもつ2次方程式を1つ求めましょう。

解答 コレで完璧！ ポイント で解説したことをもとに解きます。

2つの数 $1 + 3i$ と $1 - 3i$ を解にもつ2次方程式において、

解の和は、$(1 + 3i) + (1 - 3i) = 1 + 3i + 1 - 3i = 2$

解の積は、

$$(1 + 3i)(1 - 3i)$$
$(a+b)(a-b) = a^2 - b^2$
$$= 1^2 - (3i)^2$$
$$= 1^2 - 9i^2$$
$i^2 = -1$
$$= 1 - 9 \cdot (-1)$$
$$= 1 + 9 = 10$$

求めたい方程式は「$x^2 - (\text{解の和})x + (\text{解の積}) = 0$」の形になるから、

$1 + 3i$ と $1 - 3i$ を解にもつ2次方程式の1つは、$\underline{x^2 - 2x + 10 = 0}$

※ **例題 2** で、「2次方程式を1つ求めましょう」となっている理由は、例えば、答えの両辺を2倍した「$2x^2 - 4x + 20 = 0$」なども正解になるからです。ただし、通常は「$x^2 - 2x + 10 = 0$」のように、各項の係数の絶対値を、できるだけ小さい自然数（正の整数）にしたものを答えにしましょう。

7 剰余の定理と因数定理

ここが大切！

$P(x)$ を、$x - \alpha$ で割ったときの余りは $P(\alpha)$ になる！

1 剰余の定理とは

x についての整式を、$P(x)$ や $Q(x)$ のように表すことがあります。例えば、整式 $P(x)$ の x に 3 を代入したときの値を $P(3)$ と書きます。

【例】$P(x) = x^2 + 7x - 8$ のとき、

$$P(2) = 2^2 + 7 \cdot 2 - 8 = 4 + 14 - 8 = \underset{\sim}{10}$$

例えば、$P(x) = x^2 + 5x - 10$ を $x - 3$ で割ると、次のようになります。

$$
\begin{array}{r}
\overset{\text{商}}{x + 8} \\
\text{割る数} \quad x - 3 \,\overline{)\, x^2 + 5x - 10} \quad \text{割られる数 } P(x) \\
\underline{x^2 - 3x} \\
8x - 10 \\
\underline{8x - 24} \\
14 \quad \text{この「余り」に注目！}
\end{array}
$$

その結果、次の等式が成り立ちます（P19 の ⚡ コレで完璧！ ポイント 参照）。

$$P(x) = \underset{\substack{\uparrow \\ \text{割られる数}}}{P(x)} = \underset{\substack{\uparrow \\ \text{割る数}}}{(x - 3)} \underset{\substack{\uparrow \\ \times}}{} \underset{\substack{\uparrow \\ \text{商}}}{(x + 8)} \underset{\substack{\uparrow \\ +\text{余り}}}{+ 14}$$

この式に、$x = 3$ を代入すると、$P(3) = (3 - 3) \cdot (3 + 8) + 14 = 0 \cdot 11 + 14 = 0 + 14 = 14$ となり、$P(x)$ を $x - 3$ で割ったときの余り 14 と一致します。

⚡ コレで完璧！ ポイント

$P(x)$ を $x - \alpha$ で割ったときの余りが、$P(\alpha)$ と等しい理由とは？

整式 $P(x)$ を、$x - \alpha$ で割ったときの、商を $Q(x)$、余りを R とすると、

$$P(x) = \underset{\substack{\uparrow \\ \text{割られる数}}}{P(x)} = \underset{\substack{\uparrow \\ \text{割る数}}}{(x - \alpha)} \cdot \underset{\substack{\uparrow \\ \times \text{商}}}{Q(x)} + \underset{\substack{\uparrow \\ \text{余り}}}{R}$$

この式に、$x = \alpha$ を代入すると、

$$P(\alpha) = (\alpha - \alpha) \cdot Q(\alpha) + R = 0 \cdot Q(\alpha) + R$$
$$= 0 + R = R$$

となり、もとの余り R と一致します。

⚡ コレで完璧！ ポイント から、次の定理が成り立ちます。

> **剰余の定理** 整式 $P(x)$ を、$x - \alpha$ で割ったときの余りは $P(\alpha)$ である

例題 整式 $P(x) = x^3 - 4x^2 - x - 7$ を、次の1次式で割ったときの余りを求めましょう。

（1）$x - 1$ 　　　　　　　　　　（2）$x + 3$

解答 剰余の定理（整式 $P(x)$ を、$x - \alpha$ で割ったときの余りは $P(\alpha)$）を使って解きましょう。

（1）$P(1) = 1^3 - 4 \cdot 1^2 - 1 - 7 = 1 - 4 - 1 - 7 = \underset{\sim}{-11}$

（2）$x + 3 = x - (-3)$ で割るのだから、$P(-3)$ を求めましょう。

$\quad P(-3) = (-3)^3 - 4 \cdot (-3)^2 - (-3) - 7 = -27 - 36 + 3 - 7 = \underset{\sim}{-67}$

2 因数定理とは

剰余の定理から、整式 $P(x)$ が $x - \alpha$ で割り切れる（余りが 0 になる）のは、$P(\alpha) = 0$ のときだとわかります。

> **因数定理** 整式 $P(x)$ が $x - \alpha$ で割り切れる $\iff P(\alpha) = 0$

✋ 練習問題

因数定理を使って、$x^3 - 4x^2 + x + 6$ を因数分解しましょう。

解き方のコツ 　6（数の項）の約数（1、2、3、6、-1、-2、-3、-6）のうち、$P(x) = 0$ となるものを見つけましょう。

解答

$P(x) = x^3 - 4x^2 + x + 6$ とします。

解き方のコツ の通り、6 の約数から、$P(x) = 0$ となるものを探すと、例えば、$x = 2$ のとき $P(2) = 0$ になることがわかります。

$\quad P(2) = 2^3 - 4 \cdot 2^2 + 2 + 6$
$\qquad\quad = 8 - 16 + 2 + 6 = 0$

よって、$P(x)$ は、$x - 2$ で割り切れます。

$P(x)$ を $x - 2$ で割ると、右上のようになります。

$$\begin{array}{r}
x^2 - 2x - 3 \\
x - 2 \overline{\smash{\big)}\ x^3 - 4x^2 + x + 6} \\
\underline{x^3 - 2x^2\phantom{{}+ x + 6}} \\
-2x^2 + x\phantom{{}+ 6} \\
\underline{-2x^2 + 4x\phantom{{}+ 6}} \\
-3x + 6 \\
\underline{-3x + 6} \\
0
\end{array}$$

これにより、

$\quad x^3 - 4x^2 + x + 6$

$= (x - 2)(x^2 - 2x - 3)$ 　　$x^2 - 2x - 3$ を因数分解する

$= (x - 2)(x + 1)(x - 3)$

$= \underset{\sim}{(x + 1)(x - 2)(x - 3)}$

8 高次方程式とは

ここが
大切！

高次方程式は、因数分解か因数定理を使って解こう！

1 因数分解を使った解き方

$P(x)$ が n 次式のとき、$P(x) = 0$ の形に表した方程式を、n 次方程式といいます。また、次数が3以上の方程式を、高次方程式といいます。

例題1　3次方程式 $x^3 = 1$ を解きましょう。

解答

右辺の1を左辺に移項すると、$x^3 - 1 = 0$

$1 = 1^3$ だから、左辺を因数分解すると、$(x-1)(x^2 + x + 1) = 0$

よって、$x - 1 = 0$　　または　　$x^2 + x + 1 = 0$

$x - 1 = 0$ から、$x = 1$

$x^2 + x + 1 = 0$ を解の公式で解くと、$x = \dfrac{-1 \pm \sqrt{1^2 - 4 \cdot 1 \cdot 1}}{2 \cdot 1} = \dfrac{-1 \pm \sqrt{-3}}{2} = \dfrac{-1 \pm \sqrt{3}\,i}{2}$

したがって、$x = 1,\ \dfrac{-1 \pm \sqrt{3}\,i}{2}$

$x^3 = 1$ の3つの解 $\left(1,\ \dfrac{-1 + \sqrt{3}\,i}{2},\ \dfrac{-1 - \sqrt{3}\,i}{2}\right)$ を、1の3乗根といいます。

※ a の n 乗根（累乗根）について、詳しくは P104 で学びます。

✋ 練習問題

4次方程式 $x^4 + x^2 - 12 = 0$ を解きましょう。

解き方のコツ　「$x^2 = A$ とおく→2次方程式を解く」という順に求めるのがおすすめです。

解答

$x^2 = A$ とおくと、$(x^2)^2 = x^4$ なので、方程式
$x^4 + x^2 - 12 = 0$ は、
$A^2 + A - 12 = 0$ のように変形できます。左辺を
因数分解すると
$$(A - 3)(A + 4) = 0$$
すなわち、$(x^2 - 3)(x^2 + 4) = 0$

よって、$x^2 - 3 = 0$　　または　　$x^2 + 4 = 0$
$x^2 - 3 = 0$ から、$x^2 = 3$、　　$x = \pm\sqrt{3}$
$x^2 + 4 = 0$ から、$x^2 = -4$
$x = \pm\sqrt{-4} = \pm\sqrt{4}\,i = \pm 2i$
したがって、$x = \pm\sqrt{3}, \pm 2i$

 コレで完璧！ ポイント

n 次方程式の解の個数はいくつある？
例えば、方程式 $(x-2)^2(x-3) = 0$ の解 $x = 2$
をこの方程式の 2 重解といいます。また、例
えば、方程式 $(x+1)(x-5)^3 = 0$ の解 $x = 5$
をこの方程式の 3 重解といいます。

複素数の範囲で、2 重解を 2 個の解、3 重解
を 3 個の解と考えた場合、2 次方程式は 2 個
の解、3 次方程式は 3 個の解をそれぞれもち
ます。一般に、複素数の範囲では、n 次方程
式は n 個の解をもつことをおさえましょう。

2 因数定理を使った解き方

例題2　　3 次方程式 $x^3 - 7x^2 + 12x - 4 = 0$ を解きましょう。

解答

$P(x) = x^3 - 7x^2 + 12x - 4$ とおきます。
-4 の約数（1、2、4、-1、-2、-4）から、
$P(x) = 0$ となるものを見つけると、
$$P(2) = 2^3 - 7 \cdot 2^2 + 12 \cdot 2 - 4$$
$$= 8 - 28 + 24 - 4 = 0$$
よって、$P(x)$ は、$x - 2$ で割り切れます。
$P(x)$ を $x - 2$ で割ると、次のようになります。

$$
\begin{array}{r}
x^2 - 5x\ +2 \\
x-2\ \overline{)\ x^3 - 7x^2 + 12x - 4} \\
\underline{x^3 - 2x^2} \\
-5x^2 + 12x \\
\underline{-5x^2 + 10x} \\
2x - 4 \\
\underline{2x - 4} \\
0
\end{array}
$$

これにより、$P(x) = (x - 2)(x^2 - 5x + 2)$
$P(x) = 0$ だから、$(x - 2)(x^2 - 5x + 2) = 0$
よって、$x - 2 = 0$
または　　$x^2 - 5x + 2 = 0$
$x - 2 = 0$ から、$x = 2$
$x^2 - 5x + 2 = 0$ から、
$$x = \frac{5 \pm \sqrt{(-5)^2 - 4 \cdot 1 \cdot 2}}{2 \cdot 1} = \frac{5 \pm \sqrt{25 - 8}}{2}$$
$$= \frac{5 \pm \sqrt{17}}{2}$$

したがって、$x = 2$、$\dfrac{5 \pm \sqrt{17}}{2}$

1 内分と外分（数直線上）

ここが
大切！
内分点、外分点は、2ステップで図に示そう！

1 2点間の距離（数直線上）

数直線上の点Pに実数xが対応しているとき、xを点Pの座標といいます。また、座標がxである点Pを、$P(x)$と表します。

P(x)と表す
↓
点P
→
x 点Pの座標

例題 次の2点間の距離を求めましょう。

(1) A(2)、 B(-3)　　　　　　　　(2) C(-9)、 D(-1)

解き方のコツ 大きいほうの数から小さいほうの数を引けば、距離が求められます。

解答

(1) $AB = 2 - (-3) = 2 + 3 = \underline{5}$

B　AB=5　A
-3　　　2

(2) $CD = -1 - (-9) = -1 + 9 = \underline{8}$

C　CD=8　D
-9　　　　-1

数直線上の0に対応する点を、原点といい、アルファベットのOで表します。

コレで完璧！ポイント

絶対値の表し方をおさえよう！

数直線上で、0からある数までの距離を、その数の絶対値といいます。例えば、2の絶対値を、$|2|$と表します。0から2までの距離は2なので、「$|2| = 2$」です。また、例えば、0から-3までの距離は3なので、「$|-3| = 3$」です。

$|2|$や$|-3|$のような絶対値の表し方は、これ以降も出てきますのでおさえておきましょう。

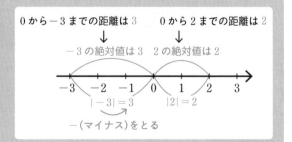

0から-3までの距離は3　　0から2までの距離は2
↓　　　　　　　↓
-3の絶対値は3　2の絶対値は2

-3　-2　-1　0　1　2　3
$|-3|=3$　$|2|=2$

-（マイナス）をとる

2 内分と外分（数直線上）

m、n を正の数とすると、**線分 AB 上に点 P があり**、

$$\mathrm{AP} : \mathrm{PB} = m : n$$

が成り立つとき、点 P は、線分 AB を $m : n$ に内分するといいます。
またこのとき、点 P を内分点といいます。

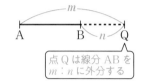

点 P は線分 AB を
$m : n$ に内分する

m、n を正の数とすると（$m \neq n$）、**線分 AB の延長上に点 Q があり**、

$$\mathrm{AQ} : \mathrm{QB} = m : n$$

が成り立つとき、点 Q は、線分 AB を $m : n$ に外分するといいます。
またこのとき、点 Q を外分点といいます。

点 Q は線分 AB を
$m : n$ に外分する

内分点、外分点は、次の 2 ステップで図に示しましょう（線分 AB をもとにする場合です）。

> **ステップ1** 内分点は線分 AB 上にあり、外分点は線分 AB の延長上にある。
>
> **ステップ2** 点 A からの距離：点 B からの距離 $= m : n$ の点を見つける（※を参照）。

※もし、**線分 BA** をもとにする場合は、**ステップ2** は、「**点 B からの距離：点 A からの距離** $= m : n$ の点を見つける」必要があります。

では、この 2 ステップで、次の ◎ **練習問題 1** を解いてみましょう。

◎ 練習問題 1

次の線分 AB（と線分 BA）について、次の点をそれぞれ図に示しましょう。ただし、（1）〜（4）の数直線上の目もりはそれぞれ等間隔で並んでいます。

（1）線分 AB を $3 : 1$ に内分する点 P　　　（2）線分 BA を $3 : 1$ に内分する点 Q

　　── A ──────── B ──　　　　　── A ──────── B ──

（3）線分 AB を $1 : 4$ に外分する点 R　　　（4）線分 BA を $2 : 3$ に外分する点 S

　　── A ──── B ──────　　　　　──────── A ── B ──

解答

　　2 ステップで図に示していきましょう。

（1）**ステップ1** 内分点は線分 AB 上にあり、外分点は線
　　　　　　　　分 AB の延長上にある。

　　　点 P は内分点なので、**線分 AB 上**にあります。

　　　ステップ2 点 A からの距離：点 B からの距離 $=$
　　　　　　　　$m : n$ の点を見つける。

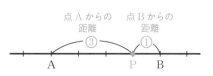

点 A からの　　点 B からの
　　距離　　　　　距離

　　　線分 AB 上で、**点 A からの距離：点 B からの距離** $= 3 : 1$ の点を見つけると、上のように、点 P
　　　を図に示せます。

（2）「線分 AB」ではなく、「線分 BA」であることに注意しましょう。

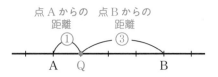

ステップ1 内分点は線分 BA 上にあり、外分点は線分 BA の延長上にある。

点 Q は内分点なので、線分 BA 上にあります。

ステップ2 点 B からの距離：点 A からの距離＝$m:n$ の点を見つける。

線分 BA 上で、**点 B からの距離：点 A からの距離＝$3:1$** の点を見つけると、上のように、点 Q を図に示せます。

（3）**ステップ1** 内分点は線分 AB 上にあり、外分点は線分 AB の延長上にある。

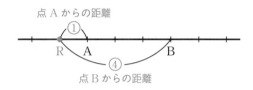

点 R は外分点なので、線分 AB の延長上にあります。

ステップ2 点 A からの距離：点 B からの距離 ＝$m:n$ の点を見つける。

線分 AB の延長上で、**点 A からの距離：点 B からの距離＝$1:4$** の点を見つけると、上のように、点 R を図に示せます。

（4）「線分 AB」ではなく、「線分 BA」であることに注意しましょう。

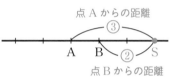

ステップ1 内分点は線分 BA 上にあり、外分点は線分 BA の延長上にある。

点 S は外分点なので、線分 BA の延長上にあります。

ステップ2 点 B からの距離：点 A からの距離＝$m:n$ の点を見つける。

線分 BA の延長上で、**点 B からの距離：点 A からの距離＝$2:3$** の点を見つけると、上のように、点 S を図に示せます。

3 内分点と外分点の座標の求め方（数直線上）

2 点 A(a)、B(b) について、線分 AB を

$m:n$ に**内分**する点 P の座標は、$\dfrac{na+mb}{m+n}$

$m:n$ に**外分**する点 Q の座標は、$\dfrac{-na+mb}{m-n}$

となります。外分点の座標 $\dfrac{-na+mb}{m-n}$ は、内分点の座標 $\dfrac{na+mb}{m+n}$ の「n」を「$-n$」に入れかえたものであることをおさえましょう。

公式の覚え方については、P54 の コレで完璧！ポイント も参照してください。

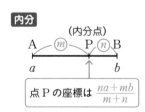

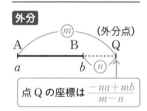

コレで完璧！ ポイント

中点の座標をどうやって求めるか？
中点（1つの線分上にあり、その線分を2等分する点）の座標の求め方について考えてみましょう。2点 A(a)、B(b) について、線分 AB を、1：1に内分するのが中点です。そのため、内分点の座標 $\dfrac{na+mb}{m+n}$ に「$m=1$、

$n=1$」を代入すると、$\dfrac{a+b}{1+1}=\dfrac{a+b}{2}$ となります。そのため、中点の座標は $\dfrac{a+b}{2}$ であることがわかります。

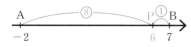

練習問題 2

2点 A(-2)、B(7) について、次の座標を求めましょう。
（1）線分 AB を 8：1 に内分する点 P
（2）線分 AB を 2：5 に外分する点 Q
（3）線分 AB の中点 M

解答

2点を A(a)、B(b) とすると、$a=-2$、$b=7$ です。

（1）内分点の公式 $\dfrac{na+mb}{m+n}$ に、$a=-2$、$b=7$、$m=8$、$n=1$ を代入すると、

$$\frac{1\cdot(-2)+8\cdot7}{8+1}=\frac{-2+56}{9}=\frac{54}{9}=6$$

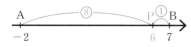

答え **P(6)**

（2）外分点の公式 $\dfrac{-na+mb}{m-n}$ に、$a=-2$、$b=7$、$m=2$、$n=5$ を代入すると、

$$\frac{-5\cdot(-2)+2\cdot7}{2-5}=\frac{10+14}{-3}=\frac{24}{-3}=-8$$

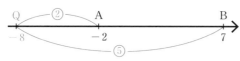

答え **Q(-8)**

（3）中点の公式 $\dfrac{a+b}{2}$ に、$a=-2$、$b=7$ を代入すると、

$$\frac{-2+7}{2}=\frac{5}{2}$$

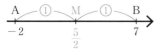

答え $\mathbf{M\left(\dfrac{5}{2}\right)}$

PART **3**

図形と方程式

2 座標平面と2点間の距離

2点 $A(x_1, y_1)$、$B(x_2, y_2)$ 間の距離は、次のように求められる！

$$AB = \sqrt{(x_2 - x_1)^2 + (y_2 - y_1)^2}$$

1 座標平面と象限

x 軸と y 軸を定めて、点の位置を座標で表せる平面を、座標平面といいます。

座標平面は、x 軸と y 軸によって、右の図のように、4つの象限に分けられます。

第2象限 （負，正）	第1象限 （正，正）
第3象限 （負，負）	第4象限 （正，負）

各象限と座標 (x, y) の正負

※ x 軸上と y 軸上の点は、どの象限にも入りません。

例題1 次の点は、それぞれ第何象限にありますか。

（1）$A(-1, -3)$　　（2）$B(2, 2)$　　　（3）$C(1, -4)$　　　（4）$D(-3, 3)$

解答 それぞれの点を、座標平面上に示すと、次のようになります。

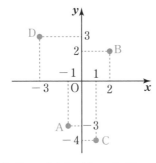

答え （1）第3象限　（2）第1象限　（3）第4象限　（4）第2象限

2 ２点間の距離（座標平面上）

例題 2 座標平面上の２点 $A(2, 1)$、$B(5, 7)$ 間の距離 AB を求めましょう。

解答 まず、次の図のように、直角三角形 ABC をかきましょう。

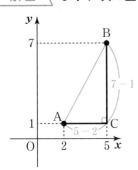

Cの座標は $(5, 1)$ とわかります。直角をはさむ２辺の長さを求めると、

$$AC = 5 - 2, \quad BC = 7 - 1$$

三平方の定理より、

$$AB^2 = AC^2 + BC^2$$

$AB > 0$ だから、

$$AB = \sqrt{(5-2)^2 + (7-1)^2} = \sqrt{3^2 + 6^2} = \sqrt{9 + 36} = \sqrt{45} = \sqrt{3^2 \cdot 5}$$
$$= 3\sqrt{5}$$

コレで完璧！ ポイント

座標平面上の２点間の距離を求める公式とは？

例題 2 で、２点 $A(2, 1)$、$B(5, 7)$ 間の距離 AB は、$\sqrt{(5-2)^2 + (7-1)^2}$ という式によって求めることができましたね。これにより、次の公式を導くことができます。

座標平面上の２点間の距離

２点 $A(x_1, y_1)$、$B(x_2, y_2)$ 間の距離は、$AB = \sqrt{(x_2 - x_1)^2 + (y_2 - y_1)^2}$

特に、原点 O と点 A の距離は、$OA = \sqrt{x_1{}^2 + y_1{}^2}$

練習問題

次の２点間の距離を求めましょう。

（1）$A(4, 5)$、$B(3, 2)$ 　　　　　　（2）$A(-8, -2)$、$B(-5, 1)$

（3）$A(0, -2)$、$B(4, 0)$ 　　　　　　（4）$O(0, 0)$、$A(-4, 6)$

解答

（1）～（3）は、$AB = \sqrt{(x_2 - x_1)^2 + (y_2 - y_1)^2}$ を、（4）は、$OA = \sqrt{x_1{}^2 + y_1{}^2}$ を、それぞれ使って求めましょう。

（1）$AB = \sqrt{(3-4)^2 + (2-5)^2} = \sqrt{(-1)^2 + (-3)^2} = \sqrt{1 + 9} = \sqrt{10}$

（2）$AB = \sqrt{\{(-5)-(-8)\}^2 + \{1-(-2)\}^2} = \sqrt{3^2 + 3^2} = \sqrt{9 + 9} = \sqrt{18} = 3\sqrt{2}$

（3）$AB = \sqrt{(4-0)^2 + \{0-(-2)\}^2} = \sqrt{4^2 + 2^2} = \sqrt{16 + 4} = \sqrt{20} = 2\sqrt{5}$

（4）$OA = \sqrt{(-4)^2 + 6^2} = \sqrt{16 + 36} = \sqrt{52} = 2\sqrt{13}$

3 内分と外分（座標平面上）

内分点と外分点の座標の公式は、3ステップでマスターできる！

P50で、すでに学びましたが、直線上の2点 A(a)、B(b) について、線分 AB を

$m:n$ に**内分**する点Pの座標は、$\dfrac{na+mb}{m+n}$

$m:n$ に**外分**する点Qの座標は、$\dfrac{-na+mb}{m-n}$

です。

直線上の内分点と外分点を求める公式から、次のように、座標平面上での内分点と外分点の座標を求める公式を導くことができます。

内分点と外分点の座標

2点 A(x_1, y_1)、B(x_2, y_2) について、線分 AB を

$m:n$ に**内分**する点Pの座標は、$\left(\dfrac{nx_1+mx_2}{m+n},\ \dfrac{ny_1+my_2}{m+n}\right)$

$m:n$ に**外分**する点Qの座標は、$\left(\dfrac{-nx_1+mx_2}{m-n},\ \dfrac{-ny_1+my_2}{m-n}\right)$

特に、線分 AB の**中点**Mの座標は、$\left(\dfrac{x_1+x_2}{2},\ \dfrac{y_1+y_2}{2}\right)$

 コレで完璧！ ポイント

内分点と外分点の座標の公式は、3ステップでおさえよう！
内分点と外分点の座標の公式について「覚えにくい」「ややこしい」と思った方もいるでしょう。
ここでは、この公式を3ステップでおさえる方法について紹介します。

内分点と外分点の座標の公式をおさえる3ステップ

ステップ1 まず、分母をかく。内分なら比をたす。外分なら比を引く

ステップ2 分子に、内分なら「n と $+m$」、外分なら「$-n$ と $+m$」をかく

内分

スペースをあける

$$\left(\frac{n\bigcirc + m\bigcirc}{m+n}, \quad \frac{n\bigcirc + m\bigcirc}{m+n} \right)$$

外分

スペースをあける

$$\left(\frac{-n\bigcirc + m\bigcirc}{m-n}, \quad \frac{-n\bigcirc + m\bigcirc}{m-n} \right)$$

ステップ3 分子のスペースに、x 座標なら「x_1 と x_2」、y 座標なら「y_1 と y_2」をかく（x 座標と y 座標の意味については、※参照）

内分

スペースに、x_1、x_2、y_1、y_2 をかく

$$\left(\frac{nx_1 + mx_2}{m+n}, \quad \frac{ny_1 + my_2}{m+n} \right)$$

外分

スペースに、x_1、x_2、y_1、y_2 をかく

$$\left(\frac{-nx_1 + mx_2}{m-n}, \quad \frac{-ny_1 + my_2}{m-n} \right)$$

この3ステップを反復練習すれば、内分点と外分点の座標を求める公式での間違いを少なくしていけます。試してみましょう。

※ある点の座標が例えば、(a, b) のとき、a を x 座標、b を y 座標といいます。

👆 練習問題

2点 A$(-2, -3)$、B$(4, 3)$ があります。線分 AB について、次の点の座標を求めましょう。

（1）線分 AB を $2:1$ に内分する点 P　　　　（2）線分 AB を $2:5$ に外分する点 Q

解答

内分点と外分点の座標の公式に「$x_1 = -2$、$x_2 = 4$、$y_1 = -3$、$y_2 = 3$」を代入して解きましょう。

（1）

点 P の x 座標は、
$$\frac{\overset{n}{\downarrow} \cdot \overset{x_1}{(-2)} + \overset{m}{\downarrow} \cdot \overset{x_2}{4}}{\underset{m+n}{2+1}} = \frac{-2+8}{3} = \frac{6}{3} = 2$$

点 P の y 座標は、
$$\frac{\overset{n}{1} \cdot \overset{y_1}{(-3)} + \overset{m}{2} \cdot \overset{y_2}{3}}{\underset{m+n}{2+1}} = \frac{-3+6}{3} = \frac{3}{3} = 1$$

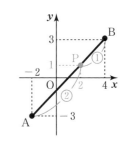

したがって、点 P の座標は、$(2, 1)$

（2）

点 Q の x 座標は、
$$\frac{\overset{-n}{-5} \cdot \overset{x_1}{(-2)} + \overset{m}{2} \cdot \overset{x_2}{4}}{\underset{m-n}{2-5}} = \frac{10+8}{-3} = -\frac{18}{3} = -6$$

点 Q の y 座標は、
$$\frac{\overset{-n}{-5} \cdot \overset{y_1}{(-3)} + \overset{m}{2} \cdot \overset{y_2}{3}}{\underset{m-n}{2-5}} = \frac{15+6}{-3} = -\frac{21}{3} = -7$$

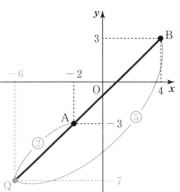

したがって、点 Q の座標は、$(-6, -7)$

4 三角形の重心

3点 A(x_1, y_1)、B(x_2, y_2)、C(x_3, y_3) を頂点とする △ABC の重心 G の座標は、

$$\left(\frac{x_1 + x_2 + x_3}{3}, \frac{y_1 + y_2 + y_3}{3} \right)$$ であることをおさえよう！

1 三角形の重心とは（数 A の復習）

三角形の頂点と、それに向かい合う辺の中点を結んだ線分を、中線といいます。

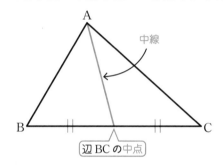

三角形の3つの中線は1点で交わり、その点はそれぞれの中線
を2:1に内分します。また、**三角形の3つの中線が交わる点を、
その三角形の重心といいます。**

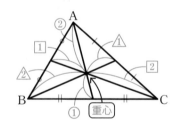

2 三角形の重心の座標

例題 △ABC があり、頂点の座標はそれぞれ、A(x_1, y_1)、B(x_2, y_2)、C(x_3, y_3) です。
このとき、次の点の座標を求めましょう。

（1）線分 AB の中点 M

（2）線分 CM を 2:1 に内分する重心 G の座標

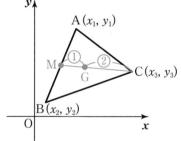

解き方のコツ　（1）は「中点の座標の公式」、
（2）は「内分点の座標の公式」をそれぞ
れ使いましょう（ともに P54 参照）。

（1） $A(x_1, y_1)$、$B(x_2, y_2)$ だから、線分 AB の中点 M の座標は、

$$\left(\frac{x_1 + x_2}{2}, \frac{y_1 + y_2}{2} \right)$$

（2） $C(x_3, y_3)$、$M\left(\dfrac{x_1 + x_2}{2}, \dfrac{y_1 + y_2}{2} \right)$ であり、

線分 CM を $2:1$ に内分する点 G について、

重心 G の x 座標は、

$$\frac{1 \cdot x_3 + \overset{1}{2} \cdot \dfrac{x_1 + x_2}{\underset{1}{2}}}{2 + 1}$$

$$= \frac{x_1 + x_2 + x_3}{3}$$

重心 G の y 座標は、

$$\frac{1 \cdot y_3 + \overset{1}{2} \cdot \dfrac{y_1 + y_2}{\underset{1}{2}}}{2 + 1}$$

$$= \frac{y_1 + y_2 + y_3}{3}$$

したがって、重心 G の座標は、

$$\left(\frac{x_1 + x_2 + x_3}{3}, \frac{y_1 + y_2 + y_3}{3} \right)$$

PART **3** 図形と方程式

 コレで完璧！ ポイント

三角形の重心の座標の求め方とは？

例題 から、三角形の重心の座標は、次のように求められます。

三角形の重心の座標

3点 $A(x_1, y_1)$、$B(x_2, y_2)$、$C(x_3, y_3)$ を頂点とする △ABC の重心 G の座標は、

$$\left(\frac{x_1 + x_2 + x_3}{3}, \frac{y_1 + y_2 + y_3}{3} \right)$$

練習問題

次の3点を頂点にもつ △ABC の重心 G の座標を求めましょう。

（1） $A(6, -9)$、$B(-2, 1)$、$C(5, 5)$　　（2） $A(-3, 0)$、$B(4, 0)$、$C(2, -12)$

解答

（1） △ABC の重心 G の x 座標は、

$$\frac{6 - 2 + 5}{3} = \frac{9}{3} = 3$$

重心 G の y 座標は、

$$\frac{-9 + 1 + 5}{3} = -\frac{3}{3} = -1$$

したがって、重心 G の座標は、$(3, -1)$

（2） △ABC の重心 G の x 座標は、

$$\frac{-3 + 4 + 2}{3} = \frac{3}{3} = 1$$

重心 G の y 座標は、

$$\frac{0 + 0 - 12}{3} = -\frac{12}{3} = -4$$

したがって、重心 G の座標は、$(1, -4)$

5 直線の方程式

ここが大切！

「1点を通り、傾きが m の直線」と「2点を通る直線」の式を求めよう！

$y = mx + n$ のように直線を表す式を、**直線の方程式**といいます（m は傾き、n は y 切片）。y 切片とは、**グラフが y 軸と交わる点の y 座標**のことです（ちなみに、x 切片とは、**グラフが x 軸と交わる点の x 座標**のことです）。

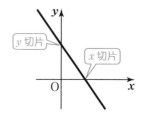

点 (x_1, y_1) を通り、「傾きが m、y 切片が n」の直線の方程式を求めましょう。

傾きが m、y 切片が n なので、この直線の方程式は、次のように表されます。

$$y = mx + n \quad \cdots\cdots ❶$$

❶が点 (x_1, y_1) を通るので、

$$y_1 = mx_1 + n \quad \cdots\cdots ❷$$

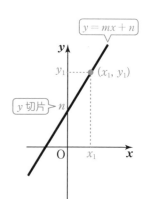

❶ − ❷を計算すると、次のようになります。

$$
\begin{array}{r}
y = \quad mx \quad + n \quad \cdots\cdots ❶ \\
-)\quad y_1 = \quad mx_1 \quad + n \quad \cdots\cdots ❷ \\
\hline
y - y_1 = m(x - x_1)
\end{array}
$$

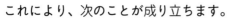

これにより、次のことが成り立ちます。

> **1点を通り、傾きが m の直線**
>
> 点 (x_1, y_1) を通り、傾きが m の直線の方程式は、
> $$y - y_1 = m(x - x_1)$$

✍ 練習問題

点 $(-3, 4)$ を通り、傾きが -5 の直線の方程式を求めましょう。

点 $(-3, 4)$ を通り、傾きが -5 の直線の方程式は、

$y - y_1 = m\ (x\ -\ x_1)$

$\downarrow\ \ \ \downarrow\ \ \ \downarrow\ \ \ \ \downarrow$

$y - 4 = -5\{x - (-3)\}$

$y - 4 = -5(x + 3)$ ⟩右辺を展開

$y - 4 = -5x - 15$ ⟩-4 を右辺に移項して整理

$y = -5x - 11$

コレで完璧！ ポイント

2点を通る直線の方程式を求めよう！

異なる2点 $\mathrm{A}(x_1, y_1)$、$\mathrm{B}(x_2, y_2)$ を通る直線の方程式を求めましょう（$x_1 \neq x_2$ とします）。

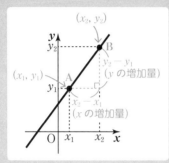

グラフからわかるように、直線 AB の**傾き** $\left(= \dfrac{y \text{の増加量}}{x \text{の増加量}}\right)$ は、$\dfrac{y_2 - y_1}{x_2 - x_1}$ です。

また、点 (x_1, y_1) を通るので、左ページで

習った公式から、直線 AB の方程式は、次のようになります。

$$y - y_1 = \frac{y_2 - y_1}{x_2 - x_1}(x - x_1)$$

2点を通る直線

異なる2点 (x_1, y_1)、(x_2, y_2) を通る直線の方程式は、

・$x_1 \neq x_2$ のとき、

$$y - y_1 = \frac{y_2 - y_1}{x_2 - x_1}(x - x_1)$$

・$x_1 = x_2$ のとき、$x = x_1$

「$x = x_1$」とは、y 軸に平行な直線です。

これをふまえて、問題を解きましょう。

問題 次の2点を通る直線の方程式を求めましょう。

(1) $\mathrm{A}(2, -1)$、$\mathrm{B}(-2, 7)$

(2) $\mathrm{A}(-6, 3)$、$\mathrm{B}(-6, -2)$

解き方 （1）は「$x_1 \neq x_2$ のときの公式」、（2）は「$x_1 = x_2$ のときの公式」をそれぞれ使いましょう。

(1) 2点 $\mathrm{A}(2, -1)$、$\mathrm{B}(-2, 7)$ を通る直線の方程式は、

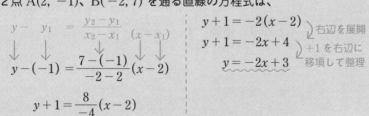

$y - \ \ y_1\ \ = \dfrac{y_2 - y_1}{x_2 - x_1}\ (x - x_1)$

$\downarrow\ \ \ \ \downarrow\ \ \ \ \ \ \downarrow\ \ \ \ \ \downarrow\ \ \ \downarrow$

$y - (-1) = \dfrac{7 - (-1)}{-2 - 2}(x - 2)$

$y + 1 = \dfrac{8}{-4}(x - 2)$

$y + 1 = -2(x - 2)$ ⟩右辺を展開

$y + 1 = -2x + 4$ ⟩$+1$ を右辺に移項して整理

$y = -2x + 3$

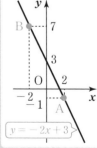

(2) 2点 $\mathrm{A}(-6, 3)$、$\mathrm{B}(-6, -2)$ は、x 座標が同じ (-6) なので、直線の方程式は、

$x = -6$

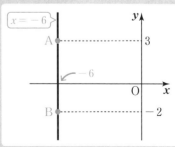

6 2直線の平行と垂直

「傾きが同じとき、2直線は平行になる」ことと、
「傾きをかけて−1になるとき、2直線は垂直になる」ことを
それぞれおさえよう！

2直線が平行、あるいは垂直になる条件について、それぞれ学びましょう。

> **2直線の平行条件**
>
> 2直線 $y = m_1 x + n_1$、$y = m_2 x + n_2$ において、
>
> 2直線が平行 $\iff m_1 = m_2$
>
> 傾きが同じとき、2直線は平行になります。
>
> ※ $m_1 = m_2$、$n_1 = n_2$ のとき、2直線は一致します。その場合も、
> 　2直線は平行であると考えるので注意しましょう。

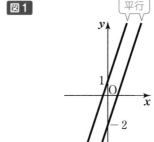

例えば、**図1** のように、2直線 $y = 3x + 1$ と $y = 3x − 2$ は、
傾きが等しく、平行です。

> **2直線の垂直条件**
>
> 2直線 $y = m_1 x + n_1$、$y = m_2 x + n_2$ において、
>
> 2直線が垂直 $\iff m_1 m_2 = −1$
>
> 傾きをかけて−1になるとき、2直線は垂直になります。

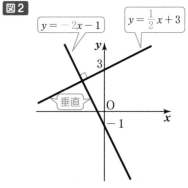

例えば、**図2** のように、2直線 $y = −2x − 1$ と $y = \dfrac{1}{2}x + 3$

は、傾きをかけると $\left(−2 \times \dfrac{1}{2} = \right) −1$ となり、垂直です。

✋ 練習問題

次の直線の方程式を求めましょう。
（1）点 $(2, −3)$ を通り、直線 $6x + y − 3 = 0$ に平行な直線
（2）点 $(−1, 4)$ を通り、直線 $5x + y + 2 = 0$ に垂直な直線

（1）$6x + y - 3 = 0$ を変形すると、$y = -6x + 3$ なので、求める直線の傾きも -6 です。

点 $(2, -3)$ を通るから、求める直線の方程式は、

$$y - (-3) = -6(x - 2)$$
$$y + 3 = -6x + 12$$　右辺を展開
$$y = -6x + 9$$　3 を右辺に移項して整理

（2）$5x + y + 2 = 0$ を変形すると、$y = -5x - 2$ です。求める直線の傾きを m とすると、「-5 と m をかけて -1 になる」から

$$-5m = -1, \qquad m = \frac{1}{5}$$

点 $(-1, 4)$ を通るから、求める直線の方程式は、

$$y - 4 = \frac{1}{5}\{x - (-1)\}$$

$$y - 4 = \frac{1}{5}(x + 1)$$　右辺を展開

$$y - 4 = \frac{1}{5}x + \frac{1}{5}$$　-4 を右辺に移項して整理

$$y = \frac{1}{5}x + \frac{21}{5}$$

コレで完璧！ ポイント

平行、垂直な直線の方程式をすばやく求める公式をマスターしよう！

次の公式を使うと、平行、垂直な直線の方程式をすばやく求められます。

- 点 (x', y') を通り、直線 $ax + by + c = 0$ に**平行**な直線の方程式は、
$$a(x - x') + b(y - y') = 0$$

- 点 (x', y') を通り、直線 $ax + by + c = 0$ に**垂直**な直線の方程式は、
$$b(x - x') - a(y - y') = 0$$

練習問題 （1）では、点 $(2, -3)$ を通り、直線 $6x + y - 3 = 0$ に**平行**な直線を求めたいので、公式を使うと

$$6(x - 2) + \{y - (-3)\} = 0$$
$$6x - 12 + y + 3 = 0$$　左辺を展開
$$y = -6x + 9$$

（2）では、点 $(-1, 4)$ を通り、直線 $5x + y + 2 = 0$ に**垂直**な直線を求めたいので、公式を使うと

$$\{x - (-1)\} - 5(y - 4) = 0$$
$$x + 1 - 5y + 20 = 0$$　左辺を展開
$$5y = x + 21$$
$$y = \frac{1}{5}x + \frac{21}{5}$$　両辺を 5 で割る

この公式によって、スムーズに解けることがわかります。身につけて、スピーディーに求められるようになりましょう。

7 点と直線の距離

ここが
大切！　　**点 (x_1, y_1) と直線 $ax+by+c=0$ の距離 d は、次のように求められる！**

$$d = \frac{|ax_1 + by_1 + c|}{\sqrt{a^2 + b^2}}$$

点 P から直線 l に下ろした垂線 PH の長さを、**点 P と直線 l の
距離**といいます（点 P は、直線 l 上にないものとします）。

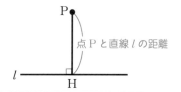

点 P と直線 l の距離

点と直線の距離

点 (x_1, y_1) と直線 $ax+by+c=0$ の距離 d は、

$$d = \frac{|ax_1 + by_1 + c|}{\sqrt{a^2 + b^2}}$$

特に、原点 O と直線 $ax+by+c=0$ の距離 d' は、

$$d' = \frac{|c|}{\sqrt{a^2 + b^2}}$$

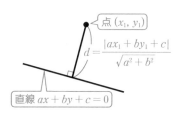

点 (x_1, y_1)

$d = \dfrac{|ax_1 + by_1 + c|}{\sqrt{a^2 + b^2}}$

直線 $ax+by+c=0$

※絶対値（記号は $|\ \ |$）については、P48 の コレで完璧！ポイント を参照してください。

練習問題

次の問いに答えましょう。
（1）点 $(3, -1)$ と、直線 $5x - 12y - 1 = 0$ の距離を求めましょう。
（2）原点と、直線 $3x + 4y - 15 = 0$ の距離を求めましょう。

解答

（1）点 $(3, -1)$ と、直線 $5x - 12y - 1 = 0$ の距離を d とすると、

$$d = \frac{|5 \cdot 3 + (-12) \cdot (-1) - 1|}{\sqrt{5^2 + (-12)^2}} = \frac{|15 + 12 - 1|}{\sqrt{25 + 144}} = \frac{|26|}{\sqrt{169}} = \frac{26}{13} = 2$$

$|26| = 26$

（2）原点と、直線 $3x + 4y - 15 = 0$ の距離を d とすると、

$$d = \frac{|-15|}{\sqrt{3^2 + 4^2}} = \frac{15}{\sqrt{9 + 16}} = \frac{15}{\sqrt{25}} = \frac{15}{5} = 3$$

$|-15| = 15$

コレで完璧！ ポイント

「点と直線の距離」の公式を使って、三角形の面積を求めよう！

座標平面上の三角形の面積を、「点と直線の距離」の公式を使って求めることができます。公式を使う練習にもなるので解いてみましょう。

問題 3点 A(2, 4)、B(−3, 1)、C(3, −2) を頂点とする △ABC について、次の問いに答えましょう。

（1）線分 BC の長さを求めましょう。 （2）直線 BC の方程式を求めましょう。

（3）点 A と直線 BC の距離を求めましょう。 （4）△ABC の面積を求めましょう。

PART
3

図形と方程式

解き方

（1）B(−3, 1)、C(3, −2) なので、線分 BC の長さは、公式

「$\sqrt{(x_2-x_1)^2+(y_2-y_1)^2}$」から、次のように求められます。

$$BC = \sqrt{\{3-(-3)\}^2+(-2-1)^2}$$
$$= \sqrt{6^2+(-3)^2} = \sqrt{36+9} = \sqrt{45}$$
$$= 3\sqrt{5}$$

（2）B(−3, 1)、C(3, −2) なので、直線 BC の方程式は、公式「$y-y_1 = \dfrac{y_2-y_1}{x_2-x_1}(x-x_1)$」から、次のように求められます。

$$y-1 = \frac{-2-1}{3-(-3)}\{x-(-3)\}$$
$$y-1 = \frac{-3}{6}(x+3)$$
$$y = -\frac{1}{2}(x+3)+1 \quad \text{←右辺を展開}$$
$$y = -\frac{1}{2}x - \frac{1}{2}$$

（3）直線 BC の方程式 $y = -\dfrac{1}{2}x - \dfrac{1}{2}$ を変形すると、$x+2y+1=0$

点 A(2, 4) と直線 BC($x+2y+1=0$) の距離は、公式

「$d = \dfrac{|ax_1+by_1+c|}{\sqrt{a^2+b^2}}$」から、次のように求められます。

$$\underset{\substack{\uparrow\\a^2}}{\frac{|\overset{a}{1}\cdot\overset{x_1}{2}+\overset{b}{2}\cdot\overset{y_1}{4}+\overset{c}{1}|}{\sqrt{1^2+\underset{\substack{\uparrow\\b^2}}{2^2}}}} = \frac{|2+8+1|}{\sqrt{1+4}} = \frac{\overset{|11|=11}{|11|}}{\sqrt{5}} = \frac{11}{\sqrt{5}} = \frac{11\sqrt{5}}{5}$$

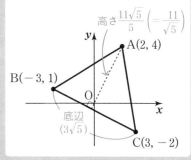

高さ $\dfrac{11\sqrt{5}}{5}\left(=\dfrac{11}{\sqrt{5}}\right)$

A(2, 4)

B(−3, 1)

底辺 $(3\sqrt{5})$

C(3, −2)

（4）（1）の線分 BC の長さ $(3\sqrt{5})$ と、（3）の線分 BC を底辺にしたときの高さ $\left(\dfrac{11}{\sqrt{5}}\right)$ から、三角形 ABC の面積は、

$$\underset{\text{底辺BC×高さ×}\frac{1}{2}}{\frac{3\sqrt{5}}{1} \times \frac{11}{\sqrt{5}} \times \frac{1}{2}} = 3\frac{\sqrt{5}}{\sqrt{5}} \times \frac{11}{\sqrt{5}}_{1} \times \frac{1}{2} = \frac{33}{2}$$

※（3）で求めた高さは、分母の有理化をする前の値 $\left(\dfrac{11}{\sqrt{5}}\right)$ を使ったほうが計算しやすいです。

8 円の方程式（標準形）

点 (a, b) を中心とする、半径 r の円の方程式をおさえよう！

$$(x-a)^2 + (y-b)^2 = r^2$$

円（ある点から同じ長さにかいた丸い形）の方程式についてみていきましょう。

「点 $C(a, b)$ を中心とする、半径 r の円」は、「点 C からの距離が r である点全体」からできています。この円上の点を $P(x, y)$ として図に表すと、右のようになります。

ここで、$C(a, b)$ と $P(x, y)$ を結ぶ、線分 CP の長さは r なので、それを式に表すと、円の方程式を導くことができます。

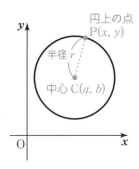

$$\underbrace{\sqrt{(x-a)^2+(y-b)^2} = r}_{\text{2点間の距離（P53）}} \Bigg\} \text{両辺を2乗する}$$

$$(x-a)^2 + (y-b)^2 = r^2 \quad \text{…中心 } (a, b)\text{、半径 } r \text{ の}$$
$$\text{円の方程式}$$

 コレで完璧！ ポイント

円の方程式（標準形）をおさえよう！
中心が (a, b) の場合と、原点の場合の、それぞれの円の方程式は、次の通りです。

> ・点 (a, b) を中心とする、半径 r の円の方程式は、
> $$(x-a)^2 + (y-b)^2 = r^2$$
> ・特に、原点を中心とする、半径 r の円の方程式は、
> $$x^2 + y^2 = r^2$$

上記の、円の方程式は**標準形**（または、**基本形**）と呼ばれ、次の項目で習う**一般形**と区別されることも、あわせておさえましょう。

練習問題 1

次の円の方程式を求めましょう。
（1）点 $C(1, -2)$ を中心とする、半径 3 の円
（2）点 $C(2, 4)$ を中心として、点 $A(5, 7)$ を通る円
（3）点 $C(-3, -1)$ を中心として、原点 O を通る円

（1）点 $C(1, -2)$ を中心とする、半径 3 の円の方程式は、

$$(x-1)^2 + \{y-(-2)\}^2 = 3^2$$

すなわち、$\underline{(x-1)^2 + (y+2)^2 = 9}$

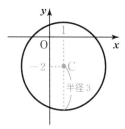

（2）点 $C(2, 4)$ を中心として、点 $A(5, 7)$ を通る円の**半径**は、
線分 CA の長さと等しいから、

$$CA = \sqrt{(5-2)^2 + (7-4)^2} \quad \lhd \boxed{2\ \text{点間の距離 (P53)}}$$

$$= \sqrt{3^2 + 3^2} = \sqrt{9+9} = \sqrt{18} \quad \lhd \boxed{\begin{array}{l} 3\sqrt{2}\ \text{に変形できるが、次に} \\ 2\ \text{乗するので}\sqrt{18}\ \text{でとめる} \end{array}}$$

$$\underset{\uparrow}{}$$
半径の長さ

よって、この円の方程式は、$(x-2)^2 + (y-4)^2 = (\sqrt{18})^2$

すなわち、$\underline{(x-2)^2 + (y-4)^2 = 18}$

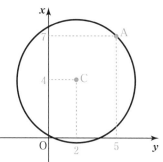

（3）点 $C(-3, -1)$ を中心として、原点 O を通る円の**半径**は、
線分 OC の長さと等しいから、

$$OC = \sqrt{(-3)^2 + (-1)^2} \quad \lhd \boxed{\text{原点との距離 (P53)}}$$

$$= \sqrt{9+1} = \sqrt{10} \quad \leftarrow \text{半径の長さ}$$

よって、円の方程式は、$\{x-(-3)\}^2 + \{y-(-1)\}^2 = (\sqrt{10})^2$

すなわち、$\underline{(x+3)^2 + (y+1)^2 = 10}$

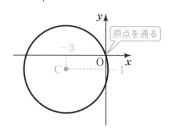

🖐 練習問題2

2 点 $A(-4, -2)$、$B(2, 6)$ を結ぶ線分 AB を直径にもつ円について、次の問いに答えましょう。

（1）円の中心の座標を求めましょう。　　（2）円の半径を求めましょう。

（3）円の方程式を求めましょう。

（1）円の中心を C、半径を r とします。点 C（円の中心）は線分 AB（直径）の中点だから、点 C の座標は、

$$\left(\frac{-4+2}{2}, \frac{-2+6}{2} \right) \quad \lhd \boxed{\text{中点の座標 (P54)}}$$

すなわち、$\underline{(-1, 2)}$

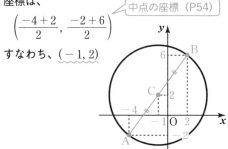

（2）円の半径 r は、2 点 $C(-1, 2)$、$B(2, 6)$ の距離と等しいから、

$$r = CB = \sqrt{\{2-(-1)\}^2 + (6-2)^2}$$

$$= \sqrt{3^2 + 4^2} = \sqrt{9+16} = \sqrt{25} = 5$$

（3）（1）（2）から、中心 C の座標が $(-1, 2)$、半径が 5 とわかったので、この円の方程式は、$\{x-(-1)\}^2 + (y-2)^2 = 5^2$

すなわち、$\underline{(x+1)^2 + (y-2)^2 = 25}$

9 円の方程式（一般形）

ここが
大切！

円の方程式は、「$x^2 + y^2 + lx + my + n = 0$」とも表される！

例えば、P65 の 練習問題2 （3）で求めた、円の方程式を展開して整理すると、次のようになります。

$$(x+1)^2 + (y-2)^2 = 25$$

左辺を展開、25 を左辺に移項

$$x^2 + 2x + 1 + y^2 - 4y + 4 - 25 = 0$$

$$x^2 + y^2 + 2x - 4y - 20 = 0$$

l、m、n を定数とすると、円の方程式は、次のように表されます。

$$x^2 + y^2 + lx + my + n = 0$$

これを、円の方程式の一般形といいます。

 コレで完璧！ ポイント

平方完成を復習しよう！

円の方程式を一般形（$x^2 + y^2 + lx + my + n = 0$）から標準形（$(x-a)^2 + (y-b)^2 = r^2$）に変形するときに、平方完成が必要です。平方完成とは、式 $ax^2 + bx + c$ を、式 $a(x-p)^2 + q$ に変形することですが、ここでいったん復習しましょう（より詳しく知りたい方は、『高校の数学Ⅰ・Aが1冊でしっかりわかる本』の PART 3-3 をご参照ください）。

・x^2 の後が － の場合

$$x^2 - 2ax = (x-a)^2 - a^2$$

2a の半分　　2a の半分の2乗

・x^2 の後が ＋ の場合

$$x^2 + 2ax = (x+a)^2 - a^2$$

2a の半分　　2a の半分の2乗

【例】

❶ $x^2 - 6x + 1 = (x-3)^2 - 3^2 + 1 = (x-3)^2 - 9 + 1 = (x-3)^2 - 8$

6 の半分　　6 の半分の2乗

❷ $x^2 + 8x - 3 = (x+4)^2 - 4^2 - 3 = (x+4)^2 - 16 - 3 = (x+4)^2 - 19$

8 の半分　　8 の半分の2乗

練習問題

次の方程式は、どのような図形を表しますか。

（1） $x^2 + y^2 - 10x + 4y - 7 = 0$ （2） $x^2 + y^2 - 6y = 0$

解答

（1） $x^2 + y^2 - 10x + 4y - 7 = 0$ を、変形すると次のようになります。

$$x^2 + y^2 - 10x + 4y - 7 = 0$$

$$\underline{x^2 - 10x} + \underline{y^2 + 4y} - 7 = 0$$

x の仲間 y の仲間 ｜ x と y の仲間にそれぞれ分ける

｜ それぞれ平方完成

$$(x-5)^2 - 5^2 + (y+2)^2 - 2^2 - 7 = 0$$

$$(x-5)^2 - 25 + (y+2)^2 - 4 - 7 = 0$$ ｜ $(-25 - 4 - 7 =) - 36$ を右辺に移項

$$(x-5)^2 + (y+2)^2 = 36$$ ← 円の方程式（標準形）

$\{y-(-2)\}^2 \quad 6^2$

よって、点 $(5, -2)$ を中心とする、半径 6 の円を表します。

（2） $x^2 + y^2 - 6y = 0$ を、変形すると次のようになります。

$$x^2 + y^2 - 6y = 0$$

$$x^2 + (y-3)^2 - 3^2 = 0$$ ｜ 平方完成

$$x^2 + (y-3)^2 - 9 = 0$$ ｜ -9 を右辺に移項

$$x^2 + (y-3)^2 = 9$$ ← 円の方程式（標準形）

$(x-0)^2 \qquad 3^2$

よって、点 $(0, 3)$ を中心とする、半径 3 の円を表します。

ところで、例えば、$x^2 + y^2 - 4x + 6y + 18 = 0$ を変形すると、$(x-2)^2 + (y+3)^2 = -5$ のように、右辺が負の数になります。

この方程式を満たす (x, y) はなく、この方程式が表す図形もありません（円の方程式なら、右辺は「半径の2乗」を表し、正の数になります）。

このように、$x^2 + y^2 + lx + my + n = 0$ という方程式が、常に円を表すわけではないことに注意しましょう。

10 円と直線の共有点

ここが
大切！

円と直線の共有点の座標と個数を求めよう！

円と直線の共有点の座標は、「円の方程式」と「直線の方程式」を、連立方程式として解くことで求められます。

🖐 練習問題 1

次の円と直線の共有点の座標を求めましょう。

（1）$x^2 + y^2 = 5$、　$y = x + 1$ 　　　　（2）$x^2 + y^2 = 8$、　$y = x - 4$

解答

（1）$\begin{cases} x^2 + y^2 = 5 & \cdots\cdots ❶ \\ y = x + 1 & \cdots\cdots ❷ \end{cases}$

❷を❶に代入すると

$x^2 + (x+1)^2 = 5$ 　左辺を展開、
$x^2 + x^2 + 2x + 1 - 5 = 0$ 　5を左辺に移項

$2x^2 + 2x - 4 = 0$ 　両辺を2で割る
❸とする　$x^2 + x - 2 = 0$ 　因数分解
$(x+2)(x-1) = 0$

$x = -2,\ 1$

$x = -2$ を❷に代入すると、$y = -2 + 1 = -1$
$x = 1$ を❷に代入すると、$y = 1 + 1 = 2$
よって、共有点の座標は、$(-2,\ -1)$、$(1,\ 2)$

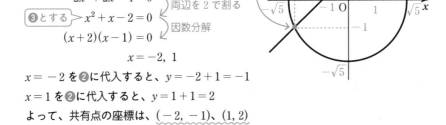

2個の共有点
直線 $y = x + 1$
円 $x^2 + y^2 = 5$
（半径の長さは $\sqrt{5}$）

（2）$\begin{cases} x^2 + y^2 = 8 & \cdots\cdots ❶ \\ y = x - 4 & \cdots\cdots ❷ \end{cases}$

❷を❶に代入すると

$x^2 + (x-4)^2 = 8$ 　左辺を展開、
$x^2 + x^2 - 8x + 16 - 8 = 0$ 　8を左辺に移項

$2x^2 - 8x + 8 = 0$ 　両辺を2で割る
❹とする　$x^2 - 4x + 4 = 0$ 　因数分解
$(x-2)^2 = 0$

$x = 2$

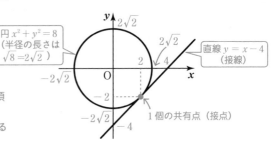

円 $x^2 + y^2 = 8$
（半径の長さは $\sqrt{8} = 2\sqrt{2}$）
直線 $y = x - 4$
（接線）
1個の共有点（接点）

$x = 2$ を❷に代入すると、$y = 2 - 4 = -2$
よって、共有点の座標は、$(2,\ -2)$

練習問題1 （2）のように、**円と直線が1点だけを共有する**とき、円と直線は**接する**といいます。また、その直線を円の**接線**、その共有点を**接点**といいます。

🐦 **コレで完璧！ ポイント**

判別式を使って、円と直線の共有点の個数を知ろう！

練習問題1 （1）では、円と直線の方程式を連立させて整理した結果、❸の式（$x^2 + x - 2 = 0$）が得られました。この2次方程式の判別式を、$D = b^2 - 4ac$ とすると、D の符号（正、0、負）によって、共有点の個数を知ることができます。

❸の判別式 D を求めると、

$$D = 1^2 - 4 \cdot 1 \cdot (-2) = 1 + 8 = 9 > 0$$

となり、D が正であることがわかります。$D > 0$ のとき、円と直線の共有点は2個です。実際、**練習問題1** （1）では、2個の共有点の座標 $(-2, -1)$、$(1, 2)$ が求められましたね。

練習問題1 （2）の❹の式（$x^2 - 4x + 4 = 0$）についてもみてみましょう。この式の（x の係数が偶数のときの）判別式 $\dfrac{D}{4} = b'^2 - ac$ を求めると、

$$\frac{D}{4} = (-2)^2 - 1 \cdot 4 = 4 - 4 = 0$$

となります。$D = 0$ のとき、円と直線の共有点は1個です。実際、**練習問題1** （2）では、1個の共有点の座標 $(2, -2)$ が求められました。

ところで、判別式 $D < 0$ のとき、円と直線の共有点はなし（0個）です。3つのパターン（$D > 0$、$D = 0$、$D < 0$）において、共有点がそれぞれ何個になるかをおさえましょう。

🖐 **練習問題2**

円 $x^2 + y^2 = 2$ と直線 $y = x - 3$ の共有点の個数を求めましょう。

解答

$y = x - 3$ を、$x^2 + y^2 = 2$ に代入すると

$$x^2 + (x - 3)^2 = 2$$

これを整理すると、$2x^2 - 6x + 7 = 0$

この方程式の判別式を D とすると

$$\frac{D}{4} = (-3)^2 - 2 \cdot 7 = 9 - 14 = -5 < 0$$

よって、共有点の個数は、0個

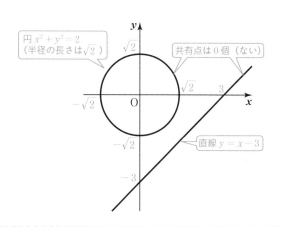

11 円の接線

ここが
大切！

ある点から、円に引いた接線の方程式と、接点の座標を求めよう！

 コレで完璧！ ポイント

円の接線の方程式をおさえよう！
円 $x^2 + y^2 = r^2$ 上の点 (a, b) における接線の
方程式は「$ax + by = r^2$」であることをおさ
えましょう。
また、「円の半径」と「接線」は垂直に交わる
こともポイントです。

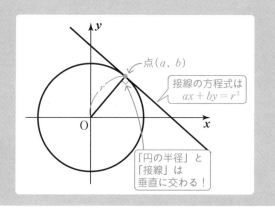

点 (a, b)

接線の方程式は
$ax + by = r^2$

「円の半径」と
「接線」は
垂直に交わる！

✍ **練習問題1**

次の円上の点 P における接線の座標を求めましょう。

（1） $x^2 + y^2 = 17$、 P(1, 4)　　　　　　（2） $x^2 + y^2 = 49$、 P(0, −7)

解答

（1）円 $x^2 + y^2 = 17$ 上の点 P(1, 4) における
　　接線の方程式は、
　　　　$1 \cdot x + 4 \cdot y = 17$
　　すなわち、$x + 4y = 17$

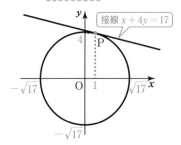

接線 $x + 4y = 17$

（2）円 $x^2 + y^2 = 49$ 上の点 P(0, −7) における接
　　線の方程式は、
　　　　$0 \cdot x + (−7) \cdot y = 49$
　　　　　　　　$−7y = 49$
　　両辺を $−7$ で割ると、$y = −7$

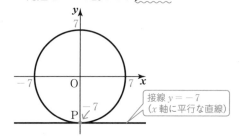

接線 $y = −7$
（x 軸に平行な直線）

練習問題 2

点 A$(-3, 1)$ を通り、円 $x^2 + y^2 = 2$ に接する直線の方程式と、接点の座標を求めましょう。

解答

次のように、4ステップで解きましょう。

ステップ1 接点を (a, b) とすると、接線の方程式は、$ax + by = r^2$ となる

接点を (a, b) とすると、接線の方程式は、$ax + by = 2$ ……❶

ステップ2 **ステップ1** の式に、点 A の x 座標と y 座標を代入し、式をつくる

❶の直線は点 A$(-3, 1)$ を通るから、❶に、$x = -3$、$y = 1$ を代入すると

$-3a + b = 2$ ……❷

ステップ3 (a, b) は円上の点だから、$a^2 + b^2 = r^2$

(a, b) は円上の点だから、$x^2 + y^2 = 2$ に、$x = a$、$y = b$ を代入すると、

$a^2 + b^2 = 2$ ……❸

ステップ4 **ステップ2** の式と **ステップ3** の式の連立方程式を解いて、答えを求める

❷と❸の連立方程式を解きます。

❷を変形した $b = 3a + 2$ を、❸に代入すると、

$a^2 + (3a + 2)^2 = 2$

これを整理すると、$5a^2 + 6a + 1 = 0$

この方程式を、たすきがけで因数分解します（たすきがけについては、『高校の数学Ⅰ・Aが1冊でしっかりわかる本』の PART 1-8 をご参照ください）。

$$\begin{array}{ccc} 1 & \diagdown & 1 \longrightarrow 5 \\ 5 & \diagup & 1 \longrightarrow 1 \\ \hline 5 & 1 & 6 \end{array}$$

たすきがけにより、$5a^2 + 6a + 1 = 0$ は次のように因数分解できます。

$(a + 1)(5a + 1) = 0$

よって、$a = -1$、$-\dfrac{1}{5}$

$a = -1$ を、❷を変形した $b = 3a + 2$ に代入すると、

$b = 3 \cdot (-1) + 2 = -3 + 2 = -1$

$a = -\dfrac{1}{5}$ を、$b = 3a + 2$ に代入すると、

$b = 3 \cdot \left(-\dfrac{1}{5}\right) + 2 = -\dfrac{3}{5} + 2 = \dfrac{7}{5}$

したがって、接点の座標は、$(-1, -1)$、$\left(-\dfrac{1}{5}, \dfrac{7}{5}\right)$

「円 $x^2 + y^2 = r^2$ 上の点 (a, b) における接線の方程式は、$ax + by = r^2$」だから、円 $x^2 + y^2 = 2$ 上の点 $(-1, -1)$ における接線の方程式は、$-x - y = 2$

両辺に -1 をかけると、$x + y = -2$

円 $x^2 + y^2 = 2$ 上の点 $\left(-\dfrac{1}{5}, \dfrac{7}{5}\right)$ における接線の方程式は、$-\dfrac{1}{5}x + \dfrac{7}{5}y = 2$

両辺に -5 をかけると、$x - 7y = -10$

まとめると、接線 $x + y = -2$、接点 $(-1, -1)$

接線 $x - 7y = -10$、接点 $\left(-\dfrac{1}{5}, \dfrac{7}{5}\right)$

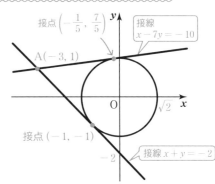

12 軌跡とは

ここが
大切！

軌跡を求める問題は、4ステップで解こう！

**ある条件を満たしながら点が動くとき、その点全体がつくる図形を、その条件を満たす点の
軌跡といいます。**

例えば平面上で、点 O からの距離が 5 である点全体のつくる図形（軌跡）は、次のように、
点 O を中心とする、半径 5 の円になります。

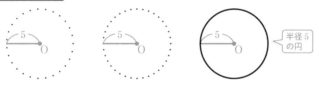

点をたくさん打つ ➡ さらにたくさん打つ ➡ 点全体のつくる図形
　　　　　　　　　　　　　　　　　　　　　　　　（軌跡）

 コレで完璧！ポイント

軌跡を求める問題は、次の4ステップで解ける！
ステップ 1 　軌跡を求めたい点 P の座標を、(x, y) とおく
ステップ 2 　与えられた条件を、x と y を使った方程式で表して整理する
ステップ 3 　整理した方程式が、どんな図形を表すかを調べる
ステップ 4 　 ステップ 3 の図形上のすべての点が、条件を満たすことを確認する
※ ステップ 4 は、条件を満たすことが明らかな場合、省略可能です。

例題 　2 点 A$(-5, 0)$、B$(-1, 2)$ から等しい距離にある点 P の軌跡を求めましょう。

解答 　4 ステップで解きましょう。

ステップ 1 　軌跡を求めたい点 P の座標を、(x, y) とおく

ステップ 2 　与えられた条件を、x と y を使った方程式で表して整理する
点 P(x, y) は、2 点 A$(-5, 0)$、B$(-1, 2)$ から等しい距離にあるので、AP ＝ BP
これを x と y を使った方程式に表すと、

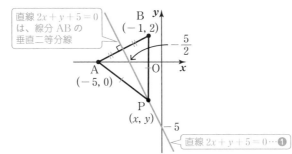

$$\sqrt{\{x-(-5)\}^2+y^2}=\sqrt{\{x-(-1)\}^2+(y-2)^2}$$

2 点間の距離（P53）

$$\sqrt{(x+5)^2+y^2}=\sqrt{(x+1)^2+(y-2)^2}$$

両辺を 2 乗する

$$(x+5)^2+y^2=(x+1)^2+(y-2)^2$$

・展開する
・両辺から、x^2 と y^2 を消す

$$x^2+10x+25+y^2=x^2+2x+1+y^2-4y+4$$

$$10x+25=2x-4y+5$$

右辺を左辺に移項して整理

$$8x+4y+20=0$$

両辺を 4 で割る

$$2x+y+5=0 \quad \cdots\cdots ❶$$

$$（または、y=-2x-5）$$

直線 $2x+y+5=0$ は、線分 AB の垂直二等分線

B $(-1, 2)$

A $(-5, 0)$

P (x, y)

$-\dfrac{5}{2}$

-5

直線 $2x+y+5=0\cdots❶$

ステップ❸　整理した方程式が、どんな図形を表すかを調べる

よって、点 P は、直線❶上にある。

軌跡の問題では、表す図形の名前を必ず書く

ステップ❹　ステップ❸ の図形上のすべての点が、条件を満たすことを確認する

逆に、直線❶上のすべての点 P(x, y) は、AP＝BP を満たす。

したがって、点 P の軌跡は、直線 $2x+y+5=0$ である（解答終了）。

例題 で求めた点 P の軌跡（直線 $2x+y+5=0$）は、線分 AB の垂直二等分線になっています（「垂直二等分線は、2 点から等しい距離にある点の集まりである」ことは、中学校の数学の範囲です）。

13 不等式の表す領域

自分が求めた領域が、正しいかどうかを確かめる方法がある！

x, y についての不等式を満たす点 (x, y) 全体の集合を、その不等式の表す領域といいます。
直線を境界線とする領域では、次のことがいえます。

> ・$y > mx + n$ の表す領域は、直線 $y = mx + n$ の上側である
>
> ・$y < mx + n$ の表す領域は、直線 $y = mx + n$ の下側である
>
> ※$y > mx + n$ や $y < mx + n$ の表す領域は、境界線 $y = mx + n$ を含みません。
> 　一方、$y \geqq mx + n$ や $y \leqq mx + n$ の表す領域は、境界線 $y = mx + n$ を含みます。

例題　次の不等式の表す領域を図に表しましょう。

（1）$y < 2x + 2$　　　　　　　　　　　　　（2）$3x - 2y - 6 \leqq 0$

解答

（1）不等式の表す領域は、直線 $y = 2x + 2$ の下側で、次の図の斜線部分である。ただし、境界
線を含まない。◁─ 境界線を含むかどうかを、必ず解答欄に書くようにしましょう。

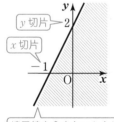

y切片 2
x切片 −1

境界線を含まないときは、少しスキマをあけて斜線をかく

> ※直線を図示するときは、x 切片（グラフが x 軸と交わる点の x 座標）と、
> y 切片（グラフが y 軸と交わる点の y 座標）をどちらも記入するように
> しましょう。直線は 2 点で決まり、x 切片と y 切片が代表的な 2 点とい
> えるからです。
> （1）のグラフの x 切片は、$y = 2x + 2$ に $y = 0$ を代入した、$0 = 2x + 2$
> を解けば、$x = -1$ と求められます。y 切片は、直線の式 $y = 2x + 2$ から、
> $y = 2$ と求められます。

（2）$3x - 2y - 6 \leqq 0$ を変形すると、次のようになる。

$$3x - 2y - 6 \leqq 0$$
$$-2y \leqq -3x + 6$$
$$y \geqq \frac{3}{2}x - 3$$

$3x - 6$ を右辺に移項

両辺を -2 で割る
（両辺を負の数で割ると、不等号の
向きが変わるので注意！）

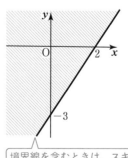

よって、不等式の表す領域は、直線 $y = \dfrac{3}{2}x - 3$ と、その

上側で、右の図の斜線部分である。ただし、境界線を含む。

境界線を含むときは、スキマをあけず、くっつけて斜線を引く

自分の求めた領域が正しいかどうかを確かめる方法とは？

例えば、例題（1）で不等式 $y < 2x + 2$ の表す領域が正しいかどうかを確認する方法があります。それは「ある1点の座標を、不等式に代入して調べる」というものです。

例えば、（1）で、原点 $(0, 0)$ は、領域に含まれています。$y < 2x + 2$ に、$x = 0$、$y = 0$ を代入すると、$0 < 2 \cdot 0 + 2 = 2$ のように不等式

が成り立ち、正しいことがわかります。

一方、領域に含まれていない $(-2, 0)$ で試してみましょう。$y < 2x + 2$ に、$x = -2$、$y = 0$ を代入すると、$0 < 2 \cdot (-2) + 2 = -4 + 2 = -2$ のように不等式が成り立たず、$(-2, 0)$ が領域に含まれないことが確かめられます。

次の、円を境界線とする領域でも、同様の方法を使うことができます。

円を境界線とする領域では、次のことをおさえましょう。

> ・$x^2 + y^2 < r^2$ の表す領域は、円 $x^2 + y^2 = r^2$ の**内部**である
>
> ・$x^2 + y^2 > r^2$ の表す領域は、円 $x^2 + y^2 = r^2$ の**外部**である
>
> ※$x^2 + y^2 < r^2$ や $x^2 + y^2 > r^2$ の表す領域は、境界線（円周）を含みません。
> 一方、$x^2 + y^2 \leq r^2$ や $x^2 + y^2 \geq r^2$ の表す領域は、境界線（円周）を含みます。

練習問題

次の不等式の表す領域を図に表しましょう。

（1）$x^2 + y^2 < 9$

（2）$(x - 2)^2 + (y + 4)^2 \geq 16$

解答

（1）不等式の表す領域は、円 $x^2 + y^2 = 9$（$9 = 3^2$ だから、中心を原点とする、半径3の円）の内部で、次の図の斜線部分である。ただし、境界線を含まない。

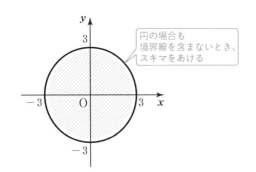

円の場合も境界線を含まないとき、スキマをあける

（2）不等式の表す領域は、円 $(x - 2)^2 + (y + 4)^2 = 16$（$16 = 4^2$ だから、中心を $(2, -4)$ とする、半径4の円）の外部と周で、次の図の斜線部分である。ただし、境界線を含む。

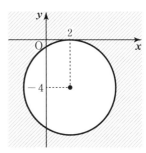

14 連立不等式の表す領域

> ここが大切！
>
> **連立不等式の表す領域**を求めるときは、
> 1つひとつの不等式の表す領域をていねいに調べていこう！

連立不等式（2つ以上の不等式を組み合わせたもの）を満たす点全体の集合は、それぞれの不等式が表す**領域の共通部分**です。

例題 次の連立不等式の表す領域を図に表しましょう。

$$\begin{cases} y \geqq -2x & \cdots\cdots ① \\ y \leqq x-3 & \cdots\cdots ② \end{cases}$$

解答

①の表す領域は、直線 $y=-2x$ と、その上側。
②の表す領域は、直線 $y=x-3$ と、その下側。
求めたい領域はこの2つの共通部分であり、右の図の斜線部分である。ただし、境界線を含む。

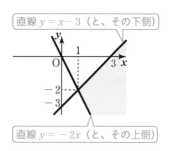

直線 $y=x-3$（と、その下側）
直線 $y=-2x$（と、その上側）

🖐 練習問題1

次の連立不等式の表す領域を図に表しましょう。

$$\begin{cases} x^2+y^2 > 25 & \cdots\cdots ① \\ y < -3x+3 & \cdots\cdots ② \end{cases}$$

解答

①の表す領域は、円 $x^2+y^2=25$（$25=5^2$ だから、中心を原点とする、半径5の円）の**外部**。
②の表す領域は、直線 $y=-3x+3$ の下側。
求めたい領域はこの2つの共通部分であり、右の図の斜線部分である。ただし、境界線を含まない。

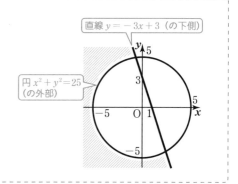

直線 $y=-3x+3$（の下側）
円 $x^2+y^2=25$（の外部）

コレで完璧！ ポイント

不等式 AB が正または負の場合を調べよう！
2つの整式 A、B の積で表されている不等式 AB について、次の関係が成り立ちます。

$(AB$ は正$)$　　　$(正×正＝正)$　　　$(負×負＝正)$

$$\cdot\; AB > 0 \iff \begin{cases} A > 0 \\ B > 0 \end{cases} \text{または} \begin{cases} A < 0 \\ B < 0 \end{cases}$$

$(AB$ は負$)$　　　$(正×負＝負)$　　　$(負×正＝負)$

$$\cdot\; AB < 0 \iff \begin{cases} A > 0 \\ B < 0 \end{cases} \text{または} \begin{cases} A < 0 \\ B > 0 \end{cases}$$

このことを使って、 **練習問題2** を解いてみましょう。

練習問題2

次の不等式の表す領域を図に表しましょう。

$(2x - y - 2)(3x + y - 8) < 0$

[解き方のコツ] **コレで完璧！ ポイント** の不等式（$AB < 0$）の関係を参考に解きましょう。

解答

$(2x - y - 2)(3x + y - 8) < 0$ から、

$$\begin{cases} 2x - y - 2 > 0 \\ 3x + y - 8 < 0 \end{cases} \cdots\cdots ❶ \quad \begin{cases} A > 0 \\ B < 0 \end{cases}$$

または、

$$\begin{cases} 2x - y - 2 < 0 \\ 3x + y - 8 > 0 \end{cases} \cdots\cdots ❷ \quad \begin{cases} A < 0 \\ B > 0 \end{cases}$$

が成り立つ。

❶を整理すると

$$\begin{cases} y < 2x - 2 \\ y < -3x + 8 \end{cases} \cdots\cdots ❸$$

❷を整理すると

$$\begin{cases} y > 2x - 2 \\ y > -3x + 8 \end{cases} \cdots\cdots ❹$$

❸の表す領域を P とすると、

領域 P は、$y = 2x - 2$ の下側と、$y = -3x + 8$ の下側の共通部分。

❹の表す領域を Q とすると、

領域 Q は、$y = 2x - 2$ の上側と、$y = -3x + 8$ の上側の共通部分。

求める領域は、P と Q を合わせた、右の図の斜線部分である。

ただし、境界線は含まない。

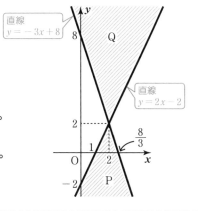

1 一般角とは

ここが大切！

一般角についてのさまざまな**用語の意味**をおさえよう！

右の**図1**は最初、半直線 OX と OP が重なっていて、半直線 OP が少しずつ、時計の針と逆回転の向きに動いていく様子を表しています（半直線 OX は固定されています）。

このとき、半直線 OX を**始線**、半直線 OP を**動径**といいます。

また**図2**のように、時計の針と逆回転の向きを**正の向き**、時計の針と同じ回転の向きを**負の向き**といいます。

例えば、**図3**のように、正の向きに 360° 回転した後、さらに 90° 回転した場合、あわせて $(360° + 90° =)$ 450° と表します。

また例えば、**図4**のように、負の向きに 70°回転した場合、$-70°$ と表します。

このように、**360° より大きい角や、負の角にまで意味を拡張した角**を、**一般角**といいます。

また**図5**のように、**一般角 θ において、始線 OX から、θ だけ回転した位置にある動径を、θ の動径**といいます（θ は「**シータ**」と読み、**角度を表す記号**です）。

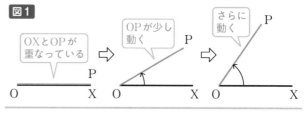

図1

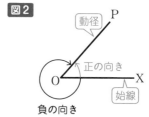

図2

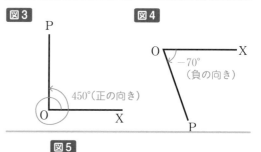

図3　図4

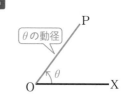

図5

 コレで完璧！ ポイント

2ステップで、角を「$\alpha + 360° \times n$」に表そう！

120° の動径を OP とすると、例えば、480°、$-240°$ の動径は、どちらも OP と一致します。

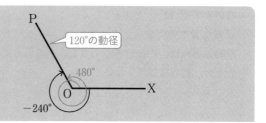

120° の動径 OP から、正の向きに 360° 回転すると、$(120° + 360° =)480°$ の動径になり、「$480° = 120° + 360° \times 1$」と表せます。

また、120° の動径 OP から、負の向きに 360° 回転すると、$(120° - 360° =)-240°$ の動径になり、「$-240° = 120° + 360° \times (-1)$」と表せます。

まとめると、角 α の動径が表す一般角 θ は、次のように表すことができます。

$$\theta = \alpha + 360° \times n \quad (n \text{ は整数})$$

また、このように一般角を表すとき、角 α の範囲は、$0° \leqq \alpha < 360°$ であることが多いです。

ところで、角を「$\theta = \alpha + 360° \times n$」の形に表す問題は、次の 2 ステップで解きましょう。

ステップ1 n に入る最大の整数を見つける（ただし、「$360° \times n$」は θ より小さい数にする）

ステップ2 「$\alpha = \theta - 360° \times n$」によって α を求めて、答えを出す

この 2 ステップを使って、さっそく練習してみましょう。

🖐 練習問題

OX を始線として、次の角の動径 OP を図示しましょう。また、その動径の表す角を、$\theta = \alpha + 360° \times n$ の形に表してください（n は整数、$0° \leqq \alpha < 360°$）。

（1）870°　　　　　　　　　　　　　　　　（2）−684°

解答

🎯 **コレで完璧！ ポイント** の 2 ステップで解きましょう。

（1）**ステップ1** n に入る最大の整数を見つける（ただし、「$360° \times n$」は θ より小さい数にする）

「$870° = \alpha + 360° \times n$」とすると、$n$ に入る最大の整数は 2 です（360° に 2 をかけた 720° は、870° より小さい）。

ステップ2 「$\alpha = \theta - 360° \times n$」によって α を求めて、答えを出す

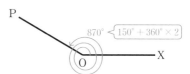

$\alpha = 870° - 360° \times 2 = 870° - 720° = 150°$

よって、$870° = 150° + 360° \times 2$

（2）**ステップ1** n に入る最大の整数を見つける（ただし、「$360° \times n$」は θ より小さい数にする）

「$-684° = \alpha + 360° \times n$」とすると、$n$ に入る最大の整数は −2 です（360° に −2 をかけた −720° は、−684° より小さい）。

ステップ2 「$\alpha = \theta - 360° \times n$」によって α を求めて、答えを出す

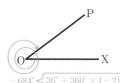

$\alpha = -684° - 360° \times (-2) = -684° + 720° = 36°$

よって、$-684° = 36° + 360° \times (-2)$

2 弧度法とは

ここが大切！ 角の表し方について、右の関係をおさえよう！

例えば、$60°$ や $150°$ のように、角の大きさを、度（ °）を使って表す方法を、**度数法**といいます。

それに対して、**半径と弧の長さがどちらも1の扇形の中心角の大きさ**を、**1ラジアン**（または、1弧度）といいます。1ラジアンを単位とする角の表し方を、**弧度法**といいます。

例題 右の半円（半径は1、中心角は$180°$）について、次の問いに答えましょう。

（1）この半円の弧の長さを求めましょう。

（2）この半円の中心角（$180°$）は、何ラジアンですか。

解答

（1）「扇形の弧の長さ ＝ 半径×2×π×$\dfrac{中心角}{360}$」なので、$1 \times 2 \times \pi \times \dfrac{180}{360} = 2 \times \pi \times \dfrac{1}{2} = \underset{\sim}{\pi}$

（2）「半径と弧の長さがどちらも1の扇形」の中心角は、1ラジアンです。（1）より、半円（半径は1）の弧の長さはπと求められました。中心角は弧の長さに比例するので、この半円の中心角は、1ラジアン×π＝**π ラジアン**

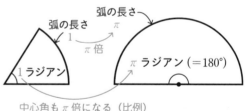

例題から、「度数法の$180°$」と「弧度法のπラジアン」が等しいことがわかりました。つまり、「$180° = \pi$ ラジアン」ということです。

「$180° = \pi$ ラジアン」の両辺を180で割ると、「$1° = \dfrac{\pi}{180}$ ラジアン」です。

「$180° = \pi$ ラジアン」の両辺をπで割ると、「$\dfrac{180°}{\pi} = 1$ ラジアン」となります。「π ＝ 約3.14159」なので、「1ラジアン $= \dfrac{180°}{\pi} \fallingdotseq 180° \div 3.14159 \fallingdotseq 57.2958°$」です（「$\fallingdotseq$（ニアリーイコール）」は「ほぼ等しい」という意味です。「1ラジアン $\fallingdotseq 57.2958°$」であることを覚える必要はありません）。

コレで完璧！ ポイント

度数法と弧度法はどうやって
単位変換する？

「$1° = \frac{\pi}{180}$ ラジアン」ですから、度数法（〜°）
を弧度法（〜ラジアン）に変換するには、
$\frac{\pi}{180}$ をかければよいことがわかります。例え
ば、度数法の $210°$ を弧度法に直すと、
$210° \times \frac{\pi}{180} = \frac{7}{6}\pi$（ラジアン）となります。
また、ふつうは「単位のラジアン」を省略し
て、$\frac{7}{6}\pi$ ラジアンではなく、$\frac{7}{6}\pi$ と表します。

一方、弧度法（〜ラジアン）を度数法（〜°）
に変換するには、$\frac{\pi}{180}$ で割ればいいのですが、
計算が少しややこしくなります。そこで、弧
度法を度数法に変換するには、π に $180°$ を代
入して求めましょう。例えば、弧度法の $-\frac{4}{3}\pi$
（ラジアン）を度数法に直すと、
$-\frac{4}{3} \times 180° = -240°$ となります。

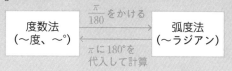

PART
4

三角関数

ここで、代表的な角の「〜度」と「〜ラジアン」は、次のような対応関係となります。

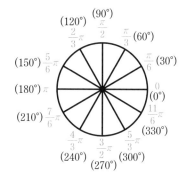 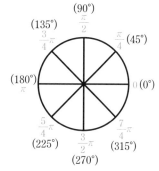

✍ **練習問題**

次の問いに答えましょう。

（1）$45°$ と $-700°$ を、それぞれ弧度法で表しましょう。

（2）4π と $-\frac{9}{5}\pi$ を、それぞれ度数法で表しましょう。

解答

（1）それぞれの角度に、$\frac{\pi}{180}$ をかけましょう。

$$45° \times \frac{\pi}{180} = \frac{\pi}{4}$$

$$-700° \times \frac{\pi}{180} = -\frac{35}{9}\pi$$

（2）それぞれの π に $180°$ を代入しましょう。

$$4\pi = 4 \times 180° = 720°$$

$$-\frac{9}{5}\pi = -\frac{9}{5} \times 180° = -324°$$

※ P79 で、n を整数とすると、角 α の動径が表す一般角 θ は、「$\theta = \alpha + 360° \times n$」のように表されました。一方、
これを弧度法で表すと、「$\theta = \alpha + 2n\pi$」となります（$2\pi = 360°$ のため）。

3 三角比の復習

ここが
大切！ **数Ⅰで習った、サイン、コサイン、タンジェント**のそれぞれの求め方を
復習しよう！

1 サイン、コサイン、タンジェントとは

まずは、右の直角三角形をみてください。

右の直角三角形において、$\dfrac{y}{r}$ を、角 θ の正弦またはサインと

いい、$\sin\theta$（読み方は、サインシータ）で表します。

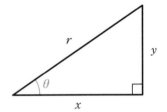

$\dfrac{x}{r}$ を、角 θ の余弦またはコサインといい、$\cos\theta$（読み方は、

コサインシータ）で表します。

$\dfrac{y}{x}$ を、角 θ の正接またはタンジェントといい、$\tan\theta$（読み方は、

タンジェントシータ）で表します。

正弦、余弦、正接をまとめて、三角比といいます。

ところで、$\dfrac{\sin\theta}{\cos\theta}$ の値を求めると、次のように、$\dfrac{y}{x}$ となり、$\tan\theta$ と等しくなることがわかりま
す。

> **三角比**
> $$\sin\theta = \dfrac{y}{r}$$
> $$\cos\theta = \dfrac{x}{r}$$
> $$\tan\theta = \dfrac{y}{x}$$

$$\dfrac{\sin\theta}{\cos\theta}$$
$$= \sin\theta \div \cos\theta$$
　割り算にする
$$= \dfrac{y}{r} \div \dfrac{x}{r}$$
　$\sin\theta = \dfrac{y}{r}$、$\cos\theta = \dfrac{x}{r}$ を代入
$$= \dfrac{y}{x} \ (= \tan\theta) \leftarrow \tan\theta \text{ と等しくなる}$$

これにより、「$\tan\theta = \dfrac{\sin\theta}{\cos\theta}$」という公式が成り立つことがわかります。

2 $30°$、$45°$、$60°$ の三角比 $\left(\dfrac{\pi}{6}、\dfrac{\pi}{4}、\dfrac{\pi}{3}\right.$ の三角比$\left.\right)$

中学校の数学で習った通り、2種類の三角定規の辺の比は、次のようになります。

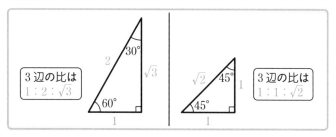

これにより、次のように、9つの三角比の値を求めることができます。

$$\sin\frac{\pi}{6} = \sin 30° = \frac{1}{2}$$

$$\cos\frac{\pi}{6} = \cos 30° = \frac{\sqrt{3}}{2}$$

$$\tan\frac{\pi}{6} = \tan 30° = \frac{1}{\sqrt{3}}$$

$$\sin\frac{\pi}{4} = \sin 45° = \frac{1}{\sqrt{2}}$$

$$\cos\frac{\pi}{4} = \cos 45° = \frac{1}{\sqrt{2}}$$

$$\tan\frac{\pi}{4} = \tan 45° = \frac{1}{1} = 1$$

$$\sin\frac{\pi}{3} = \sin 60° = \frac{\sqrt{3}}{2}$$

$$\cos\frac{\pi}{3} = \cos 60° = \frac{1}{2}$$

$$\tan\frac{\pi}{3} = \tan 60° = \frac{\sqrt{3}}{1} = \sqrt{3}$$

 コレで完璧！ ポイント

2種類の直角三角形を作図できるように
なろう！
2種類の三角定規の3辺の比は、それぞれ
$1:1:\sqrt{2}$ と $1:2:\sqrt{3}$ になると述べました。
この2種類の三角形の斜辺の長さの比をそれ
ぞれ 1 にすると、右のようになります。

斜辺の比を 1 にしたこの2種類の直角三角形
をそれぞれ、この本では、「$45°$の直角三角形」
「$30°$、$60°$の直角三角形」と呼ぶことにします。

それぞれの辺の長さの比 $\left(\dfrac{1}{\sqrt{2}} : \dfrac{1}{\sqrt{2}} : 1\right.$ と、
$\left.\dfrac{1}{2} : 1 : \dfrac{\sqrt{3}}{2}\right)$ も覚えて、自分で作図できるよ
うに練習しましょう。

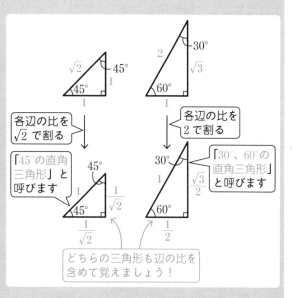

4 三角関数とは

ここが
大切！

単位円をかいて、$\sin\theta$、$\cos\theta$、$\tan\theta$の値を求めよう！

$\sin\theta$、$\cos\theta$、$\tan\theta$をまとめて、θの**三角関数**といいます。数Ⅰで学んだ「三角比」を、一般角の範囲に拡張したものが三角関数だということもできます。

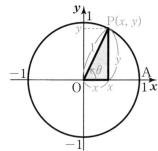

座標平面上に、**単位円**（**原点 O を中心とする、半径が 1 の円**）をかいて、三角関数の値を求める方法があります。まず右のように、単位円上に点 $P(x, y)$ をとりましょう。また、点 $A(1, 0)$、$\angle AOP = \theta$ とします。

右の図で、$\sin\theta = \dfrac{y}{1} = y$ となり、$\sin\theta$ は「点 P の y 座標」と値が同じになります。

$\cos\theta = \dfrac{x}{1} = x$ となり、$\cos\theta$ は「点 P の x 座標」と値が同じになります。

「$\tan\theta = \dfrac{\sin\theta}{\cos\theta}$」の公式から、$\tan\theta = \dfrac{\sin\theta}{\cos\theta} = \dfrac{y}{x}$ となります。

また、$\sin\theta = y$、$\cos\theta = x$ で、点 $P(x, y)$ は単位円上にあるので、それぞれの値の範囲は次のようになります（単位円上の点の x 座標、y 座標は、ともに -1 以上 1 以下）。

$$-1 \leqq \sin\theta \leqq 1, \qquad -1 \leqq \cos\theta \leqq 1$$

もし、$\sin\theta$ や $\cos\theta$ を求める問題で、求めた値が範囲外だった場合は、計算しなおすようにしましょう。

 コレで完璧！ ポイント

各象限の $\sin\theta$、$\cos\theta$、$\tan\theta$ の正負はどうなる？
$\sin\theta$、$\cos\theta$、$\tan\theta$ の各象限での正負（＋と－）を調べると、次のようになるのでおさえましょう。

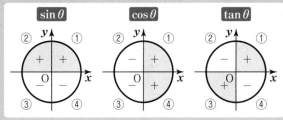

※①～④は象限を表します（例えば、①は、第 1 象限）。

例題 点 A(1, 0) で、$\theta = -\dfrac{2}{3}\pi$ とします。このとき、次の
問いに答えましょう。

（1）グラフの（ア）、（イ）、（ウ）にあてはまる長さを答えましょう。

（2）点 P の座標を求めましょう。

（3）（2）をもとに、$\sin\left(-\dfrac{2}{3}\pi\right)$、$\cos\left(-\dfrac{2}{3}\pi\right)$、$\tan\left(-\dfrac{2}{3}\pi\right)$ の
値を求めましょう。

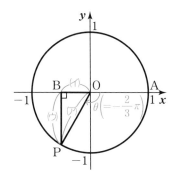

解答

（1）（ア）は、単位円の半径の長さなので、1 です。

$\triangle$BOP において、$\angle$BOP $= \pi - \dfrac{2}{3}\pi = \dfrac{\pi}{3} = 60°$ で、斜辺の長さが 1 なので、P83 で述べ

た「30°、60° の直角三角形」です。ですから、（イ）の長さは $\dfrac{1}{2}$、（ウ）の長さは $\dfrac{\sqrt{3}}{2}$ です。

答え **（ア）**1、**（イ）**$\dfrac{1}{2}$、**（ウ）**$\dfrac{\sqrt{3}}{2}$

（2）（1）より、点 P の座標は、$\left(-\dfrac{1}{2}, -\dfrac{\sqrt{3}}{2}\right)$

※点 P は、x 座標、y 座標ともに負なので、−（マイナス）をつけるのを忘れないようにしましょう。

（3）（2）より、単位円上の点 P の座標は、$\left(-\dfrac{1}{2}, -\dfrac{\sqrt{3}}{2}\right)$

x 座標は $\cos\left(-\dfrac{2}{3}\pi\right)$　　y 座標は $\sin\left(-\dfrac{2}{3}\pi\right)$

$\sin\theta$ は、「点 P の y 座標」と値が同じなので、$\sin\left(-\dfrac{2}{3}\pi\right) = -\dfrac{\sqrt{3}}{2}$

$\cos\theta$ は、「点 P の x 座標」と値が同じなので、$\cos\left(-\dfrac{2}{3}\pi\right) = -\dfrac{1}{2}$

「$\tan\theta = \dfrac{\sin\theta}{\cos\theta}$ $(= \sin\theta \div \cos\theta)$」の公式より、

$$\tan\left(-\dfrac{2}{3}\pi\right) = \dfrac{\sin\left(-\dfrac{2}{3}\pi\right)}{\cos\left(-\dfrac{2}{3}\pi\right)} = \left(-\dfrac{\sqrt{3}}{2}\right) \div \left(-\dfrac{1}{2}\right) = \sqrt{3}$$

5　三角関数の相互関係

ここが
大切！
3つの公式だけでなく、「$\sin\theta = \tan\theta\cos\theta$」、「$\sin^2\theta = 1 - \cos^2\theta$」、「$\cos^2\theta = 1 - \sin^2\theta$」も使えるようになろう！

数Ⅰで習ったように、サイン、コサイン、タンジェントには、次のような関係があり、これは一般角についても使うことができます（次の②と③の公式の成立理由について、『高校の数学Ⅰ・Aが1冊でしっかりわかる本』のPART 4-5の「2 三角比の相互関係」を参照）。

① $\tan\theta = \dfrac{\sin\theta}{\cos\theta}$　　　　② $\sin^2\theta + \cos^2\theta = 1$　　　　③ $1 + \tan^2\theta = \dfrac{1}{\cos^2\theta}$

※$\sin^2\theta$、$\cos^2\theta$、$\tan^2\theta$はそれぞれ、$(\sin\theta)^2$、$(\cos\theta)^2$、$(\tan\theta)^2$と同じです。

 コレで完璧！ ポイント

三角関数の公式を変形して使おう！
①の両辺に $\cos\theta$ をかけた「$\sin\theta = \tan\theta\cos\theta$」、②を変形した「$\sin^2\theta = 1 - \cos^2\theta$」、「$\cos^2\theta = 1 - \sin^2\theta$」もそれぞれよく使います。これらの公式を用いて、問題を解いてみましょう。

例題　$\cos\theta = -\dfrac{4}{5}$ のとき、$\sin\theta$ と $\tan\theta$ の値を求めましょう。ただし、θ は第2象限の角とします。

解答

公式「$\sin^2\theta = 1 - \cos^2\theta$」に、$\cos\theta = -\dfrac{4}{5}$ を代入すると、

$$\sin^2\theta = 1 - \left(-\frac{4}{5}\right)^2 = 1 - \frac{16}{25} = \frac{9}{25}$$

θ は第2象限の角なので、$\sin\theta > 0$　← P84 の **コレで完璧！ ポイント** 参照

よって、$\sin\theta = \sqrt{\dfrac{9}{25}} = \dfrac{\sqrt{9}}{\sqrt{25}} = \dfrac{3}{5}$

$$\tan\theta = \frac{\sin\theta}{\cos\theta} = \sin\theta \div \cos\theta = \frac{3}{5} \div \left(-\frac{4}{5}\right) = -\frac{3}{4}$$

練習問題1

$\tan\theta = \dfrac{1}{2}$ のとき、$\sin\theta$ と $\cos\theta$ の値を求めましょう。ただし、θ は第3象限の角とします。

解答

公式「$\dfrac{1}{\cos^2\theta} = 1 + \tan^2\theta$」に、$\tan\theta = \dfrac{1}{2}$ を代入すると、

$\dfrac{1}{\cos^2\theta} = 1 + \left(\dfrac{1}{2}\right)^2 = 1 + \dfrac{1}{4} = \dfrac{5}{4}$ $\dfrac{5}{4}$ の分母と分子に $\dfrac{1}{5}$ をかけると

$\cos^2\theta = \dfrac{4}{5}$ $\dfrac{5}{4} = \dfrac{5 \times \frac{1}{5}}{4 \times \frac{1}{5}} = \dfrac{1}{\frac{4}{5}}\left(= \dfrac{1}{\cos^2\theta}\right)$

θ は第3象限の角なので、$\cos\theta < 0$ ← P84 の **コレで完璧！ポイント** 参照

よって、$\cos\theta = -\sqrt{\dfrac{4}{5}} = -\dfrac{\sqrt{4}}{\sqrt{5}} = -\dfrac{2}{\sqrt{5}} = -\dfrac{2\sqrt{5}}{5}$

分母の有理化

「$\sin\theta = \tan\theta\cos\theta$」に、$\tan\theta = \dfrac{1}{2}$、$\cos\theta = -\dfrac{2\sqrt{5}}{5}$ を代入すると、

$\sin\theta = \dfrac{1}{2} \times \left(-\dfrac{\overset{1}{2\sqrt{5}}}{5}\right) = -\dfrac{\sqrt{5}}{5}$

練習問題2

$\sin\theta + \cos\theta = \dfrac{2}{3}$ のとき、$\sin\theta\cos\theta$ の値を求めましょう。

解き方のコツ 「$\sin\theta + \cos\theta = \dfrac{2}{3}$」の両辺を2乗すると、解くきっかけが見つかります。

解答

$\sin\theta + \cos\theta = \dfrac{2}{3}$ の両辺を2乗すると、

$(\sin\theta + \cos\theta)^2 = \left(\dfrac{2}{3}\right)^2$ $(a+b)^2$
$= a^2 + 2ab + b^2$

$\sin^2\theta + 2\sin\theta\cos\theta + \cos^2\theta = \dfrac{4}{9}$ ……❶

「$\sin^2\theta + \cos^2\theta = 1$」を❶に代入すると、

$1 + 2\sin\theta\cos\theta = \dfrac{4}{9}$

$2\sin\theta\cos\theta = \dfrac{4}{9} - 1 = -\dfrac{5}{9}$

$\sin\theta\cos\theta = -\dfrac{5}{9} \times \dfrac{1}{2} = -\dfrac{5}{18}$

6 三角関数を含む方程式と不等式

ここが
大切！

三角関数を含む方程式や不等式の解き方のコツを学ぼう！

1 $\sin\theta$、$\cos\theta$ を含む方程式と不等式

 コレで完璧！ ポイント

「$\dfrac{1}{2} < \dfrac{1}{\sqrt{2}} < \dfrac{\sqrt{3}}{2} < 1$」であることをおさえよう！

$\sin\theta$、$\cos\theta$ を含む方程式を解く問題では、「$\dfrac{1}{\sqrt{2}} \fallingdotseq 0.7$」

「$\dfrac{\sqrt{3}}{2} \fallingdotseq 0.87$」であることをおさえましょう。

「$\dfrac{1}{2} < \dfrac{1}{\sqrt{2}} < \dfrac{\sqrt{3}}{2} < 1$」という大きさの順もおさえておくことをおすすめします。

※「$\sqrt{2} \fallingdotseq 1.414$、$\sqrt{3} \fallingdotseq 1.732$」であることをもとに、それぞれ
を 2 で割れば、「$\dfrac{\sqrt{2}}{2} = \dfrac{1}{\sqrt{2}} \fallingdotseq 0.7$」「$\dfrac{\sqrt{3}}{2} \fallingdotseq 0.87$」であるこ
とがわかります。

「$\dfrac{1}{\sqrt{2}} \fallingdotseq 0.7$」「$\dfrac{\sqrt{3}}{2} \fallingdotseq 0.87$」であることがわかっていれば、
右のように、単位円上に「$45°$ の直角三角形」「$30°$、$60°$
の直角三角形」を作図するときのめやすを知ることができ
ます。

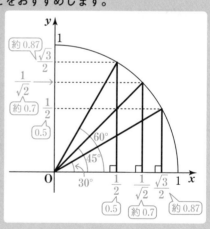

上記のポイントをおさえたうえで、$\sin\theta$、$\cos\theta$ を含む方程式や不等式は、次の 3 ステップで解
くことができます。

ステップ1 単位円をかき、サインなら y 座標の値、コサインなら x 座標の値を記入して、
それぞれ軸に垂直な線を引く
ステップ2 単位円の中に直角三角形をかく
ステップ3 かいた図をもとに、角度（の範囲）を求める

例題1 $0 \leqq \theta < 2\pi$ のとき、方程式 $\cos\theta = \dfrac{1}{\sqrt{2}}$ を満たす θ を求めましょう。

解答

ステップ1 単位円をかき、サインなら y 座標の値、コサインなら x 座標の値を記入して、それぞれ軸に垂直な線を引く

$\cos\theta = \dfrac{1}{\sqrt{2}}$ なので、x 座標が $\dfrac{1}{\sqrt{2}}$（$\fallingdotseq 0.7$）のところに、x 軸に垂直な線を引くと、次のようになります。

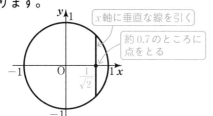

ステップ2 単位円の中に直角三角形をかく

次のように、「45° の直角三角形」を2つかくことができます。

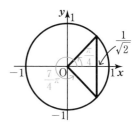

ステップ3 かいた図をもとに、角度を求める

図より、$\theta = \dfrac{\pi}{4}$、$\dfrac{7}{4}\pi$

例題2 $0 \leqq \theta < 2\pi$ のとき、不等式 $\sin\theta > \dfrac{1}{2}$ を満たす θ の値の範囲を求めましょう。

解答

ステップ1 単位円をかき、サインなら y 座標の値、コサインなら x 座標の値を記入して、それぞれ軸に垂直な線を引く

$\sin\theta > \dfrac{1}{2}$ を満たす θ の値の範囲を求める問題ですが、まず、$\sin\theta = \dfrac{1}{2}$ として考えます。

$\sin\theta = \dfrac{1}{2}$ なので、y 座標が $\dfrac{1}{2}$（$= 0.5$）のところに、y 軸に垂直な点線を引くと、次のようになります。

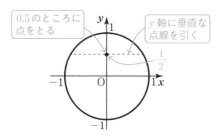

ステップ2 単位円の中に直角三角形をかく

次のように、「30°、60° の直角三角形」を2つかくことができます。

$\sin\theta$ は、単位円の y 座標の値を表します。

そのため、$\sin\theta > \dfrac{1}{2}$ の範囲は、単位円の青い線の部分にあたります。

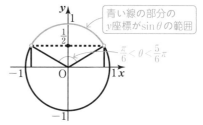

ステップ3 かいた図をもとに、角度（の範囲）を求める

図より、$\dfrac{\pi}{6} < \theta < \dfrac{5}{6}\pi$

$0 \leqq \theta < 2\pi$ のとき、不等式 $\cos\theta \geqq -\dfrac{\sqrt{3}}{2}$ を満たす θ の値の範囲を求めましょう。

解答

ステップ1 単位円をかき、サインなら y 座標の値、コサインなら x 座標の値を記入して、それぞれ軸に垂直な線を引く

$\cos\theta \geqq -\dfrac{\sqrt{3}}{2}$ を満たす θ の値の範囲を求める問題ですが、まず、$\cos\theta = -\dfrac{\sqrt{3}}{2}$ として考えます。

$\cos\theta = -\dfrac{\sqrt{3}}{2}$ なので、x 座標が $-\dfrac{\sqrt{3}}{2}$ $(\fallingdotseq -0.87)$ のところに、x 軸に垂直な線を引くと、次のようになります。

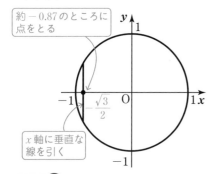

約 -0.87 のところに点をとる

x 軸に垂直な線を引く

ステップ2 単位円の中に直角三角形をかく

次のように、「$30°$、$60°$ の直角三角形」を2つか

くことができます。

$\cos\theta$ は、単位円の x 座標の値を表します。そのため、$\cos\theta \geqq -\dfrac{\sqrt{3}}{2}$ の範囲は、単位円の青い線の部分にあたります。

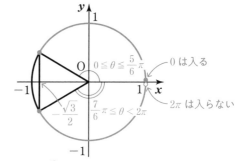

$0 \leqq \theta \leqq \dfrac{5}{6}\pi$

0 は入る

$\dfrac{7}{6}\pi \leqq \theta < 2\pi$

2π は入らない

ステップ3 かいた図をもとに、角度（の範囲）を求める

図より、$0 \leqq \theta \leqq \dfrac{5}{6}\pi$、$\dfrac{7}{6}\pi \leqq \theta < 2\pi$

※2つの範囲が答えになります。問題文で指定された範囲が「$0 \leqq \theta < 2\pi$」なので、「$\dfrac{7}{6}\pi \leqq \theta \leqq 2\pi$」ではなく、「$\dfrac{7}{6}\pi \leqq \theta < 2\pi$」であることに注意しましょう。

2 $\tan\theta$ を含む方程式

右の図のように、単位円上に $\angle \mathrm{AOP} = \theta$ となる点 $\mathrm{P}(x, y)$ をとります。そして、直線 OP と直線 $x=1$ の交点を点 T とすると、点 T の座標は、$(1, \tan\theta)$ になります。
例えば、T の座標が $(1, \sqrt{3})$ のとき、$\tan\theta = \sqrt{3}$ となるこということです。

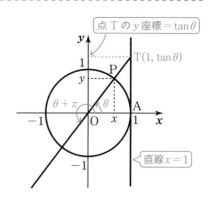

点 T の y 座標 $= \tan\theta$

$\mathrm{T}(1, \tan\theta)$

直線 $x = 1$

$\tan\theta$ を含む方程式を解く問題では「$\dfrac{1}{\sqrt{3}} \fallingdotseq 0.58$」「$\sqrt{3} \fallingdotseq 1.73$」であることをおさえましょう。

「$\frac{1}{\sqrt{3}} < 1 < \sqrt{3}$」という大きさの順も確認してください。

「$\frac{1}{\sqrt{3}} \fallingdotseq 0.58$」「$\sqrt{3} \fallingdotseq 1.73$」であることがわかっていれば、右のように、「$45°$ の直角三角形」「$30°$、$60°$ の直角三角形」を作図するときのめやすを知ることができます。

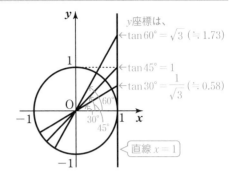

コレで完璧！ ポイント

$\tan\theta$ を含む方程式は、2ステップで解ける！
$\tan\theta$ を含む方程式は、次の2ステップで解きましょう。

ステップ1 単位円と直線 $x = 1$ をかく。直線 $x = 1$ 上に「y 座標が $\tan\theta$ の値になる点 T」をとり、直線 OT を引く

ステップ2 かいた図をもとに、角度を求める

例題3 $0 \leqq \theta < 2\pi$ のとき、方程式 $\tan\theta = -\sqrt{3}$ を満たす θ の値を求めましょう。

解答

ステップ1 単位円と直線 $x = 1$ をかく。直線 $x = 1$ 上に「y 座標が $\tan\theta$ の値になる点 T」をとり、直線 OT を引く

点 A$(1,\ 0)$ とします。$\tan\theta = -\sqrt{3}$ なので、直線 $x = 1$ 上に「y 座標が $-\sqrt{3}$（$\fallingdotseq -1.73$）の値になる点 T」をとり、直線 OT を引くと、右のようになります。

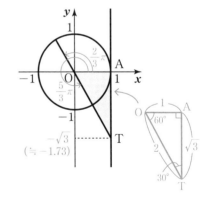

ステップ2 かいた図をもとに、角度を求める

$\triangle$AOT は、$\angle$TAO が直角で、AO $= 1$、AT $= \sqrt{3}$（、OT $= 2$）なので、「$30°$、$60°$ の直角三角形」であることがわかります（3辺の比が、$2 : 1 : \sqrt{3}$）。

図より、$\theta = \dfrac{2}{3}\pi$、$\dfrac{5}{3}\pi$

※問題文で範囲が「$0 \leqq \theta < 2\pi$」と指定されているので、$\dfrac{2}{3}\pi$ と $\dfrac{5}{3}\pi$ をともに答えにしましょう。

7 三角関数の性質

$\theta + 2n\pi$、$-\theta$、$\theta + \pi$、$\theta + \dfrac{\pi}{2}$ の三角関数についておさえよう！

1 $\theta + 2n\pi$ の三角関数

角 θ は $360°$（$=2\pi$）回転すると、元の位置（角 θ）に戻ります。

そのため、三角関数について、次の式が成り立ちます。

$$\sin(\theta + 2\pi) = \sin\theta、\quad \cos(\theta + 2\pi) = \cos\theta、\quad \tan(\theta + 2\pi) = \tan\theta$$
360°回転
（1回転）　　　　　　360°回転　　　　　　　　360°回転

2 回転（$=720° = 2\pi \times 2$）、3 回転（$=1080° = 2\pi \times 3$）、4 回転（$=1440° = 2\pi \times 4$）、…しても、θ は元の位置に戻ります。

n を整数とすると、n 回転しても元の位置に戻るということです。n 回転するときの角度は、$2\pi \times n = 2n\pi$ になります。だから、次の公式が成り立ちます。

$$\sin(\theta + 2n\pi) = \sin\theta、\quad \cos(\theta + 2n\pi) = \cos\theta、\quad \tan(\theta + 2n\pi) = \tan\theta$$
n 回転　　　　　　　　n 回転　　　　　　　　n 回転

2 $-\theta$、$\theta + \pi$、$\theta + \dfrac{\pi}{2}$ の三角関数

右の図のように、角 θ の動径を OP とし、点 P の座標を (x, y) とします。

点 $P(x, y)$ の x 座標は $\cos\theta$ に、点 $P(x, y)$ の y 座標は $\sin\theta$ に、それぞれ等しいので、「$x = \cos\theta$ ……❶、$y = \sin\theta$ ……❷」です。

また、角 $-\theta$ の動径を OQ とすると、点 Q の座標は $(x, -y)$ です。

これをふまえて、$\sin(-\theta)$ と $\cos(-\theta)$ の値を調べると、次のようになります。

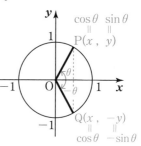

$$\underline{\sin(-\theta)} = -y = -\sin\theta \qquad \underline{\cos(-\theta)} = x = \cos\theta$$
点 Q の y 座標は　❷から　　　　　　　点 Q の x 座標は　❶から
$-y$　　　$-y = -\sin\theta$　　　　　　　x　　　$x = \cos\theta$

すなわち「$\sin(-\theta) = -\sin\theta$、$\cos(-\theta) = \cos\theta$」が成り立ちます。

また、$\tan(-\theta) = \dfrac{\sin(-\theta)}{\cos(-\theta)} = \dfrac{-\sin\theta}{\cos\theta} = -\dfrac{\sin\theta}{\cos\theta} = -\tan\theta$ です。

$\theta + \pi$ と $\theta + \dfrac{\pi}{2}$ の三角関数では、次の公式が成り立つ！

・$\theta + \pi$ の三角関数

$$\sin(\theta + \pi) = -\sin\theta$$
$$\cos(\theta + \pi) = -\cos\theta$$
$$\tan(\theta + \pi) = \tan\theta$$

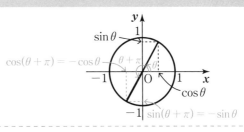

・$\theta + \dfrac{\pi}{2}$ の三角関数

$$\sin\left(\theta + \frac{\pi}{2}\right) = \cos\theta$$
$$\cos\left(\theta + \frac{\pi}{2}\right) = -\sin\theta$$
$$\tan\left(\theta + \frac{\pi}{2}\right) = -\frac{1}{\tan\theta}$$

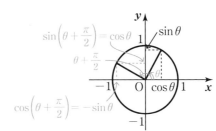

練習問題

次の三角関数を、鋭角 $\left(0 から \dfrac{\pi}{2} まで\right)$ の三角関数で表して、その値を求めましょう。

（1）$\sin\dfrac{25}{4}\pi$ 　　　（2）$\sin\dfrac{4}{3}\pi$ 　　　（3）$\tan\dfrac{5}{4}\pi$ 　　　（4）$\cos\left(-\dfrac{\pi}{6}\right)$

解答

（1）$\dfrac{25}{4}\pi$ が 2π（$=360°$）より大きいので、

$\dfrac{25}{4}\pi$ を「$\theta + 2n\pi$」の形にすることを考えると、次のようになります。

$$\frac{25}{4}\pi = 6\pi + \frac{\pi}{4} = \underset{\theta}{\frac{\pi}{4}} + \underset{2\ n\ \pi}{2 \cdot 3\pi}$$

$\sin(\theta + 2n\pi) = \sin\theta$ だから、

$$\sin\left(\frac{\pi}{4} + 2\cdot 3\pi\right) = \underset{鋭角の三角関数}{\sin\frac{\pi}{4}} = \underset{値}{\frac{1}{\sqrt{2}}}$$

※$\sin\dfrac{\pi}{4}$ から $\dfrac{1}{\sqrt{2}}$ を求めるのに、単位円をかくのは省略します（（2）〜（4）も同様）。

（2）$\sin\dfrac{4}{3}\pi = \sin\left(\dfrac{\pi}{3} + \pi\right)$

$\sin(\theta + \pi) = -\sin\theta$ だから、

$$\sin\left(\frac{\pi}{3} + \pi\right) = \underset{鋭角の三角関数}{-\sin\frac{\pi}{3}} = \underset{値}{-\frac{\sqrt{3}}{2}}$$

（3）$\tan\dfrac{5}{4}\pi = \tan\left(\dfrac{\pi}{4} + \pi\right)$

$\tan(\theta + \pi) = \tan\theta$ だから、

$$\tan\left(\frac{\pi}{4} + \pi\right) = \underset{鋭角の三角関数}{\tan\frac{\pi}{4}} = \underset{値}{1}$$

（4）$\cos(-\theta) = \cos\theta$ だから

$$\cos\left(-\frac{\pi}{6}\right) = \underset{鋭角の三角関数}{\cos\frac{\pi}{6}} = \underset{値}{\frac{\sqrt{3}}{2}}$$

PART
4

三角関数

8 三角関数のグラフ

三角関数のグラフの周期や性質をおさえよう！

1 $\sin\theta$、$\cos\theta$、$\tan\theta$ の表

右のように、単位円上に点 $P(x, y)$ をとり、点 $A(1, 0)$、
$\angle AOP = \theta$ とします。

このとき、$\sin\theta$、$\cos\theta$、$\tan\theta$ について、さまざまな角における値をまとめると、表1のようになります。

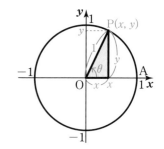

表1

θ	0	$\dfrac{\pi}{6}$	$\dfrac{\pi}{4}$	$\dfrac{\pi}{3}$	$\dfrac{\pi}{2}$	$\dfrac{2}{3}\pi$	$\dfrac{3}{4}\pi$	$\dfrac{5}{6}\pi$	π	$\dfrac{7}{6}\pi$	$\dfrac{5}{4}\pi$	$\dfrac{4}{3}\pi$	$\dfrac{3}{2}\pi$	$\dfrac{5}{3}\pi$	$\dfrac{7}{4}\pi$	$\dfrac{11}{6}\pi$	2π
$\sin\theta$	0	$\dfrac{1}{2}$	$\dfrac{1}{\sqrt{2}}$	$\dfrac{\sqrt{3}}{2}$	1	$\dfrac{\sqrt{3}}{2}$	$\dfrac{1}{\sqrt{2}}$	$\dfrac{1}{2}$	0	$-\dfrac{1}{2}$	$-\dfrac{1}{\sqrt{2}}$	$-\dfrac{\sqrt{3}}{2}$	-1	$-\dfrac{\sqrt{3}}{2}$	$-\dfrac{1}{\sqrt{2}}$	$-\dfrac{1}{2}$	0
$\cos\theta$	1	$\dfrac{\sqrt{3}}{2}$	$\dfrac{1}{\sqrt{2}}$	$\dfrac{1}{2}$	0	$-\dfrac{1}{2}$	$-\dfrac{1}{\sqrt{2}}$	$-\dfrac{\sqrt{3}}{2}$	-1	$-\dfrac{\sqrt{3}}{2}$	$-\dfrac{1}{\sqrt{2}}$	$-\dfrac{1}{2}$	0	$\dfrac{1}{2}$	$\dfrac{1}{\sqrt{2}}$	$\dfrac{\sqrt{3}}{2}$	1
$\tan\theta$	0	$\dfrac{1}{\sqrt{3}}$	1	$\sqrt{3}$	✕	$-\sqrt{3}$	-1	$-\dfrac{1}{\sqrt{3}}$	0	$\dfrac{1}{\sqrt{3}}$	1	$\sqrt{3}$	✕	$-\sqrt{3}$	-1	$-\dfrac{1}{\sqrt{3}}$	0

2 $y = \sin\theta$ のグラフ

そして、表1 をもとに、$y = \sin\theta$ のグラフをかくと、次のようになります。

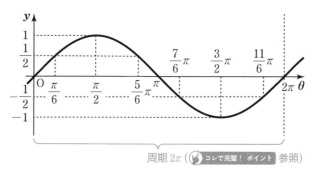

周期 2π（ ⚡コレで完璧！ ポイント 参照）

3 $y = \cos\theta$ のグラフ

表1 をもとに、$y = \cos\theta$ のグラフをかくと、次のようになります。

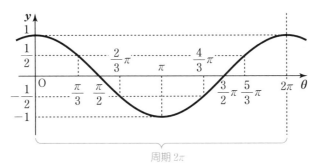

周期 2π

$y = \cos\theta$ のグラフも、周期が 2π の周期関数です。

4 $y = \tan\theta$ のグラフ

表1 をもとに、$y = \tan\theta$ のグラフをかくと、次のようになります。

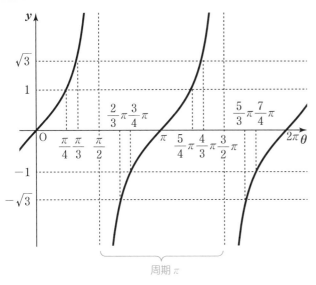

周期 π

$y = \tan\theta$ のグラフは、周期が π の周期関数です。

例えば、$0 < \theta < \dfrac{\pi}{2}$ の範囲で、θ が増加するにしたがって、$y = \tan\theta$ のグラフは直線 $\theta = \dfrac{\pi}{2}$ に限りなく近づいていきます。このように、**グラフが限りなく近づいていく直線**を、そのグラフの漸近線といいます。

直線 $\theta = -\dfrac{\pi}{2}$、$\theta = \dfrac{\pi}{2}$、$\theta = \dfrac{3}{2}\pi$ などは、$y = \tan\theta$ のグラフの漸近線です。

9 加法定理とは

ここが大切！

加法定理を確実に覚えるコツをおさえよう！

サイン、コサイン、タンジェントについて、次の加法定理が成り立ちます。

① $\sin(\alpha + \beta) = \sin\alpha\cos\beta + \cos\alpha\sin\beta$　　② $\sin(\alpha - \beta) = \sin\alpha\cos\beta - \cos\alpha\sin\beta$

③ $\cos(\alpha + \beta) = \cos\alpha\cos\beta - \sin\alpha\sin\beta$　　④ $\cos(\alpha - \beta) = \cos\alpha\cos\beta + \sin\alpha\sin\beta$

⑤ $\tan(\alpha + \beta) = \dfrac{\tan\alpha + \tan\beta}{1 - \tan\alpha\tan\beta}$　　⑥ $\tan(\alpha - \beta) = \dfrac{\tan\alpha - \tan\beta}{1 + \tan\alpha\tan\beta}$

 コレで完璧！ ポイント

加法定理（サインとコサイン）のスムーズな覚え方とは？

加法定理を覚える方法を紹介します。

まず、①と②のサインの加法定理は「咲いたコスモス、コスモス咲いた」、③と④のコサインの
加法定理は「コスモスコスモス、咲いた咲いた」という語呂合わせでそれぞれ覚えましょう。

また、サインとコサインの加法定理には、次のような性質もあります。

・右辺がどれも、□α□β ±□α□β の形になっている。

・サインは左辺と右辺の符号（＋ と －）が同じで、コサインは左辺と右辺の符号が違う。

・コサインの右辺は、「c → s」のアルファベット順になっている（次のイメージ図を参照）。

これらをまとめると、次のようになります。

sin は符号が同じ

sin、cos の
順のイメージ図

① $\sin(\alpha + \beta) = \sin\alpha\ \cos\beta + \cos\alpha\ \sin\beta$

　　　　咲いた　コスモス　コスモス　咲いた

② $\sin(\alpha - \beta) = \sin\alpha\ \cos\beta - \cos\alpha\ \sin\beta$

cos は符号が違う

③ $\cos(\alpha + \beta) = \cos\alpha\cos\beta - \sin\alpha\ \sin\beta$

　　　　コスモス　コスモス　咲いた　咲いた

④ $\cos(\alpha - \beta) = \cos\alpha\cos\beta + \sin\alpha\ \sin\beta$

4つの式すべて α、β、α、β の
順になっている

✎ **練習問題**

次の値を求めましょう。

（1）$\sin 75°$ （2）$\sin 15°$ （3）$\cos 165°$

（4）$\cos 15°$ （5）$\tan 105°$ （6）$\tan 15°$

解答

（1）$\sin 75° = \sin(45° + 30°)$ — 加法定理

$= \sin 45° \cos 30° + \cos 45° \sin 30°$

$= \dfrac{\sqrt{2}}{2} \cdot \dfrac{\sqrt{3}}{2} + \dfrac{\sqrt{2}}{2} \cdot \dfrac{1}{2}$

$= \dfrac{\sqrt{6} + \sqrt{2}}{4}$

※ $\sin 45°$ や $\cos 45°$ は、この場合、$\dfrac{1}{\sqrt{2}}$ より

$\dfrac{\sqrt{2}}{2}$ のほうが計算しやすいです。

（2）$\sin 15° = \sin(45° - 30°)$ — 加法定理

$= \sin 45° \cos 30° - \cos 45° \sin 30°$

$= \dfrac{\sqrt{2}}{2} \cdot \dfrac{\sqrt{3}}{2} - \dfrac{\sqrt{2}}{2} \cdot \dfrac{1}{2}$

$= \dfrac{\sqrt{6} - \sqrt{2}}{4}$

（3）$\cos 165° = \cos(120° + 45°)$ — 加法定理

$= \cos 120° \cos 45° - \sin 120° \sin 45°$

$= -\dfrac{1}{2} \cdot \dfrac{\sqrt{2}}{2} - \dfrac{\sqrt{3}}{2} \cdot \dfrac{\sqrt{2}}{2}$

$= -\dfrac{\sqrt{6} + \sqrt{2}}{4}$

$-\dfrac{\sqrt{2}}{4} - \dfrac{\sqrt{6}}{4}$

$= -\dfrac{1}{4}(\sqrt{2} + \sqrt{6})$

↑
符号が変わる！

（4）$\cos 15° = \cos(45° - 30°)$ — 加法定理

$= \cos 45° \cos 30° + \sin 45° \sin 30°$

$= \dfrac{\sqrt{2}}{2} \cdot \dfrac{\sqrt{3}}{2} + \dfrac{\sqrt{2}}{2} \cdot \dfrac{1}{2}$

$= \dfrac{\sqrt{6} + \sqrt{2}}{4}$

（5）$\tan 105° = \tan(60° + 45°)$

$= \dfrac{\tan 60° + \tan 45°}{1 - \tan 60° \tan 45°}$ — 加法定理

$= \dfrac{\sqrt{3} + 1}{1 - \sqrt{3} \cdot 1}$

分母と分子に $1 + \sqrt{3}$ をかける（分母の有理化）

$= \dfrac{(1 + \sqrt{3})^2}{(1 - \sqrt{3})(1 + \sqrt{3})}$

展開する

$= \dfrac{1^2 + 2\sqrt{3} + (\sqrt{3})^2}{1^2 - (\sqrt{3})^2}$

$\dfrac{1 + 2\sqrt{3} + 3}{1 - 3}$

$= \dfrac{4 + 2\sqrt{3}}{-2}$

$= \dfrac{4 + 2\sqrt{3}}{-2}$

$= -2 - \sqrt{3}$

$\dfrac{4 + 2\sqrt{3}}{-2} = (4 + 2\sqrt{3}) \times \left(-\dfrac{1}{2}\right)$

（6）$\tan 15° = \tan(45° - 30°)$

$= \dfrac{\tan 45° - \tan 30°}{1 + \tan 45° \tan 30°}$ — 加法定理

$= \dfrac{1 - \dfrac{1}{\sqrt{3}}}{1 + 1 \cdot \dfrac{1}{\sqrt{3}}}$

分母と分子に $\sqrt{3}$ をかける

$= \dfrac{\sqrt{3} - 1}{\sqrt{3} + 1}$

分母と分子に $\sqrt{3} - 1$ をかける（分母の有理化）

$= \dfrac{(\sqrt{3} - 1)^2}{(\sqrt{3} + 1)(\sqrt{3} - 1)}$

展開する

$= \dfrac{(\sqrt{3})^2 - 2\sqrt{3} + 1}{(\sqrt{3})^2 - 1^2}$

$\dfrac{3 - 2\sqrt{3} + 1}{3 - 1}$

$= \dfrac{4 - 2\sqrt{3}}{2}$

$= \dfrac{4 - 2\sqrt{3}}{2}$

$= 2 - \sqrt{3}$

$\dfrac{4 - 2\sqrt{3}}{2} = (4 - 2\sqrt{3}) \times \dfrac{1}{2}$

PART 4

三角関数

10 2倍角の公式

ここが
大切！

2倍角の公式は覚えなくても、加法定理から導ける！

前のページで習った加法定理から、次の2倍角の公式を導くことができます。

> ① $\sin 2\alpha = 2\sin\alpha\cos\alpha$
>
> ② $\cos 2\alpha = \cos^2\alpha - \sin^2\alpha = 1 - 2\sin^2\alpha = 2\cos^2\alpha - 1$
>
> ③ $\tan 2\alpha = \dfrac{2\tan\alpha}{1 - \tan^2\alpha}$

これら2倍角の公式は覚える必要はありません。なぜなら、加法定理の β に α を代入することで、それぞれ得られるからです。①、②、③の順にみていきましょう。

① $\sin 2\alpha = \sin(\alpha + \alpha) = \sin\alpha\cos\alpha + \cos\alpha\sin\alpha = \sin\alpha\cos\alpha + \sin\alpha\cos\alpha = 2\sin\alpha\cos\alpha$

② $\cos 2\alpha = \cos(\alpha + \alpha) = \cos\alpha\cos\alpha - \sin\alpha\sin\alpha = \cos^2\alpha - \sin^2\alpha$

ここで、「$\cos^2\alpha - \sin^2\alpha$」に「$\cos^2\theta = 1 - \sin^2\theta$」と「$\sin^2\theta = 1 - \cos^2\theta$」をそれぞれ代入すると、

$$\cos^2\alpha - \sin^2\alpha = 1 - \sin^2\theta - \sin^2\alpha = 1 - 2\sin^2\alpha$$
$$\cos^2\alpha - \sin^2\alpha = \cos^2\alpha - (1 - \cos^2\theta) = \cos^2\alpha - 1 + \cos^2\alpha = 2\cos^2\alpha - 1$$

③ $\tan 2\alpha = \tan(\alpha + \alpha) = \dfrac{\tan\alpha + \tan\alpha}{1 - \tan\alpha\tan\alpha} = \dfrac{2\tan\alpha}{1 - \tan^2\alpha}$

✎ 練習問題 1

α が第4象限の角で、$\sin\alpha = -\dfrac{4}{5}$ のとき、$\sin 2\alpha$ の値を求めましょう。

解答

$$\cos^2\alpha = 1 - \sin^2\alpha = 1 - \left(-\frac{4}{5}\right)^2 = 1 - \frac{16}{25} = \frac{9}{25}$$

α は第4象限の角で、$\cos\alpha > 0$ だから、

$$\cos\alpha = \sqrt{\frac{9}{25}} = \frac{3}{5}$$

2倍角の公式、
$\sin 2\alpha = 2\sin\alpha\cos\alpha$ より、

$$\sin 2\alpha = 2 \cdot \left(-\frac{4}{5}\right) \cdot \frac{3}{5} = -\frac{24}{25}$$

練習問題2

$0 \leqq \theta < 2\pi$ のとき、次の方程式を満たす θ の値を求めましょう。

$$\sin \theta = \sin 2\theta$$

解答

$$\sin \theta = \sin 2\theta$$

$\sin 2\theta = 2\sin\theta\cos\theta$

$$\sin \theta = 2\sin\theta\cos\theta$$

両辺を入れかえて、$\sin\theta$ を移項

$$2\sin\theta\cos\theta - \sin\theta = 0$$

因数分解する

$$\sin\theta(2\cos\theta - 1) = 0$$

$$\sin\theta = 0 \quad または、\quad 2\cos\theta - 1 = 0$$

$2\cos\theta = 1$

$\cos\theta = \dfrac{1}{2}$

$0 \leqq \theta < 2\pi$ だから、

$\sin\theta = 0$ のとき、$\theta = 0$、π

$\cos\theta = \dfrac{1}{2}$ のとき、$\theta = \dfrac{\pi}{3}$、$\dfrac{5}{3}\pi$

（ふつう）小さい順に並べる

ゆえに、$\theta = 0$、$\dfrac{\pi}{3}$、π、$\dfrac{5}{3}\pi$

コレで完璧！ ポイント

$\sin\theta$ や $\cos\theta$ の値が -1、0、1 となる場合とは？

座標平面上の単位円上に点 $\mathrm{P}(x, y)$ をとるとき、「$\sin\theta = y$」になることはすでに述べました。

$0 \leqq \theta < 2\pi$ の範囲で考えると、図1 の通り、$\sin 0 = 0$、$\sin\dfrac{\pi}{2} = 1$、$\sin\pi = 0$、$\sin\dfrac{3}{2}\pi = -1$ となります。

一方、「$\cos\theta = x$」なので、$0 \leqq \theta < 2\pi$ の範囲で考えると、図2 の通り、$\cos 0 = 1$、$\cos\dfrac{\pi}{2} = 0$、$\cos\pi = -1$、$\cos\dfrac{3}{2}\pi = 0$ となります。

P94 と P95 の「三角関数のグラフ」からも読みとれますが、$\sin\theta$ や $\cos\theta$ の値が -1、0、1 といった整数になる場合もおさえておきましょう。

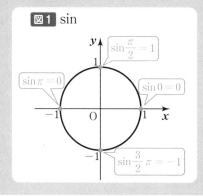

図1 sin

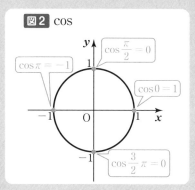

図2 cos

11 三角関数の合成

ここが
大切！

三角関数の合成は、3ステップで解こう！

次のような式（の変形）を、三角関数の合成といいます。

$$a\sin\theta + b\cos\theta = \sqrt{a^2+b^2}\sin(\theta+\alpha)\left(ただし、\cos\alpha = \frac{a}{\sqrt{a^2+b^2}}、\sin\alpha = \frac{b}{\sqrt{a^2+b^2}}\right)$$

 コレで完璧！ ポイント

三角関数の合成は、3ステップでできる！
公式だけみると「？」という感じだと思います
すが、次の3ステップで解けば、難しくない
ので安心してください。

ステップ1 点 $P(a, b)$ を頂点とする直角三
角形をかき、OP $(=\sqrt{a^2+b^2})$

の長さを求める

ステップ2 **ステップ1** でかいた直角三角形
から、角 α の大きさを求める

ステップ3 答え $\sqrt{a^2+b^2}\sin(\theta+\alpha)$ を求める

例題 $\sin\theta + \sqrt{3}\cos\theta$ を、$r\sin(\theta+\alpha)$ の形に表しましょう。ただし、$-\pi < \alpha \leqq \pi$ とします。

解答 3ステップで解きましょう。

ステップ1 点 $P(a, b)$ を頂点とする直角三角形をかき、OP $(=\sqrt{a^2+b^2})$ の長さを求める

$\sin\theta + \sqrt{3}\cos\theta = 1\sin\theta + \sqrt{3}\cos\theta$ なので、$a=1$、$b=\sqrt{3}$ です。

ここで、点 $P(1, \sqrt{3})$ をとると、OP の長さは、

$$OP = \sqrt{1^2 + (\sqrt{3})^2} = \sqrt{1+3} = \sqrt{4} = 2$$

これを座標平面上に表して直角三角形をかくと、右のようになります。

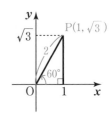

ステップ2 **ステップ1** でかいた直角三角形から、角 α の大きさを求める

図の直角三角形は、3辺の比が $1 : 2 : \sqrt{3}$ なので、「30°、60° の直角三角形」です。だから、$\alpha = \dfrac{\pi}{3}$

ステップ3 答え $\sqrt{a^2+b^2}\sin(\theta+\alpha)$ を求める

三角関数の合成の式 $a\sin\theta + b\cos\theta = \sqrt{a^2+b^2}\sin(\theta+\alpha)$ に、$a=1$、$b=\sqrt{3}$、$\sqrt{a^2+b^2}=2$、

$\alpha = \dfrac{\pi}{3}$ を代入すると、$\sin\theta + \sqrt{3}\cos\theta = \mathbf{2\sin\left(\theta + \dfrac{\pi}{3}\right)}$

練習問題1

$\sin\theta - \cos\theta$ を、$r\sin(\theta + \alpha)$ の形に表しましょう。ただし、$-\pi < \alpha \leqq \pi$ とします。

解答

3ステップで解きましょう。

ステップ1 点 $P(a, b)$ を頂点とする直角三角形をかき、OP（$= \sqrt{a^2 + b^2}$）の長さを求める

$\sin\theta - \cos\theta = 1\sin\theta - 1\cos\theta$ なので、$a = 1$、$b = -1$ です。

ここで、点 $P(1, -1)$ をとると、OP の長さは、

$$OP = \sqrt{1^2 + (-1)^2} = \sqrt{1+1} = \sqrt{2}$$

これを座標平面上に表して直角三角形をかくと、右のようになります。

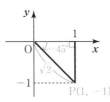

ステップ2 **ステップ1** でかいた直角三角形から、角 α の大きさを求める

図の直角三角形は、3辺の比が $1 : 1 : \sqrt{2}$ なので、「45°の直角三角形」です。だから、$\alpha = -\dfrac{\pi}{4}$

ステップ3 答え $\sqrt{a^2 + b^2}\sin(\theta + \alpha)$ を求める

三角関数の合成の式

$a\sin\theta + b\cos\theta = \sqrt{a^2 + b^2}\sin(\theta + \alpha)$ に、

$a = 1$、$b = -1$、$\sqrt{a^2 + b^2} = \sqrt{2}$、$\alpha = -\dfrac{\pi}{4}$ を代入

すると、$\sin\theta - \cos\theta = \underline{\sqrt{2}\sin\left(\theta - \dfrac{\pi}{4}\right)}$

練習問題2

関数 $y = -\sqrt{3}\sin\theta + \cos\theta$ の最大値と最小値を求めましょう。ただし、$-\pi < \theta \leqq \pi$ とします。

解答

途中まで、3ステップで解きましょう。

ステップ1 点 $P(a, b)$ を頂点とする直角三角形をかき、OP（$= \sqrt{a^2 + b^2}$）の長さを求める

$y = -\sqrt{3}\sin\theta + 1\cos\theta$ なので、$a = -\sqrt{3}$、$b = 1$ です。

ここで、点 $P(-\sqrt{3}, 1)$ をとると、OP の長さは、

$$OP = \sqrt{(-\sqrt{3})^2 + 1^2} = \sqrt{3+1} = \sqrt{4} = 2$$

これを座標平面上に表して直角三角形をかくと、右のようになります。

ステップ2 **ステップ1** でかいた直角三角形から、角 α の大きさを求める

図の直角三角形は、3辺の比が $1 : 2 : \sqrt{3}$ なので、「30°、60°の直角三角形」です。だから、

$$\alpha = 180° - 30° = 150° = \dfrac{5}{6}\pi$$

ステップ3 $\sqrt{a^2 + b^2}\sin(\theta + \alpha)$ を求める

三角関数の合成の式

$a\sin\theta + b\cos\theta = \sqrt{a^2 + b^2}\sin(\theta + \alpha)$ に、

$a = -\sqrt{3}$、$b = 1$、$\sqrt{a^2 + b^2} = 2$、$\alpha = \dfrac{5}{6}\pi$ を代入

すると、$y = -\sqrt{3}\sin\theta + \cos\theta = 2\sin\left(\theta + \dfrac{5}{6}\pi\right)$

$$-1 \leqq \sin\left(\theta + \dfrac{5}{6}\pi\right) \leqq 1$$

> サインの値のとる範囲は、-1以上1以下（P84参照）

↓2倍　↓2倍　↓2倍

$$-2 \leqq 2\sin\left(\theta + \dfrac{5}{6}\pi\right) \leqq 2$$

したがって、y の最大値は 2、最小値は -2

1 指数法則とは

ここが
大切！

5^{-2} や 2^{-6} などの数について学ぼう！

1 指数が 0 以下の整数の場合

次の用語は、中学校や数学Ⅰで、すでに学びました。

a の累乗 … a をいくつかかけたもの

a の n 乗 … a を n 個かけたものを、a^n と表す

a^n の指数 … a^n の右上の小さい n のことで、a をかけた個数を表す

ここでは、指数が 0 以下の整数の場合について、みていきましょう。例えば、「3^n」では、n が 1 増えるたびに、3^n の値は 3 倍になり、n が 1 減るたびに、3^n の値は $\frac{1}{3}$ 倍になっています。指数が 0 以下の整数の場合も、同じように考えると、次のようになります。

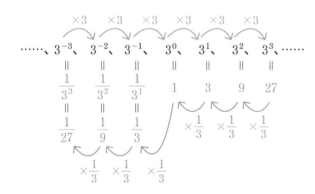

これによって、指数が 0 以下の整数のときの累乗を、次のように定められます。

$a \neq 0$ で、n が正の整数のとき、 $a^0 = 1$、 $a^{-n} = \dfrac{1}{a^n}$

練習問題

次の値を求めましょう。

（1）5^{-2} （2）4^0 （3）2^{-6}

（1）「$a^{-n} = \dfrac{1}{a^n}$」なので、$5^{-2} = \dfrac{1}{5^2} = \underline{\dfrac{1}{25}}$

（2）「$a^0 = 1$」なので、$4^0 = \underline{1}$

（3）「$a^{-n} = \dfrac{1}{a^n}$」なので、$2^{-6} = \dfrac{1}{2^6} = \underline{\dfrac{1}{64}}$

2 指数法則とは

指数が、正、0、負のどんな整数でも、次の指数法則（しすうほうそく）は成り立ちます。

指数法則（指数が整数のとき）

$a \neq 0$、$b \neq 0$ で、m、n を整数とすると、

$$a^{-n} = \dfrac{1}{a^n}$$

① $a^m \times a^n = a^{m+n}$　　　【例】$a^2 \times a^{-5} = a^{2+(-5)} = a^{-3} = \dfrac{1}{a^3}$

② $a^m \div a^n = \dfrac{a^m}{a^n} = a^{m-n}$　　【例】$a^{-2} \div a^3 = a^{(-2)-3} = a^{-5} = \dfrac{1}{a^5}$

③ $(a^m)^n = a^{mn}$　　　　　　【例】$(a^2)^{-5} = a^{2 \times (-5)} = a^{-10} = \dfrac{1}{a^{10}}$

④ $(ab)^n = a^n b^n$　　　　　　【例】$(ab)^{-5} = a^{-5} b^{-5} = \dfrac{1}{a^5} \times \dfrac{1}{b^5} = \dfrac{1}{a^5 b^5}$

⑤ $\left(\dfrac{a}{b}\right)^n = \dfrac{a^n}{b^n}$　　　　　　【例】$\left(\dfrac{a}{b}\right)^{-3} = \dfrac{a^{-3}}{b^{-3}} = a^{-3} \div b^{-3} = \dfrac{1}{a^3} \div \dfrac{1}{b^3}$

$$= \dfrac{1}{a^3} \times \dfrac{b^3}{1} = \dfrac{b^3}{a^3}$$

コレで完璧！ ポイント

指数法則は、数Ⅰで習ったことの延長！
上の指数法則は、数学Ⅰで習ったことの延長です。いくつかの法則をすでに知っていた方もいるでしょう。

大切なのは、m や n が 0 以下の整数でも、指数法則は成り立つということです。

【例】$a^3 \times a^{-4} = a^{3+(-4)} = a^{-1} = \dfrac{1}{a}$

2 累乗根とは

ここが
大切！

累乗根の意味と性質をおさえよう！

例えば、「2 を 3 乗すると、8 になる」ことを式に表すと、「$2^3 = 8$」となります。

一方、「3 乗すると 8 になる数は、2 である」ことを式に表すと、「$\sqrt[3]{8} = 2$」となります。

$\sqrt[3]{8}$ の読み方は「3 乗根 8」です。

$$2 \underset{3乗根}{\overset{3乗すると}{\longleftrightarrow}} 8$$

n を正の整数とすると、n 乗して実数 a になる数（$x^n = a$ を満たす x）を、a の n 乗根といい、**2 乗根、3 乗根、4 乗根、…**をまとめて、**累乗根**といいます。例えば、2 は、8 の 3 乗根です。

また、2 乗根を平方根ともいいます。例えば、「$\sqrt{25} = \sqrt[2]{25}\,(=5)$」であり、中学校や数学Ⅰで使ってきた $\sqrt{a}$ という形は、$\sqrt[2]{a}$ の小さい 2 を省略したものです（数学Ⅱ以降も、$\sqrt[2]{a}$ でなく、ふつうは $\sqrt{a}$ という形を使います）。

 コレで完璧！ ポイント

「奇数」乗根と「偶数」乗根の違いをおさえよう！

まずは、次の問題をみてください。

問題 次の値（実数）を求めましょう。

（1）81 の 4 乗根　　　　　　　　　　　　（2）$-\sqrt[4]{81}$

（3）64 の 3 乗根　　　　　　　　　　　　（4）$\sqrt[3]{64}$

解き方 「偶数」乗根の値は、正と負の 2 つあります。一方、「奇数」乗根の値は、1 つです。

（1）「偶数」乗根の 4 乗根なので、答えは正と負の 2 つあります。4 乗して 81 になる数を探すと、

$$3^4 = 81, \qquad (-3)^4 = 81$$

答え **3、−3**

（2）$-\sqrt[4]{81}$ は、「81 の 4 乗根の負のほう」なので、$-\sqrt[4]{81} = -3$ です。

答え **−3**

（3）「奇数」乗根の 3 乗根なので、答えは 1 つです。3 乗して 64 になる数を探すと、$4^3 = 64$

答え **4**

（4）$\sqrt[3]{64}$ は、「64 の 3 乗根（答えは 1 つ）」なので、$\sqrt[3]{64} = 4$ です。

答え **4**

累乗根には、次の性質があります。

累乗根の性質

$a > 0$、$b > 0$ で、m、n、x が整数のとき、

① $\left(\sqrt[n]{a}\right)^n = \sqrt[n]{a^n} = a$ （かっこがついていても、ついていなくても、左右に小さい n（数）があれば、$\sqrt{}$ を外せる） 【例】$\left(\sqrt[3]{2}\right)^3 = \sqrt[3]{2^3} = 2$

② $\sqrt[n]{a} \times \sqrt[n]{b} = \sqrt[n]{ab}$ 【例】$\sqrt[5]{2} \times \sqrt[5]{3} = \sqrt[5]{2 \times 3} = \sqrt[5]{6}$

③ $\sqrt[n]{a} \div \sqrt[n]{b} = \dfrac{\sqrt[n]{a}}{\sqrt[n]{b}} = \sqrt[n]{\dfrac{a}{b}}$ 【例】$\sqrt[4]{6} \div \sqrt[4]{2} = \dfrac{\sqrt[4]{6}}{\sqrt[4]{2}} = = \sqrt[4]{\dfrac{6}{2}} = \sqrt[4]{3}$

④ $\left(\sqrt[n]{a}\right)^m = \sqrt[n]{a^m}$ 【例】$\left(\sqrt[3]{5}\right)^2 = \sqrt[3]{5^2} = \sqrt[3]{25}$

⑤ $\sqrt[m]{\sqrt[n]{a}} = \sqrt[mn]{a}$ 【例】$\sqrt[3]{\sqrt[4]{5}} = \sqrt[3 \times 4]{5} = \sqrt[12]{5}$

⑥ $\sqrt[xn]{a^{xm}} = \sqrt[n]{a^m}$ （分数の約分のように、同じ数で割れる）

【例】$\sqrt[20]{a^5} = \sqrt[20 \div 5]{a^{5 \div 5}} = \sqrt[4]{a}$

※②は平方根の公式「$\sqrt{a} \times \sqrt{b} = \sqrt{ab}$」と、③は平方根の公式「$\sqrt{a} \div \sqrt{b} = \dfrac{\sqrt{a}}{\sqrt{b}} = \sqrt{\dfrac{a}{b}}$」とそれぞれ似ているので覚えやすいです。

練習問題

次の計算をしましょう。

（1）$\sqrt[4]{5} \times \sqrt[4]{2}$　　　（2）$\sqrt[3]{81} \div \sqrt[3]{3}$　　　（3）$\left(\sqrt[5]{7}\right)^5$

（4）$\left(\sqrt[8]{16}\right)^2$　　　（5）$\sqrt{\sqrt[5]{4}}$

解答

上の **累乗根の性質** の性質を使って解きましょう。

（1）「$\sqrt[n]{a} \times \sqrt[n]{b} = \sqrt[n]{ab}$」から、

$\sqrt[4]{5} \times \sqrt[4]{2} = \sqrt[4]{5 \times 2} = \underline{\sqrt[4]{10}}$

（2）$\sqrt[3]{81} \div \sqrt[3]{3}$ 〔$\sqrt[n]{a} \div \sqrt[n]{b} = \sqrt[n]{\dfrac{a}{b}}$〕

$= \sqrt[3]{\dfrac{81}{3}}$

$= \sqrt[3]{27}$

$= \sqrt[3]{3^3}$ 〔$\sqrt[n]{a^n} = a$〕

$= \underline{3}$

（3）「$\left(\sqrt[n]{a}\right)^n = a$」から、$\left(\sqrt[5]{7}\right)^5 = \underline{7}$

（4）$\left(\sqrt[8]{16}\right)^2$ 〔$\left(\sqrt[n]{a}\right)^m = \sqrt[n]{a^m}$〕

$= \sqrt[8]{16^2}$

$= \sqrt[4]{16^1}$ 〔8と2を、2で割る（上の **性質** ⑥）〕

$= \sqrt[4]{2^4}$ 〔$\sqrt[n]{a^n} = a$〕

$= \underline{2}$

（5）$\sqrt{\sqrt[5]{4}}$ 〔$\sqrt{a} = \sqrt[2]{a}$〕

$= \sqrt[2]{\sqrt[5]{4}}$ 〔$\sqrt[m]{\sqrt[n]{a}} = \sqrt[mn]{a}$〕

$= \sqrt[2 \times 5]{4}$

$= \sqrt[10]{2^2}$ 〔10と2を、2で割る（上の **性質** ⑥）〕

$= \underline{\sqrt[5]{2}}$

3 有理数の指数

ここが大切！

例えば、$27^{\frac{2}{3}}$ の値を、2種類の方法で求めよう！

有理数とは、**分数 $\dfrac{x}{y}$ の形に表される数**（x は整数、y は 0 でない整数）です。

$a > 0$ で、m を整数、n を正の整数、r を正の有理数とすると、次のことが成り立ちます。

---

① $a^{\frac{m}{n}} = \sqrt[n]{a^m} = \left(\sqrt[n]{a}\right)^m$ 　【例】$a^{\frac{2}{5}} = \sqrt[5]{a^2} = \left(\sqrt[5]{a}\right)^2$

　特に、$a^{\frac{1}{n}} = \sqrt[n]{a}$ 　【例】$a^{\frac{1}{2}} = \sqrt[2]{a} = \sqrt{a}$

② $a^{-r} = \dfrac{1}{a^r}$ 　【例】$25^{-\frac{1}{2}} = \dfrac{1}{25^{\frac{1}{2}}} = \dfrac{1}{\sqrt{25}} = \dfrac{1}{5}$

✋ 練習問題 1

次の値を求めましょう。

(1) $16^{\frac{1}{4}}$ 　　　　(2) $27^{\frac{2}{3}}$ 　　　　(3) $8^{-\frac{1}{3}}$

解答

(1) $16^{\frac{1}{4}}$ 　$a^{\frac{1}{n}} = \sqrt[n]{a}$
$= \sqrt[4]{16}$ 　$16 = 2^4$
$= \sqrt[4]{2^4}$ 　$\sqrt[n]{a^n} = a$
$= \underset{\sim}{2}$

(2) $27^{\frac{2}{3}}$ 　$a^{\frac{m}{n}} = \sqrt[n]{a^m}$
$= \sqrt[3]{27^2}$ 　$27 = 3^3$
$= \sqrt[3]{(3^3)^2}$ 　$3^{3 \times 2} = 3^6$
$= \sqrt[3]{3^6}$ 　$3^{2 \times 3} = (3^2)^3$
$= \sqrt[3]{(3^2)^3}$ 　$\sqrt[n]{a^n} = a$
$= 3^2$
$= \underset{\sim}{9}$

(3) $8^{-\frac{1}{3}}$ 　$a^{-n} = \dfrac{1}{a^n}$
$= \dfrac{1}{8^{\frac{1}{3}}}$
$= \dfrac{1}{\sqrt[3]{8}}$ 　$a^{\frac{m}{n}} = \sqrt[n]{a^m}$
$= \dfrac{1}{\sqrt[3]{2^3}}$ 　$8 = 2^3$
$= \underset{\sim}{\dfrac{1}{2}}$ 　$\sqrt[n]{a^n} = a$

P103 で習った指数法則は、指数が有理数のときにも成り立ちます。

指数法則（指数が有理数のとき）

$a > 0$、$b > 0$ で、r と s を有理数とすると、

① $a^r \times a^s = a^{r+s}$

② $a^r \div a^s = \dfrac{a^r}{a^s} = a^{r-s}$

③ $(a^r)^s = a^{rs}$

④ $(ab)^r = a^r b^r$

コレで完璧！ ポイント

練習問題1 の別の解き方をおさえよう！

左ページの **練習問題1** には別解があります。$27^{\frac{2}{3}}$ なら 27 を、$8^{-\frac{1}{3}}$ なら 8 を、まず変形して解く方法です。知っておくと、かなりスムーズに解けることもあるのでマスターしましょう。

(1) $16^{\frac{1}{4}}$ $16 = 2^4$

$= \left(2^4\right)^{\frac{1}{4}}$ $(a^r)^s = a^{rs}$

$= 2^{4 \times \frac{1}{4}}$ $2^1 = 2$

$= 2$

(2) $27^{\frac{2}{3}}$ $27 = 3^3$

$= \left(3^3\right)^{\frac{2}{3}}$ $(a^r)^s = a^{rs}$

$= 3^{3 \times \frac{2}{3}}$

$= 3^2$

$= 9$

(3) $8^{-\frac{1}{3}}$ $8 = 2^3$

$= \left(2^3\right)^{-\frac{1}{3}}$ $(a^r)^s = a^{rs}$

$= 2^{3 \times \left(-\frac{1}{3}\right)}$

$= 2^{-1}$ $a^{-n} = \dfrac{1}{a^n}$

$= \dfrac{1}{2}$

5

指数関数と対数関数

練習問題2

次の計算をしましょう。

(1) $3^{\frac{1}{5}} \times 3^{\frac{9}{5}}$

(2) $4^{\frac{3}{2}} \div 4^{-\frac{3}{2}}$

(3) $\left(36^{\frac{3}{4}}\right)^{\frac{2}{3}}$

(4) $81^{\frac{1}{4}} \times 81^{-\frac{7}{4}} \div 81^{-1}$

解答

(1) 「$a^r \times a^s = a^{r+s}$」だから、

$$3^{\frac{1}{5}} \times 3^{\frac{9}{5}} = 3^{\frac{1}{5}+\frac{9}{5}} = 3^2 = 9$$

(2) 「$a^r \div a^s = a^{r-s}$」だから、

$$4^{\frac{3}{2}} \div 4^{-\frac{3}{2}} = 4^{\frac{3}{2}-\left(-\frac{3}{2}\right)} = 4^3 = 64$$

(3) $\left(36^{\frac{3}{4}}\right)^{\frac{2}{3}} = 36^{\frac{3}{4} \times \frac{2}{3}} = 36^{\frac{1}{2}} = \sqrt{36} = 6$

    $(a^r)^s = a^{rs}$ $a^{\frac{1}{2}} = \sqrt[2]{a} = \sqrt{a}$

(4) $81^{\frac{1}{4}} \times 81^{-\frac{7}{4}} \div 81^{-1}$ $a^r \times a^s = a^{r+s}$

$= 81^{\frac{1}{4}+\left(-\frac{7}{4}\right)-(-1)}$ $a^r \div a^s = a^{r-s}$

$= 81^{-\frac{1}{2}}$ $81 = 9^2$

$= (9^2)^{-\frac{1}{2}}$

$= 9^{2 \times \left(-\frac{1}{2}\right)} = 9^{-1} = \dfrac{1}{9}$

    $a^{-n} = \dfrac{1}{a^n}$

4 指数関数のグラフ

ここが
大切！

指数関数 $y = a^x$ のグラフの特徴をおさえよう！

$y = a^x$ で表される関数（$a > 0$、$a \neq 1$）を、a を底とする、指数関数といいます。

例題1 ▶ $y = 2^x$ の、それぞれの x の値に対する 2^x の値について、次の表の㋐〜㋕に入る数を答えましょう。

x	$\cdots$	-2	-1	0	1	2	3	$\cdots$
$y = 2^x$	$\cdots$	㋐	㋑	㋒	㋓	㋔	㋕	$\cdots$

解答

㋐ $y = 2^{-2} = \dfrac{1}{2^2} = \underline{\dfrac{1}{4}}$　　㋑ $y = 2^{-1} = \underline{\dfrac{1}{2}}$　　㋒ $y = 2^0 = \underline{1}$

㋓ $y = 2^1 = \underline{2}$　　㋔ $y = 2^2 = \underline{4}$　　㋕ $y = 2^3 = \underline{8}$

例題1 の表をもとに、$y = 2^x$ のグラフをかくと、右のようになります。

$y = 2^x$ のグラフの特徴をまとめると、次のようになります。

・点 $(0, 1)$ を通る、**右上がりの曲線**

・x 軸は、$y = 2^x$ のグラフの**漸近線**（漸近線については、P95 参照）

※ちなみに、一般的な用語として「指数関数的に増加する」などと言われるのは、指数関数のグラフの形が由来です。

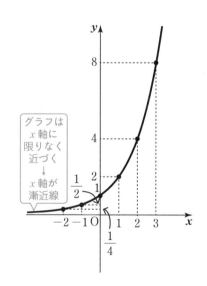

グラフは
x 軸に
限りなく
近づく
↓
x 軸が
漸近線

例題2 $y=\left(\dfrac{1}{2}\right)^x$ の、それぞれの x の値に対する $\left(\dfrac{1}{2}\right)^x$ の値について、次の表の㋐～㋖に入る数を答えましょう。

x	$\cdots$	-3	-2	-1	0	1	2	$\cdots$
$y=\left(\dfrac{1}{2}\right)^x$	$\cdots$	㋐	㋑	㋒	㋓	㋔	㋕	$\cdots$

解答 $\left(\dfrac{1}{2}\right)^x=(2^{-1})^x=2^{-x}$ なので、㋐～㋒は、2^{-x} の x に値を代入すると求めやすいです。

㋐ $y=2^{-(-3)}=2^3=\underline{8}$　　㋑ $y=2^{-(-2)}=2^2=\underline{4}$　　㋒ $y=2^{-(-1)}=2^1=\underline{2}$

㋓ $y=\left(\dfrac{1}{2}\right)^0=\underline{1}$　　㋔ $y=\left(\dfrac{1}{2}\right)^1=\underline{\dfrac{1}{2}}$　　㋕ $y=\left(\dfrac{1}{2}\right)^2=\underline{\dfrac{1}{4}}$

例題2 の表をもとに、$y=\left(\dfrac{1}{2}\right)^x$ のグラフをかくと、右のようになります。

$y=\left(\dfrac{1}{2}\right)^x$ のグラフの特徴をまとめると、次のようになります。

・点 $(0,1)$ を通る、**右下がり**の曲線

・x 軸は、$y=\left(\dfrac{1}{2}\right)^x$ のグラフの**漸近線**

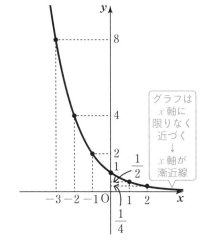

グラフは
x 軸に
限りなく
近づく
↓
x 軸が
漸近線

コレで完璧！ポイント

2種類の指数関数のグラフを比べよう！

$y=2^x$ のグラフは右上がりの曲線、一方、$y=\left(\dfrac{1}{2}\right)^x$ のグラフは右下がりの曲線でしたね。指数関数 $y=a^x$ のグラフは、$a>1$ と $0<a<1$ のときで、グラフの形が変わります。

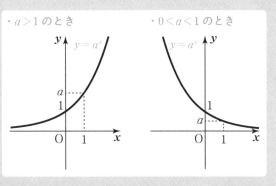

・$a>1$ のとき　　　　　・$0<a<1$ のとき

共通点 点 $(0,1)$、$(1,a)$ を通り、x 軸を漸近線とする。

違い $y=a^x$ のグラフは、$a>1$ のとき右上がりの曲線。$0<a<1$ のとき右下がりの曲線。

5 指数関数を含む方程式と不等式

ここが
大切！

指数関数 $y = a^x$ の底 a が、$a > 1$ か、$0 < a < 1$ のどちらであるかに注意しよう！

$y = a^x$ の「底」である a に注目しましょう。

前ページの ⚡ コレで完璧！ポイント で述べた通り、$y = a^x$ のグラフは、$a > 1$ のとき右上がりです（x の値が増加すると、y の値も増加する）。つまり、$a > 1$ のとき、「$p < q \iff a^p < a^q$」が成り立ちます（不等号の向きが同じ）。

一方、$y = a^x$ のグラフは、$0 < a < 1$ のとき右下がりです（x の値が増加すると、y の値は減少する）。つまり、$0 < a < 1$ のとき、「$p < q \iff a^p > a^q$」が成り立ちます（不等号の向きが反対）。

 コレで完璧！ポイント

大小関係を比較する問題は、こう解こう！
まずは、次の問題をみてください。

問題 次の問いに答えましょう。
(1) $\sqrt[3]{4}$ と $\sqrt[4]{8}$ の大小関係を比較しましょう。

(2) $\sqrt{\dfrac{1}{3}}$ と $\left(\dfrac{1}{3}\right)^{\frac{3}{5}}$ の大小関係を比較しましょう。

解き方 $y = a^x$ と考え、底である a が、$a > 1$ か、$0 < a < 1$ のどちらであるかに注目して解きましょう。

(1) $\sqrt[3]{4}$

$= 4^{\frac{1}{3}}$ 　（$\sqrt[n]{a} = a^{\frac{1}{n}}$）
$= (2^2)^{\frac{1}{3}}$ 　（$4 = 2^2$）
$= 2^{\frac{2}{3}}$ 　（$(a^r)^s = a^{rs}$）

$\sqrt[4]{8}$

$= 8^{\frac{1}{4}}$ 　（$\sqrt[n]{a} = a^{\frac{1}{n}}$）
$= (2^3)^{\frac{1}{4}}$ 　（$8 = 2^3$）
$= 2^{\frac{3}{4}}$ 　（$(a^r)^s = a^{rs}$）

$\dfrac{2}{3} = \dfrac{8}{12}$、$\dfrac{3}{4} = \dfrac{9}{12}$ だから、$\dfrac{2}{3} < \dfrac{3}{4}$　……❶

関数 $y = 2^x$ の底 2 は、1 より大きいから、$2^{\frac{2}{3}} < 2^{\frac{3}{4}}$　（❶と不等号の向きが同じになる）
すなわち、$\sqrt[3]{4} < \sqrt[4]{8}$

（2）$\sqrt{\dfrac{1}{3}} = \left(\dfrac{1}{3}\right)^{\frac{1}{2}}$

$\sqrt{a} = a^{\frac{1}{2}}$

$\dfrac{1}{2} = \dfrac{5}{10}$、$\dfrac{3}{5} = \dfrac{6}{10}$ だから、$\dfrac{1}{2} < \dfrac{3}{5}$ ……②

関数 $y = \left(\dfrac{1}{3}\right)^{x}$ の底 $\dfrac{1}{3}$ は、1 より小さい $\left(0 < \dfrac{1}{3} < 1\right)$ から、

$\left(\dfrac{1}{3}\right)^{\frac{1}{2}} > \left(\dfrac{1}{3}\right)^{\frac{3}{5}}$ （②と不等号の向きが反対になる）すなわち、$\sqrt{\dfrac{1}{3}} > \left(\dfrac{1}{3}\right)^{\frac{3}{5}}$

練習問題 1

（1）の方程式と（2）の不等式をそれぞれ解きましょう。

（1）$2^{x+3} = 4^{x}$

（2）$25^{3x} > 5^{x+10}$

解答

（1）$2^{x+3} = 4^{x}$

$4 = 2^2$

$2^{x+3} = (2^2)^{x}$

$(a^r)^s = a^{rs}$

$2^{x+3} = 2^{2x}$

よって、$x + 3 = 2x$

これを解いて、$x = 3$

（2）$25 = 5^2$

$25^{3x} > 5^{x+10}$

$(5^2)^{3x} > 5^{x+10}$

$(a^r)^s = a^{rs}$

$5^{6x} > 5^{x+10}$

関数 $y = 5^{x}$ の底 5 は 1 より大きい から、

$6x > x + 10$　不等号の向きが同じになる

これを解いて、$x > 2$

練習問題 2

（1）の方程式と（2）の不等式をそれぞれ解きましょう。

（1）$\left(\dfrac{1}{4}\right)^{2x-6} = \dfrac{1}{16}$

（2）$\left(\dfrac{1}{27}\right)^{x-1} \leqq \left(\dfrac{1}{9}\right)^{x}$

解答

（1）$\left(\dfrac{1}{4}\right)^{2x-6} = \dfrac{1}{16}$

$\dfrac{1}{16} = \left(\dfrac{1}{4}\right)^2$

$\left(\dfrac{1}{4}\right)^{2x-6} = \left(\dfrac{1}{4}\right)^2$

よって、$2x - 6 = 2$

これを解いて、$x = 4$

（2）$\left(\dfrac{1}{27}\right)^{x-1} \leqq \left(\dfrac{1}{9}\right)^{x}$

$\dfrac{1}{27} = \left(\dfrac{1}{3}\right)^3$

$\left\{\left(\dfrac{1}{3}\right)^3\right\}^{x-1} \leqq \left\{\left(\dfrac{1}{3}\right)^2\right\}^{x}$

$\dfrac{1}{9} = \left(\dfrac{1}{3}\right)^2$

$(a^r)^s = a^{rs}$

$\left(\dfrac{1}{3}\right)^{3(x-1)} \leqq \left(\dfrac{1}{3}\right)^{2x}$

$(a^r)^s = a^{rs}$

$\left(\dfrac{1}{3}\right)^{3x-3} \leqq \left(\dfrac{1}{3}\right)^{2x}$

不等号の向きが反対になる

関数 $y = \left(\dfrac{1}{3}\right)^{x}$ の底 $\dfrac{1}{3}$ は 1 より小さい から、$3x - 3 \geqq 2x$

これを解いて、$x \geqq 3$

6 対数とは

ここが
大切！

「$M = a^p \iff \log_a M = p$」であることをおさえよう！

$M = a^p$ が成り立つとき、$\log_a M = p$ と表すことができます（ただし、$a > 0$、$a \neq 1$、$M > 0$）。このとき、$\log_a M$ を、a を底とする M の対数といいます。また、M を、$\log_a M$ の真数といいます。

$$M = a^p \iff \underset{\substack{\uparrow \\ 底}}{\log_a \underset{\substack{\downarrow \\ 真数}}{\overset{\overbrace{\qquad}^{対数}}{M}}} = p$$

例えば、$\log_2 3$ なら、「ログ 2 底 3」「ログ 2 の 3」などのように読みます。

 コレで完璧！ ポイント

対数をおそれる必要はない！
「指数関数だけで大変なのに、対数って何？」と思われている方もいるかもしれません。でも対数は、実はそれほどややこしくはありません。
指数関数 $y = a^x$ の、y を M に、x を p にそれぞれおきかえると、$M = a^p$ になります。そして、$M = a^p$ の文字をさらに入れかえたものが、$\log_a M = p$ です。

$$\underset{\substack{y を M に、x を p に \\ それぞれおきかえる}}{y = a^x \longrightarrow} \underset{\substack{文字を \\ 入れかえる}}{M = a^p \longrightarrow} \log_a M = p$$

ざっくり言うと、$\log_a M = p$ は、指数関数 $y = a^x$ の文字を入れかえたものにすぎないということです。ですから、構えすぎる必要はありません。指数関数の延長のようなイメージで、安心して取り組んでください。

例えば、$9 = 3^2$ なら、$\log_3 9 = 2$ と表せます。また、$\dfrac{1}{8} = 2^{-3}$ なら、$\log_2 \dfrac{1}{8} = -3$ と表せます。

$$9 = 3^2$$
$$(9 \text{ は } 3 \text{ の } 2 \text{ 乗})$$
$$\log_3 9 = 2$$

$$\frac{1}{8} = 2^{-3}$$
$$\left(\frac{1}{8} \text{ は } 2 \text{ の } -3 \text{ 乗}\right)$$
$$\log_2 \frac{1}{8} = -3$$

練習問題1

次の式を、$\log_a M = p$ の形で表しましょう。

(1) $64 = 4^3$

(2) $\dfrac{1}{32} = 2^{-5}$

(3) $\sqrt{6} = 6^{\frac{1}{2}}$

解答

$M = a^p$ を、$\log_a M = p$ の形で表すと次のようになります。

答え (1) $\log_4 64 = 3$ (2) $\log_2 \dfrac{1}{32} = -5$ (3) $\log_6 \sqrt{6} = \dfrac{1}{2}$

$M = a^p$ のとき、$\log_a M = p$ なので、$\log_a a^p = p$ が成り立ちます。$\log_a a^p = p$ を使って、次の 練習問題2 を解いてみましょう。

練習問題2

次の値を求めましょう。

(1) $\log_3 81$

(2) $\log_5 \dfrac{1}{25}$

(3) $\log_{10} \sqrt[5]{10^4}$

解答

(1)
$$\log_3 81 = \log_3 3^4 = 4$$

(2)
$$\log_5 \frac{1}{25}$$
$$= \log_5 \frac{1}{5^2} \quad \frac{1}{25} = \frac{1}{5^2}$$
$$= \log_5 5^{-2} \quad \frac{1}{a^n} = a^{-n}$$
$$= -2 \quad \log_a a^p = p$$

(3)
$$\log_{10} \sqrt[5]{10^4}$$
$$= \log_{10} 10^{\frac{4}{5}} \quad \sqrt[n]{a^m} = a^{\frac{m}{n}}$$
$$= \frac{4}{5} \quad \log_a a^p = p$$

次の 練習問題3 のように、$\log_a a^p$ の形に変形しにくいときは、$\log_a M = x$ とおいて解くようにしましょう。

練習問題3

$\log_4 32$ の値を求めましょう。

解答

$\log_4 32 = x$ とおくと
$$4^x = 32 \quad \log_a M = p \text{ ならば、} a^p = M$$
$$(2^2)^x = 2^5 \quad 4 = 2^2 、32 = 2^5$$
$$2^{2x} = 2^5 \quad (a^r)^s = a^{rs}$$

よって、$2x = 5$

したがって、$x = \dfrac{5}{2}$

7 # 対数の性質

ここが
大切！

「$\log_a a = 1$」「$\log_a 1 = 0$」「$\log_a \dfrac{1}{a} = -1$」であることをおさえよう！

1 対数の性質

対数には、次の性質があります。

> $a > 0$、$a \neq 1$、$M > 0$、$N > 0$ で、r が実数のとき、
>
> ① $\log_a MN = \log_a M + \log_a N$ 　　【例】$\log_3 (2 \times 5) = \log_3 2 + \log_3 5$
>
> ② $\log_a \dfrac{M}{N} = \log_a M - \log_a N$ 　　【例】$\log_2 \dfrac{3}{7} = \log_2 3 - \log_2 7$
>
> ③ $\log_a M^r = r \log_a M$ 　　【例】$\log_5 2^3 = 3 \log_5 2$

 コレで完璧！ ポイント

$\log_a a$、$\log_a 1$、$\log_a \dfrac{1}{a}$ の値をおさえよう！

上の 3 つの性質に加えて、対数の性質をさらに学びましょう。$a^1 = a$、$a^0 = 1$、$a^{-1} = \dfrac{1}{a}$ なので、次のことが成り立ちます。

$\log_a a = 1$、$\log_a 1 = 0$、$\log_a \dfrac{1}{a} = -1$

【例】$\log_5 5 = 1$、　$\log_2 1 = 0$、　$\log_3 \dfrac{1}{3} = -1$

これら 3 つの性質もよく出てくるので、おさえておきましょう。

例題 次の計算をしましょう。

（1）$\log_6 2 + \log_6 3$ 　　　　　　（2）$\log_2 28 - \log_2 7$

解答

（1）　$\log_6 2 + \log_6 3$ 　$\log_a M + \log_a N$
$= \log_a MN$

　　$= \log_6 (2 \times 3)$

　　$= \log_6 6$ 　$\log_a a = 1$

　　$= \underline{1}$

（2）　$\log_2 28 - \log_2 7$

　　　$= \log_2 \dfrac{28}{7}$ 　$\log_a M - \log_a N = \log_a \dfrac{M}{N}$

　　　$= \log_2 2^2$ 　$\dfrac{28}{7} = 4 = 2^2$

　　　$= \underline{2}$ 　$\log_a a^p = p$

👆 **練習問題1**

次の計算をしましょう。

（1）$\log_5 50 - 3\log_5 \sqrt[3]{2}$

（2）$\log_3 \dfrac{4}{3} - \log_3 \dfrac{2}{9} + \log_3 \dfrac{27}{2}$

解答

（1）　$\log_5 50 - 3\log_5 \sqrt[3]{2}$

$= \log_5 50 - \log_5 \left(\sqrt[3]{2}\right)^3$　　　$r\log_a M = \log_a M^r$

$= \log_5 50 - \log_5 2$　　　$\left(\sqrt[n]{a}\right)^n = a$

$= \log_5 \dfrac{50}{2}$　　　$\log_a M - \log_a N = \log_a \dfrac{M}{N}$

$= \log_5 5^2$　　　$\dfrac{50}{2} = 25 = 5^2$

$= \underset{\sim}{2}$　　　$\log_a a^p = p$

（2）　$\log_3 \dfrac{4}{3} - \log_3 \dfrac{2}{9} + \log_3 \dfrac{27}{2}$

$= \log_3 \left(\dfrac{4}{3} \div \dfrac{2}{9} \times \dfrac{27}{2}\right)$　　$\log_a M - \log_a N = \log_a \dfrac{M}{N}$

　　　　　　　　　　　　　　　$\log_a M + \log_a N = \log_a MN$

$= \log_3 3^4$　　　$\dfrac{4}{3} \div \dfrac{2}{9} \times \dfrac{27}{2} = \dfrac{4}{3} \times \dfrac{9}{2} \times \dfrac{27}{2}$

$= \underset{\sim}{4}$　　　$\log_a a^p = p$　　　　　　$= 81 = 3^4$

2 底の変換公式

底を違う数に変換したいとき、次の公式を使いましょう。

底の変換公式

$a > 0$、$b > 0$、$c > 0$ で、$a \neq 1$、$c \neq 1$ のとき、

$\log_a b = \dfrac{\log_c b}{\log_c a}$　　　【例】$\log_5 3 = \dfrac{\log_2 3}{\log_2 5}$（底を 2 に変換した場合）

👆 **練習問題2**

次の計算をしましょう。

（1）$\log_5 9 \cdot \log_3 5$

（2）$\log_2 96 - \log_4 9$

解き方のコツ　変換公式を使って、底をそろえてから計算しましょう。

解答

（1）底を 3 にそろえてから計算しましょう。

$\log_5 9 \cdot \log_3 5$

$= \dfrac{\log_3 9}{\log_3 5} \cdot \log_3 5$　　底を 3 にそろえる

　　　　　　　　　$\log_3 5$ を約分

$= \underset{\sim}{2}$　　　$\log_3 9 = \log_3 3^2 = 2$

（2）底を 2 にそろえてから計算しましょう。

$\log_2 96 - \log_4 9$

$= \log_2 96 - \dfrac{\log_2 9}{\log_2 4}$　　底を 2 にそろえる

　　　　　　　　　$\dfrac{\log_2 9}{2} = \dfrac{1}{2}\log_2 3^2$

$= \log_2 96 - \dfrac{1}{2}\log_2 3^2$

　　　　　　　　　$\dfrac{1}{2}\log_2 3^2 = \log_2 3^{2 \times \frac{1}{2}} = \log_2 3$

$= \log_2 96 - \log_2 3$

$= \log_2 32$　　　$\log_2 \dfrac{96}{3} = \log_2 32$

$= \underset{\sim}{5}$　　　$\log_2 32 = \log_2 2^5 = 5$

8 対数関数のグラフ

ここが
大切！

対数関数 $y = \log_a x$ のグラフの特徴をおさえよう！

$y = \log_a x$ で表される関数（$a > 0$、$a \neq 1$）を、a を底とする、**対数関数**といいます。

例題1 $y = \log_2 x$ の、それぞれの x の値に対する $\log_2 x$ の値について、次の表の⑦〜㋑に入る数を答えましょう。

x	$\cdots$	$\dfrac{1}{4}$	$\dfrac{1}{2}$	1	2	4	$\cdots$
$y = \log_2 x$	$\cdots$	⑦	⑦	⑦	㋓	㋕	$\cdots$

解答

⑦ $y = \log_2 \dfrac{1}{4} = \log_2 \dfrac{1}{2^2} = \log_2 2^{-2} = \underline{-2}$　　　⑦ $y = \log_2 \dfrac{1}{2} = \log_2 2^{-1} = \underline{-1}$

⑦ $y = \log_2 1 = \underline{0}$　　　　　㋓ $y = \log_2 2 = \underline{1}$　　　　　㋕ $y = \log_2 4 = \log_2 2^2 = \underline{2}$

例題1 の表をもとに、$y = \log_2 x$ のグラフをかくと、右のようになります。

$y = \log_2 x$ のグラフの特徴をまとめると、次のようになります。
・点 $(1, 0)$ を通る、右上がりの曲線
・y 軸は、$y = \log_2 x$ のグラフの漸近線

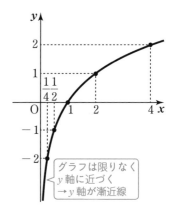

グラフは限りなく
y 軸に近づく
→ y 軸が漸近線

例題2 $y = \log_{\frac{1}{2}} x$ の、それぞれの x の値に対する $\log_{\frac{1}{2}} x$ の値について、次の表の⑦〜㋕に入る数を答えましょう。

x	$\cdots$	$\dfrac{1}{4}$	$\dfrac{1}{2}$	1	2	4	$\cdots$
$y = \log_{\frac{1}{2}} x$	$\cdots$	⑦	⑦	⑦	㋓	㋕	$\cdots$

解答

㋐ $y = \log_{\frac{1}{2}} \frac{1}{4} = \log_{\frac{1}{2}} \left(\frac{1}{2}\right)^2 = \underset{\sim}{\textbf{2}}$ ㋑ $y = \log_{\frac{1}{2}} \frac{1}{2} = \underset{\sim}{\textbf{1}}$ ㋒ $y = \log_{\frac{1}{2}} 1 = \underset{\sim}{\textbf{0}}$

㋓ $y = \log_{\frac{1}{2}} 2 = \log_{\frac{1}{2}} \left(\frac{2}{1}\right)^1 = \log_{\frac{1}{2}} \left(\frac{1}{2}\right)^{-1} = \underset{\sim}{\textbf{−1}}$

$\left(\dfrac{a}{b}\right)^n = \left(\dfrac{b}{a}\right)^{-n}$ の公式をおさえましょう

逆数になる

㋔ $y = \log_{\frac{1}{2}} 4 = \log_{\frac{1}{2}} \left(\frac{2}{1}\right)^2 = \log_{\frac{1}{2}} \left(\frac{1}{2}\right)^{-2} = \underset{\sim}{\textbf{−2}}$

例題2 の表をもとに、$y = \log_{\frac{1}{2}} x$ のグラフをかくと、右のようになります。

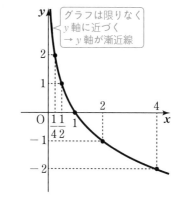

グラフは限りなく y 軸に近づく → y 軸が漸近線

$y = \log_{\frac{1}{2}} x$ のグラフの特徴をまとめると、次のようになります。

・点 $(1, 0)$ を通る、**右下がりの曲線**

・y 軸は、$y = \log_{\frac{1}{2}} x$ のグラフの**漸近線**

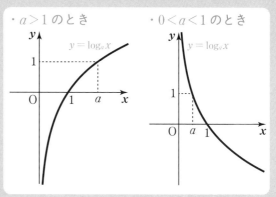

コレで完璧！ ポイント

2種類の対数関数のグラフを比べよう！

$y = \log_2 x$ のグラフは右上がりの曲線、一方、$y = \log_{\frac{1}{2}} x$ のグラフは右下がりの曲線でしたね。

対数関数 $y = \log_a x$ のグラフは、$a > 1$ と $0 < a < 1$ のときで、グラフの形が変わります。

共通点 点 $(1, 0)$、$(a, 1)$ を通り、y 軸を漸近線とする。

違い $y = \log_a x$ のグラフは、$a > 1$ のとき右上がりの曲線。$0 < a < 1$ のとき右下がりの曲線。

$y = \log_a x$ のグラフは、$a > 1$ のとき右上がり（x の値が増加すると、y の値も増加する）なので、$a > 1$ のとき、「$0 < p < q \iff \log_a p < \log_a q$」が成り立ちます（不等号の向きが**同じ**）。

一方、$y = \log_a x$ のグラフは、$0 < a < 1$ のとき右下がり（x の値が増加すると、y の値は**減少**する）なので、$0 < a < 1$ のとき、「$0 < p < q \iff \log_a p > \log_a q$」が成り立ちます（不等号の向きが**反対**）。

指数関数と対数関数

9 対数関数を含む方程式と不等式

ここが
大切！

対数関数 $y = \log_a x$ の底 a が、$a > 1$ か、$0 < a < 1$ のどちらであるかに注意しよう！

 コレで完璧！ ポイント

対数関数を含む方程式と不等式は、3ステップで解こう！

対数関数を含む方程式と不等式は、次の3ステップで解きましょう。

ステップ1 真数 > 0 から、x の範囲を求める

ステップ2 両辺の底をそろえて、方程式、不等式を解く（不等式では、底が1より大きいか小さいかに注意）

ステップ3 **ステップ2** の解と、**ステップ1** の x の範囲をもとに、答えを求める

例題 （1）の方程式と、（2）の不等式を解きましょう。

（1）$\log_4 x = 2$ 　　　　　　　　　　　　（2）$\log_3 (x + 2) < 3$

解答 3ステップで解きましょう。

（1）**ステップ1** 真数 > 0 から、x の範囲を求める

$\log_4 x$ の真数は正なので、$x > 0$ ……❶

ステップ2 両辺の底をそろえて、方程式を解く

右辺の 2 について、$2 = \log_4 4^2 = \log_4 16$ なので、

与えられた方程式は、$\log_4 x = \log_4 16$

よって、$x = 16$

ステップ3 **ステップ2** の解と、**ステップ1** の x の範囲をもとに、答えを求める

$x = 16$ は❶を満たすので、$\underline{x = 16}$

（2）**ステップ1** 真数 > 0 から、x の範囲を求める

$\log_3 (x + 2)$ の真数は正なので、$x + 2 > 0$、　$x > -2$ ……❶

ステップ2 両辺の底をそろえて、不等式を解く（不等式では、底が1より大きいか小さいかに注意）

右辺の 3 について、$3 = \log_3 3^3 = \log_3 27$ なので、

与えられた不等式は、$\log_3 (x + 2) < \log_3 27$

底 3 は 1 より大きいから、$x + 2 < 27$、　$x < 25$ ……❷

ステップ3 **ステップ2** の解と、**ステップ1** の x の範囲をもとに、答えを求める

❶、❷より、$-2 < x < 25$

🖐 練習問題

（1）の方程式と、（2）の不等式を解きましょう。

（1）$\log_2(x-1) + \log_2(x-3) = 3$

（2）$\log_{\frac{1}{7}} x + \log_{\frac{1}{7}}(x-6) \geqq -1$

解答

3ステップで解きましょう。

（1）**ステップ1** 真数 > 0 から、x の範囲を求める

真数は正なので、

$x-1 > 0$　かつ　$x-3 > 0$

$x > 1$　かつ　$x > 3$　なので、$x > 3$ ……❶

ステップ2 両辺の底をそろえて、方程式を解く

右辺の 3 について、$3 = \log_2 2^3 = \log_2 8$ なので、与えられた方程式は、

$\log_2(x-1) + \log_2(x-3) = \log_2 8$

これを変形して、

$\log_2(x-1)(x-3) = \log_2 8$

よって、$(x-1)(x-3) = 8$

$x^2 - 4x + 3 = 8$

$x^2 - 4x - 5 = 0$

$(x+1)(x-5) = 0$

$x = -1、5$

ステップ3 **ステップ2** の解と、**ステップ1** の x の範囲をもとに、答えを求める

❶より、$x > 3$ なので、$x = 5$

（2）**ステップ1** 真数 > 0 から、x の範囲を求める

真数は正なので、$x > 0$　かつ　$x - 6 > 0$

$x > 0$　かつ　$x > 6$　なので、$x > 6$ ……❶

ステップ2 両辺の底をそろえて、不等式を解く（不等式では、底が 1 より大きいか小さいかに注意）

右辺の -1 について、

$$-1 = \log_{\frac{1}{7}}\left(\frac{1}{7}\right)^{-1} = \log_{\frac{1}{7}}\left(\frac{7}{1}\right)^1 = \log_{\frac{1}{7}} 7$$

$$\left(\frac{a}{b}\right)^{-n} = \left(\frac{b}{a}\right)^{n}$$

逆数になる（P117 参照）

与えられた不等式は、

$\log_{\frac{1}{7}} x + \log_{\frac{1}{7}}(x-6) \geqq \log_{\frac{1}{7}} 7$

これを変形して、$\log_{\frac{1}{7}} x(x-6) \geqq \log_{\frac{1}{7}} 7$

底 $\frac{1}{7}$ は 1 より小さいから、

$x(x-6) \leqq 7$　←不等号の向きが変わることに注意！

$x^2 - 6x - 7 \leqq 0$

$(x+1)(x-7) \leqq 0$

$-1 \leqq x \leqq 7$ ……❷

ステップ3 **ステップ2** の解と、**ステップ1** の x の範囲をもとに、答えを求める

❶、❷より、$6 < x \leqq 7$

10 常用対数とは

ここが
大切！

常用対数を使うと、例えば、2^{60} が何桁の数か求められる！

1 常用対数とは

例えば $\log_{10} 5$ のように、**10 を底とする対数**を、常用対数といいます。

🖊 練習問題 1

$\log_{10} 2 = 0.3010$、$\log_{10} 3 = 0.4771$ とするとき、次の値を求めましょう。割り切れない場合は、小数第 5 位を四捨五入して、小数第 4 位までの数にしてください（自己判断で、電卓を使っても OK です）。（2）は、「$\log_{10} 5 = \log_{10} \dfrac{10}{2} = \log_{10} 10 - \log_{10} 2$」の変形を使いましょう。

（1）$\log_{10} 54$　　　　　　（2）$\log_{10} \dfrac{5}{2}$　　　　　　（3）$\log_4 3$

解答

（1）$\log_{10} 54$ の真数 54 を素因数分解すると、

$$54 = 2 \times 3^3 \text{ だから、}$$

$$\log_{10} 54$$
$$= \log_{10} (2 \times 3^3) \qquad 54 = 2 \times 3^3$$
$$= \log_{10} 2 + \log_{10} 3^3 \qquad \log_a MN = \log_a M + \log_a N$$
$$= \log_{10} 2 + 3\log_{10} 3 \qquad \log_a M^r = r\log_a M$$
$$= 0.3010 + 3 \times 0.4771 \qquad \begin{array}{l}\log_{10} 2 = 0.3010、\\ \log_{10} 3 = 0.4771 \text{ を代入}\end{array}$$
$$= \underline{1.7323}$$

（2）　$\log_{10} \dfrac{5}{2} \qquad \log_a \dfrac{M}{N} = \log_a M - \log_a N$

$$= \log_{10} 5 - \log_{10} 2 \qquad \log_{10} 5 = \log_{10} \dfrac{10}{2}$$
$$= \log_{10} \dfrac{10}{2} - \log_{10} 2 \qquad \log_a \dfrac{M}{N}$$
$$= \log_{10} 10 - \log_{10} 2 - \log_{10} 2 \qquad = \log_a M - \log_a N$$
$$= 1 - 2\log_{10} 2$$
$$= 1 - 2 \times 0.3010 \qquad \log_{10} 2 = 0.3010 \text{ を代入}$$
$$= \underline{0.3980}$$

（3）　$\log_4 3 \qquad$ 底の変換公式（底を 10 にする）

$$= \frac{\log_{10} 3}{\log_{10} 4} \qquad \log_{10} 4 = \log_{10} 2^2 = 2\log_{10} 2$$
$$= \frac{\log_{10} 3}{2\log_{10} 2} \qquad \begin{array}{l}\log_{10} 2 = 0.3010、\\ \log_{10} 3 = 0.4771 \text{ を代入}\end{array}$$
$$= \frac{0.4771}{2 \times 0.3010} \qquad 0.4771 \div 0.6020 = 0.79252\cdots$$
$$\fallingdotseq \underline{0.7925}$$

2 桁についての問題

$10 \leqq M < 10^2$ を満たす整数 M は、2 桁の数（例えば、37 は 2 桁の数）です。

$10^2 \leqq M < 10^3$ を満たす整数 M は、3 桁の数（例えば、592 は 3 桁の数）です。

このように考えると、正の整数 n について、

「$10^{n-1} \leqq M < 10^n$ を満たす整数 M は n 桁の数」といえます。

練習問題 2

2^{60} は何桁の整数ですか。ただし、$\log_{10} 2 = 0.3010$ とします。

解答

2^{60} の常用対数を考えると、

$$\log_{10} 2^{60} = 60 \log_{10} 2 = 60 \times 0.3010 = 18.06$$

$\log_a M^r = r \log_a M$

よって、 $18 < \log_{10} 2^{60} < 19$ ……①

$p = \log_a a^p$

$$\log_{10} 10^{18} < \log_{10} 2^{60} < \log_{10} 10^{19}$$

$$10^{18} < 2^{60} < 10^{19}$$

log を外す

ゆえに、2^{60} は 19 桁の整数。

コレで完璧！ ポイント

練習問題 2 をさらにすばやく解く方法とは？

「正の整数 M について、$n-1 \leqq \log_{10} M < n$ を満たす正の整数 n があるとき、M は n 桁の整数である」といえます。

これを知っていれば、練習問題 2 解答の①で、$18 < \log_{10} 2^{60} < 19$ が求められた時点で、答えが「19 桁」とわかります。慣れたらこの解き方を使うのもよいでしょう。

$0.01 \leqq M < 0.1$（$10^{-2} \leqq M < 10^{-1}$）を満たす小数 M は、小数第 2 位に初めて 0 ではない数字が現れます（例えば、0.058）。

$0.001 \leqq M < 0.01$（$10^{-3} \leqq M < 10^{-2}$）を満たす小数 M は、小数第 3 位に初めて 0 ではない数字が現れます（例えば、0.0091）。

このように考えると、正の整数 n について、

「$10^{-n} \leqq M < 10^{-n+1}$ を満たす小数 M は小数第 n 位に初めて 0 ではない数字が現れる」といえます。

また、「正の小数 M について、$-n \leqq \log_{10} M < -n+1$ を満たす正の整数 n があるとき、M は小数第 n 位に初めて 0 ではない数字が現れる」ともいえます。

平均変化率（へいきんへんかりつ）とは

ここが
大切！

関数の平均変化率の求め方をおさえよう！

いろいろな値をとる文字を、**変数**といいます（一方、**一定の数やそれを表す文字を、定数**といいます）。**2つの変数 x、y があって、x の値を決めると、それに対応して y の値がただ1つ決まるとき、y は x の関数である**といいます。y が x の関数であることを、$y = f(x)$ のように表すこともあります。

また、平均変化率（へいきんへんかりつ）とは、中学校の数学で学んだ「変化の割合」と同じ意味と考えてかまいません。

「変化の割合 $= \dfrac{y\text{ の増加量}}{x\text{ の増加量}} \left(= \dfrac{y\text{ の変化量}}{x\text{ の変化量}} \right)$」でしたね。

例題　関数 $f(x) = x^2$ において、x の値が 0 から 2 まで変化するときの平均変化率を求めましょう。

解答

$y = f(x)$ とします。x の変化量は、$2 - 0 = 2$ です。

y の変化量は、「x^2 の x に 2 を代入した値 $f(2)$」から、「x^2 の x に 0 を代入した値 $f(0)$」を引けば求められます。

$$\text{平均変化率} = \frac{y\text{ の変化量}}{x\text{ の変化量}} = \frac{f(2) - f(0)}{2 - 0} = \frac{2^2 - 0^2}{2 - 0} = \frac{4 - 0}{2} = \frac{4}{2} = \underline{2}$$

 コレで完璧！ポイント

平均変化率は、グラフ上の2点を結ぶ
直線の傾きを表す！
A$(0, 0)$、B$(2, 4)$ として、**例題** をグラフに
表すと、右のようになります。
例題 で求めた、平均変化率 (2) は、直線
AB の傾きを表しています。

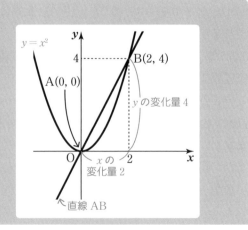

同様に、関数 $y=f(x)$ 上の2点を、A$(a, f(a))$、B$(b, f(b))$ として、x の値が a から b まで変化するときの平均変化率は、次のように表されます。

$$平均変化率 = \frac{y \text{の変化量}}{x \text{の変化量}} = \frac{f(b)-f(a)}{b-a}$$

このとき、平均変化率は、直線 AB の傾きを表していることをおさえましょう。

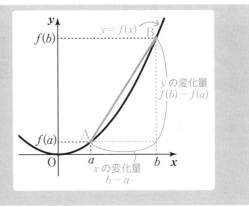

ここで、平均変化率 $\dfrac{f(b)-f(a)}{b-a}$ について、$h=b-a$ とおきかえることを考えてみましょう。

$h=b-a$ を変形させると、$b=a+h$ になるので、次のように代入します。

$b=a+h$ を代入

$$\frac{f(b)-f(a)}{b-a} = \frac{f(a+h)-f(a)}{h}$$

$b-a=h$ を代入

平均変化率が $\dfrac{f(a+h)-f(a)}{h}$ という形に変わりました。これは、関数 $y=f(x)$ の、x の値が a から $a+h$ まで変化するときの平均変化率（＝右の図の直線 PQ の傾き）を表しています。

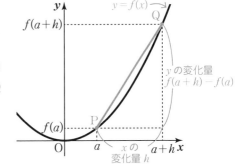

PART
6

微分

✎ **練習問題**

関数 $f(x)=x^2$ において、x の値が 3 から $3+h$ まで変化するときの平均変化率を求めましょう。

解答

$$\frac{f(3+h)-f(3)}{h}$$

$f(x)=x^2$ なので、
$f(3+h)=(3+h)^2$、$f(3)=3^2$

$$=\frac{(3+h)^2-3^2}{h}$$

（分子）$=9+6h+h^2-9=6h+h^2$

$$=\frac{6h+h^2}{h}$$

分子を因数分解

$$=\frac{\overset{1}{h}(6+h)}{h_1}$$

← h を約分

$$=6+h$$

2 極限値と微分係数

<blockquote>
ここが大切！

順を追って、自分のペースで読んでいけば、**極限値**と**微分係数**について理解できる！
</blockquote>

前ページの で、関数 $f(x) = x^2$ において、x の値が 3 から $3 + h$ まで変化するときの平均変化率 $6 + h$ を求めました。この $6 + h$ について、h の値を 0 に限りなく近づけていくと、次の表のように、$6 + h$ の値が 6 に限りなく近づくことがわかります。

　　　　　　　　hを限りなく0に近づける　　　　　　　　　　hを限りなく0に近づける

h	-0.1	-0.01	$\cdots$	0	$\cdots$	0.01	0.1
$6 + h$	5.9	5.99	$\cdots$	6	$\cdots$	6.01	6.1

　　　　　　$6+h$は限りなく6に近づく　　　　　　　　　$6+h$は限りなく6に近づく

この値 6 を、h が 0 に限りなく近づくときの、$6 + h$ の**極限値**といい、記号 $\lim$（読み方は、リミット）を使って、次のように表します。

$$\lim_{h \to 0}(6 + h) = 6$$
h が限りなく 0 に近づくことを表す

※ $\lim_{h \to 0}$ の読み方は、「リミット エイチ 矢印 ゼロ」「リミット エイチ アプローチ ゼロ」などです。

<blockquote>
🕊 **コレで完璧！ ポイント**

極限値のスムーズな求め方とは？
極限値の正しい意味は上記の通りで、$\lim$ を使った計算では本来、その意味を考えながら解く必要があります。でも、例えば、$\lim_{h \to 0}(2 + h)$ の値を求めたい場合は、矢印の先の 0 を h に代入して、$\lim_{h \to 0}(2 + h) = 2 + 0 = 2$ と求められます。式の意味はしっかり理解しながらも、計算ではスムーズに解いていきましょう。
</blockquote>

P123 で、関数 $y = f(x)$ の、x の値が a から $a + h$ まで変化するときの平均変化率は、$\dfrac{f(a+h) - f(a)}{h}$ であると述べました。また、$\dfrac{f(a+h) - f(a)}{h}$ は、右の **図1** の直線 PQ の傾きを表しています。

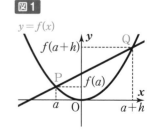

図1

同じ 図1 の状態から、h を 0 に限りなく近づけると、次の図のように変化していきます。

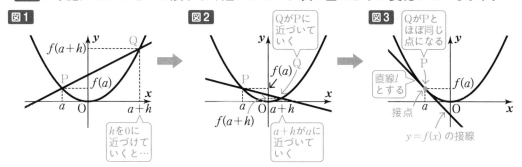

このように、点 Q が点 P に近づいていき、最終的には点 Q は点 P とほぼ同じ点になります（図3）。図3 では、曲線 $y = f(x)$ と直線 l が、点 P で接しています。この直線 l を、点 P における曲線 $y = f(x)$ の接線といい、点 P を接点といいます。

点 $P(a, f(a))$ における接線 l の傾きを、$f'(a)$ と表し、これを微分係数といいます。また、微分係数 $f'(a)$ は、「h を 0 に限りなく近づけたとき（$\lim\limits_{h \to 0}$）」の「平均変化率（$\dfrac{f(a+h)-f(a)}{h}$）」なので、次の式で表せます。

$$f'(a) = \lim_{h \to 0} \frac{f(a+h)-f(a)}{h}$$

微分係数
（＝接線の傾き）　　　h を限り　平均変化率
　　　　　　　　　なく 0 に
　　　　　　　　　近づける

まとめると、関数 $y = f(x)$ のグラフ上の点 $(a, f(a))$ における接線の傾きは、微分係数 $f'(a)$ になります。

🖐 練習問題

曲線 $f(x) = x^2$ 上の点 $(4, 16)$ における接線の傾きを求めましょう。

解答

$f(x) = x^2$ のグラフ上の点 $(a, f(a))$ における接線の傾きは、微分係数 $f'(a) = \lim\limits_{h \to 0} \dfrac{f(a+h)-f(a)}{h}$ になります。

同様に、$f(x) = x^2$ のグラフ上の点 $(4, 16)$ における接線の傾きは、

微分係数 $f'(4) = \lim\limits_{h \to 0} \dfrac{f(4+h)-f(4)}{h}$ なので、

$$f'(4) = \lim_{h \to 0} \frac{f(4+h)-f(4)}{h} = \lim_{h \to 0} \frac{(4+h)^2-4^2}{h} = \lim_{h \to 0} \frac{8h+h^2}{h} = \lim_{h \to 0} \frac{h(8+h)}{h} = \lim_{h \to 0}(8+h) = 8+0 = 8$$

$f(x) = x^2$ なので、
$f(4+h) = (4+h)^2$、$f(4) = 4^2$

（分子）$= 16 + 8h + h^2 - 16$
　　　$= 8h + h^2$

h を約分

3 関数を微分(びぶん)する ①

「導関数を求める」のと「微分する」のは意味が同じであることを知ろう！

1 導関数(どうかんすう)を求める（＝微分(びぶん)する）

> **導関数の定義**
>
> $$f'(x) = \lim_{h \to 0} \frac{f(x+h) - f(x)}{h}$$
>
> ※言葉の意味をはっきりと述べたものを、定義といいます。

新しい関数が出てきて戸惑った方もいるかもしれませんが、導関数は、表面上、微分係数 $f'(a) = \lim_{h \to 0} \frac{f(a+h) - f(a)}{h}$ の、「a」を「x」にかえただけのものです。

ところで、「′（ダッシュ）」がついていない $f(x)$ を微分すると、$f'(x)$ になります（このように、**導関数を求めることを、「微分する」**といいます）。そして、$f'(x)$ に、$x = a$ を代入したものが、微分係数（＝接線の傾き）の $f'(a)$ です。

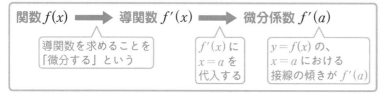

練習問題1

導関数の定義 $f'(x) = \lim_{h \to 0} \frac{f(x+h) - f(x)}{h}$ にしたがって、次の関数を微分しましょう。

（1）$f(x) = x$ （2）$f(x) = x^2$ （3）$f(x) = x^3$

解き方のコツ （3）は、乗法公式 $(a+b)^3 = a^3 + 3a^2 b + 3ab^2 + b^3$ を使いましょう。

（1） $f'(x) = \lim_{h \to 0} \dfrac{f(x+h) - f(x)}{h}$

$= \lim_{h \to 0} \dfrac{x + h - x}{h}$ ← $f(x) = x$ なので、$f(x+h) = x + h$

$= \lim_{h \to 0} \dfrac{\overset{1}{\cancel{h}}}{\underset{1}{\cancel{h}}}$ ← h を約分

$= \lim_{h \to 0} 1$

$= \underline{1}$ ← h が 0 に近づいても 1 は 1 のまま

（2） $f'(x) = \lim_{h \to 0} \dfrac{f(x+h) - f(x)}{h}$

$= \lim_{h \to 0} \dfrac{(x+h)^2 - x^2}{h}$ ← $f(x) = x^2$ なので、$f(x+h) = (x+h)^2$

（分子）$= x^2 + 2xh + h^2 - x^2 = 2xh + h^2$

$= \lim_{h \to 0} \dfrac{2xh + h^2}{h}$

分子を因数分解

$= \lim_{h \to 0} \dfrac{\overset{1}{\cancel{h}}(2x + h)}{\underset{1}{\cancel{h}}}$ ← h を約分

$= \lim_{h \to 0} (2x + h) = 2x + 0 = \underline{2x}$

（3） $f'(x) = \lim_{h \to 0} \dfrac{f(x+h) - f(x)}{h}$

$= \lim_{h \to 0} \dfrac{(x+h)^3 - x^3}{h}$ ← $f(x) = x^3$ なので、$f(x+h) = (x+h)^3$

$= \lim_{h \to 0} \dfrac{x^3 + 3x^2 h + 3xh^2 + h^3 - x^3}{h}$

$(a+b)^3 = a^3 + 3a^2 b + 3ab^2 + b^3$

（分子）$= 3x^2 h + 3xh^2 + h^3$
$\qquad = h(3x^2 + 3xh + h^2)$

$= \lim_{h \to 0} \dfrac{\overset{1}{\cancel{h}}(3x^2 + 3xh + h^2)}{\underset{1}{\cancel{h}}}$ ← h を約分

$= \lim_{h \to 0} (3x^2 + 3xh + h^2) = 3x^2 + 3x \cdot 0 + 0^2 = \underline{3x^2}$

PART
6

微分（びぶん）

⭐ **コレで完璧！ ポイント**

$f'(x)$ の他の表し方がある！

$y = f(x)$ の導関数である $f'(x)$ には、他にも、y' や、$\dfrac{dy}{dx}$（読み方は、ディーワイ ディーエックス）などの表し方があります。$\dfrac{dy}{dx}$ などは慣れない記号だと思いますが、$f'(x)$ と同じ意味なので、出てきてもあせらないようにしましょう。

また、 🖊**練習問題1**（2）で、「$f(x) = x^2$ を微分して、$f'(x) = 2x$」にしましたが、これを、$(x^2)' = 2x$ と書くこともあります。 🖊**練習問題1** の（1）なら $(x)' = 1$、（3）なら、$(x^3)' = 3x^2$ となります。

4 関数を微分する 2

ここが
大切！

公式を使った微分に慣れていこう！

2 公式を使って微分する

ここでもう一度、P126の ✋練習問題1 の（2）（3）に注目しましょう。

（2）$(x^2)' = 2x^1 = 2x$
1へる
そのまま

x^2 を微分すると、$2x$

（3）$(x^3)' = 3x^2$
1へる
そのまま

x^3 を微分すると、$3x^2$

これにより、次の公式が成り立ちます。

n を正の整数とすると、
1へる
$(x^n)' = nx^{n-1}$ 【例】$(x^4)' = 4x^3$
そのまま
x^n を微分すると、nx^{n-1}

また、定数（一定の数やそれを表す文字）を微分すると、次のようになります。

c を定数とすると、
$(c)' = 0$ 【例】$(5)' = 0$
定数 c を微分すると、0

✋ **練習問題2**

$(x^n)' = nx^{n-1}$ または、$(c)' = 0$ を使って、次の関数を微分しましょう。

（1）$y = x^5$ （2）$y = x^{11}$ （3）$y = 2$

解答
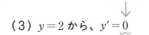

（1）$y = x^5$ から、$y' = 5x^4$ （2）$y = x^{11}$ から、$y' = 11x^{10}$ （3）$y = 2$ から、$y' = 0$

そのまま 1へる（1）（2）　（定数）$' = 0$（3）

さらに次の3つの公式（❶〜❸）をおさえよう！

❶ k を定数とすると、

定数はそのまま
$$\{k\,f(x)\}' = k\,f'(x)$$
$f(x)$ は微分する

$k\,f(x)$ を微分すると、$k\,f'(x)$

定数はそのまま
【例】 $(2x^3)' = 2 \cdot 3x^2 = 6x^2$
x^3 は微分する

---

❷ $\{f(x) + g(x)\}' = f'(x) + g'(x)$

$f(x) + g(x)$ を微分すると、$f'(x) + g'(x)$

【例】 $(2x^2 + 7x)' = (2x^2)' + (7x)'$
$$= 2 \cdot 2x + 7 \cdot 1 = 4x + 7$$

---

❸ $\{f(x) - g(x)\}' = f'(x) - g'(x)$

$f(x) - g(x)$ を微分すると、$f'(x) - g'(x)$

【例】 $(x^3 - 5x^2)' = (x^3)' - (5x^2)'$
$$= 3x^2 - 5 \cdot 2x = 3x^2 - 10x$$

練習問題3

次の関数を微分しましょう。

（1） $y = 3x^2$ 　　　　　（2） $y = 7x$ 　　　　　（3） $y = 5x^5$

解答

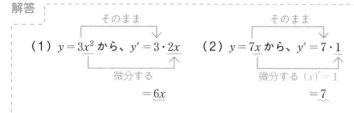

（1） $y = 3x^2$ から、$y' = 3 \cdot 2x$
そのまま／微分する
$$= 6x$$

（2） $y = 7x$ から、$y' = 7 \cdot 1$
そのまま／微分する $(x)' = 1$
$$= 7$$

（3） $y = 5x^5$ から、$y' = 5 \cdot 5x^4$
そのまま／微分する
$$= 25x^4$$

練習問題4

次の関数を微分しましょう。

（1） $y = x^2 - 3x + 5$ 　　　　　　　　（2） $y = -3x^3 + 6x^2 - 8$

解答

（1） $y' = (x^2 - 3x + 5)'$
$$= (x^2)' - (3x)' + (5)'$$
$\{f(x) - g(x)\}' = f'(x) - g'(x)$
$\{f(x) + g(x)\}' = f'(x) + g'(x)$
$$= 2x - 3 \cdot 1 + 0$$
$$= 2x - 3$$

（2） $y' = (-3x^3 + 6x^2 - 8)'$
$$= (-3x^3)' + (6x^2)' - (8)'$$
$\{f(x) + g(x)\}' = f'(x) + g'(x)$
$\{f(x) - g(x)\}' = f'(x) - g'(x)$
$$= -3 \cdot 3x^2 + 6 \cdot 2x - 0$$
$$= -9x^2 + 12x$$

5 関数を微分する ③

ここが
大切！

関数を微分する計算を練習しよう！

🕊 コレで完璧！ ポイント

途中式をできるだけ省略して、すばやく計算！

P129 の 練習問題4（2）は、次のようにして解きました。

$$y = -3x^3 + 6x^2 - 8 \quad \cdots\cdots ①$$
$$y' = (-3x^3 + 6x^2 - 8)' \quad \cdots\cdots ②$$
$$= (-3x^3)' + (6x^2)' - (8)' \quad \cdots\cdots ③$$
$$= -3 \cdot 3x^2 + 6 \cdot 2x - 0 \quad \cdots\cdots ④$$
$$= \underline{-9x^2 + 12x} \quad \cdots\cdots ⑤$$

初めのうちは、計算の意味を理解するためにも、ひとつずつ順をふみながら解くことも大事です。でも慣れてきたら、②〜④の途中式は書かずに解けるように練習していきましょう。最終的には、①から直接、⑤の答えをすばやく正確に導くことを目標にしてください（③〜④の定数の微分「$(8)' = 0$」も今後省きます）。

✍ 練習問題5

次の関数を微分しましょう。

（1）$y = -6x^5 - 2x^4 + x^2 - 3x + 3$

（2）$y = \dfrac{2}{3}x^3 + \dfrac{3}{2}x^2 - x - 7$

（3）$y = (2x - 1)(3x - 1)$

（4）$y = (4x + 5)(x^2 - 3)$

解き方のコツ　（3）、（4）は、右辺を展開してから微分しましょう。

解答

（1）$y' = -6 \cdot 5x^4 - 2 \cdot 4x^3 + 2x - 3$
$\qquad = \underline{-30x^4 - 8x^3 + 2x - 3}$

（2）$y' = \dfrac{2}{3} \cdot 3x^2 + \dfrac{3}{2} \cdot 2x - 1$
$\qquad = \underline{2x^2 + 3x - 1}$

（3）$y = (2x - 1)(3x - 1) = 6x^2 - 2x - 3x + 1$
$\qquad = 6x^2 - 5x + 1$
$\qquad y' = 6 \cdot 2x - 5 = \underline{12x - 5}$

（4）$y = (4x + 5)(x^2 - 3) = 4x^3 + 5x^2 - 12x - 15$
$\qquad y' = 4 \cdot 3x^2 + 5 \cdot 2x - 12$
$\qquad = \underline{12x^2 + 10x - 12}$

3 ここまでのまとめ

「平均変化率とは（P122）」から、左ページまでの流れをややこしく感じた方もいるでしょう。そこで、ここまでを習った順にまとめると、次のような流れになります。この流れが理解できれば、微分の基礎は OK です。

①平均変化率（直線の傾き） $\dfrac{f(b)-f(a)}{b-a}$ $\longrightarrow$ $\dfrac{f(a+h)-f(a)}{h}$

$h=b-a$ とおく

↓

②極限値　　【例】$\displaystyle\lim_{x\to 3}(2x-1)=2\cdot 3-1=5$

↓

③微分係数（接線の傾き） … ① $\dfrac{f(a+h)-f(a)}{h}$ と② $\displaystyle\lim_{h\to 0}$ の合体

→ $f'(a)=\displaystyle\lim_{h\to 0}\dfrac{f(a+h)-f(a)}{h}$

↓

④導関数を求める（＝微分する）

→ $f'(x)=\displaystyle\lim_{h\to 0}\dfrac{f(x+h)-f(x)}{h}$

↓

⑤公式を使って微分する

【例】関数 $y=-3x^3+6x^2-8$ を微分しましょう。

→ $y'=-3\cdot(3x^2)+6\cdot 2x=-9x^2+12x$

繰り返しになりますが、$f(x)$、$f'(x)$、$f'(a)$ の関係は、次の通りです。

関数 $f(x)$ ⟹ 導関数 $f'(x)$ ⟹ 微分係数 $f'(a)$

導関数を求めることを「微分する」という

$f'(x)$ に $x=a$ を代入する

$y=f(x)$ の、$x=a$ における接線の傾きが $f'(a)$

次の項目からは、このように、「関数 $f(x)$ を微分して $f'(x)$ にする→$f'(x)$ に $x=a$ を代入→接線の傾きを求める」という流れで解く問題などを学んでいきます。

6 接線の方程式

関数 $y=f(x)$ の接線の方程式は、3ステップで求めよう！

まず、P58で習った、直線の方程式を思い出しましょう。

> **1点を通り、傾きが m の直線**
> 点 (x_1, y_1) を通り、傾きが m の直線の方程式は、
> $$y - y_1 = m(x - x_1)$$

そのうえで、次の 🔥 **コレで完璧！ ポイント** をみてください。

🔥 **コレで完璧！ ポイント**

接線の方程式を求める3ステップ！
関数 $y=f(x)$ のグラフ上の点 (x_1, y_1) における接線の方程式は、次の3ステップで求めましょう。

ステップ1 y を $f(x)$ とおいて、$f'(x)$ を求める（微分する）

ステップ2 $f'(x)$ に、$x = x_1$ を代入して、接線の傾き $f'(x_1)$ を求める

ステップ3 点 (x_1, y_1) を通ることと、**ステップ2** で求めた傾きから、接線の方程式 「$y - y_1 =$ 傾き $\times (x - x_1)$」 を求める

例題 関数 $y = x^2 - 4x + 2$ のグラフ上の点 $(3, -1)$ における接線の方程式を求めましょう。

解答

3ステップで求めましょう。

ステップ1 y を $f(x)$ とおいて、$f'(x)$ を求める（微分する）

$f(x) = x^2 - 4x + 2$ とおくと、

$\quad f'(x) = 2x - 4$

ステップ2 $f'(x)$ に、$x = x_1$ を代入して、接線の傾き $f'(x_1)$ を求める

点 $(3, -1)$ における接線の傾きを求めるために、$f'(x) = 2x - 4$ に、$x = 3$ を代入すると、

$\quad f'(3) = 2 \cdot 3 - 4 = 6 - 4 = 2$ 　　…… 接線の傾きが 2 と求められた

点 $(3, -1)$ を通り、傾きが 2 の直線の方程式は、

$$y + 1 = 2(x - 3)$$

したがって、接線の方程式は、$\underline{\boldsymbol{y = 2x - 7}}$

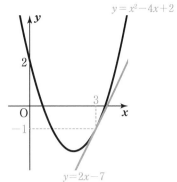
$y = x^2 - 4x + 2$
$y = 2x - 7$

🖐 練習問題

点 $(-1, 2)$ から、関数 $y = x^2 + 5$ のグラフに引いた接線の方程式を求めましょう。

解き方のコツ 接点の x 座標を a とおくと、接点の座標は $(a, a^2 + 5)$ です。接点 $(a, a^2 + 5)$ を通る接線（直線）が、点 $(-1, 2)$ を通ります。なので、接線（直線）の方程式に、$x = -1$、$y = 2$ を代入し、a の値を求めて解いていきましょう。

解答

接点の x 座標を a とおきます。接点は関数 $y = x^2 + 5$ のグラフを通るので、接点の座標は $(a, a^2 + 5)$

$f(x) = x^2 + 5$ とおくと、

$$f'(x) = 2x$$

$x = a$ における接線の傾きを求めるために、$f'(x) = 2x$ に、$x = a$ を代入すると、

$$f'(a) = 2a \quad \cdots\cdots \quad \text{接線の傾きが } 2a \text{ と求められた}$$

点 $(a, a^2 + 5)$ を通り、傾きが $2a$ の直線の方程式は、

$$y - (a^2 + 5) = 2a(x - a) \quad \text{← 展開する}$$
$$y - a^2 - 5 = 2ax - 2a^2 \quad \text{← } -a^2 - 5 \text{ を右辺に移項}$$
$$y = 2ax - 2a^2 + a^2 + 5$$
$$y = 2ax - a^2 + 5 \quad \cdots\cdots ❶$$

$y = \sim$ の形にしておくことで後の計算が楽になる

❶が点 $(-1, 2)$ を通るので、❶に $x = -1$、$y = 2$ を代入すると、

$$2 = -2a - a^2 + 5 \quad \text{← 右辺を左辺に移項して整理}$$
$$a^2 + 2a - 3 = 0$$
$$(a + 3)(a - 1) = 0$$
$$a = -3, 1$$

$a = -3$ を❶に代入すると、

$$y = 2 \cdot (-3) \cdot x - (-3)^2 + 5 = -6x - 9 + 5 = -6x - 4$$

$a = 1$ を❶に代入すると、

$$y = 2 \cdot 1 \cdot x - 1^2 + 5 = 2x - 1 + 5 = 2x + 4$$

したがって、接線の方程式は、$\underline{y = -6x - 4}$、$\underline{y = 2x + 4}$

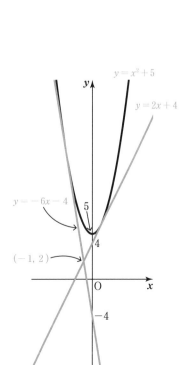
$y = x^2 + 5$
$y = 2x + 4$
$y = -6x - 4$
$(-1, 2)$

PART
6
微分（びぶん）

7 3次関数のグラフ 1

ここが
大切！

3次関数のグラフをかくときの、3つのポイントをおさえよう！

コレで完璧！ ポイント

まず、3次関数の意味をおさえよう！

例えば、$y = x^3 + 3x^2 - x + 2$ などのように、**y が x の3次式で表される**とき、y は x の**3次関数**といいます。a、b、c、d を定数（一定の数や、それを表す文字）とするとき、x の3次関数は、

$$y = ax^3 + bx^2 + cx + d \quad (a \neq 0)$$

という形で表されます。

3次関数のグラフをかくために、次の3つのポイントをおさえましょう。

ポイント 1 接線の傾きと、関数 $f(x)$ の増減

・関数 $y = f(x)$ のグラフにおいて、$f'(x) > 0$ のとき、接線の傾きは正（＋）で、$y = f(x)$ のグラフは右上がりになります。

・一方、関数 $y = f(x)$ のグラフにおいて、$f'(x) < 0$ のとき、接線の傾きは負（－）で、$y = f(x)$ のグラフは右下がりになります。

・$f'(x) > 0$ のとき

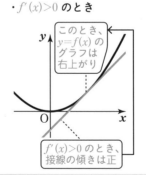

このとき、$y = f(x)$ のグラフは右上がり

$f'(x) > 0$ のとき、接線の傾きは正

・$f'(x) < 0$ のとき

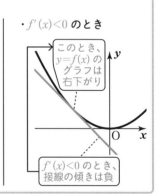

このとき、$y = f(x)$ のグラフは右下がり

$f'(x) < 0$ のとき、接線の傾きは負

ポイント 2 極大値と極小値

・関数 $y = f(x)$ が、$x = p$ を境にして、**増加から減少に変わ**るとき、$f(x)$ は $x = p$ で **極大** であるといい、$f(p)$ を **極大値** といいます。

・一方、関数 $y = f(x)$ が、$x = q$ を境にして、**減少から増加**に変わるとき、$f(x)$ は $x = q$ で **極小** であるといい、$f(q)$ を **極小値** といいます。

・極大値と極小値をあわせて、**極値** といいます。

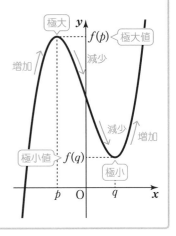

ポイント 3 $x = p$ で極値をとるときの、$f'(p)$ の値

・関数 $y = f(x)$ が、$x = p$ で 極値 を とる とき、$f'(p) = 0$ です（$x = p$ を 境 に して、$f'(x)$ の正負が変わるため）。

例題   関数 $f(x) = x^3 - 6x^2 + 9x - 2$ の極値を求めて、グラフをかきましょう。

解答   （ 解答 は次のページまで続きます。）

$y = f(x)$ として、$f(x) = x^3 - 6x^2 + 9x - 2$ を微分すると、

$$f'(x) = 3x^2 - 12x + 9 = 3(x^2 - 4x + 3) = 3(x - 1)(x - 3)$$

グラフが右上がりになるのは、$f'(x) = 3(x-1)(x-3) > 0$ のときなので、これを解くと

$3(x-1)(x-3) > 0$ 〕両辺を 3 で割る
$(x-1)(x-3) > 0$ 〕$\alpha < \beta$ のとき、$(x-\alpha)(x-\beta) > 0$ の解は、$x < \alpha$、$\beta < x$
$x < 1$、$3 < x$ ←
　　↑ この範囲で、$y = f(x)$ のグラフは右上がり

一方、グラフが右下がりになるのは、$f'(x) = 3(x-1)(x-3) < 0$ のときなので、これを解くと

$(x-1)(x-3) < 0$
$1 < x < 3$ ← 〕$\alpha < \beta$ のとき、$(x-\alpha)(x-\beta) < 0$ の解は、$\alpha < x < \beta$
　　↑ この範囲で、$y = f(x)$ のグラフは右下がり

これを整理すると、次のページのような表になります（このような表を、**増減表** といいます）。

PART 6

微分

135

8 3次関数のグラフ ②

ここが
大切！

増減表から、3次関数のグラフをかけるようになろう！

増減表のかき方 （前ページの 解答 の続き）

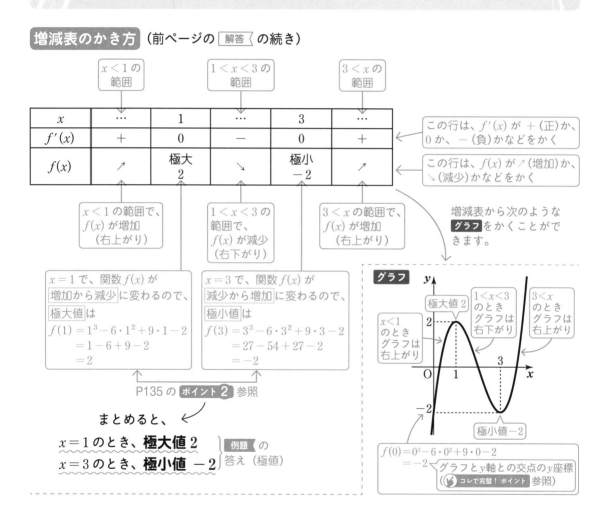

$x<1$の
範囲

$1<x<3$の
範囲

$3<x$の
範囲

x	$\cdots$	1	$\cdots$	3	$\cdots$
$f'(x)$	$+$	0	$-$	0	$+$
$f(x)$	$\nearrow$	極大 2	$\searrow$	極小 -2	$\nearrow$

この行は、$f'(x)$ が $+$（正）か、
0 か、$-$（負）かなどをかく

この行は、$f(x)$ が $\nearrow$（増加）か、
$\searrow$（減少）かなどをかく

$x<1$の範囲で、
$f(x)$ が増加
（右上がり）

$1<x<3$の
範囲で、
$f(x)$ が減少
（右下がり）

$3<x$の範囲で、
$f(x)$ が増加
（右上がり）

増減表から次のような
グラフ をかくことがで
きます。

$x=1$で、関数 $f(x)$ が
増加から減少に変わるので、
極大値は
$$f(1)=1^3-6\cdot1^2+9\cdot1-2$$
$$=1-6+9-2$$
$$=2$$

$x=3$で、関数 $f(x)$ が
減少から増加に変わるので、
極小値は
$$f(3)=3^3-6\cdot3^2+9\cdot3-2$$
$$=27-54+27-2$$
$$=-2$$

P135 の ポイント2 参照

まとめると、

$x=1$のとき、**極大値 2**
$x=3$のとき、**極小値 -2**

例題 の
答え（極値）

グラフ

極大値2

$1<x<3$
のとき
グラフは
右下がり

$3<x$
のとき
グラフは
右上がり

$x<1$
のとき
グラフは
右上がり

極小値-2

$$f(0)=0^3-6\cdot0^2+9\cdot0-2$$
$$=-2$$

グラフと y 軸との交点の y 座標
（ **コレで完璧！ ポイント** 参照）

コレで完璧！ ポイント

グラフと y 軸との交点の y 座標を記入しよう！

例題 で、$f(x) = x^3 - 6x^2 + 9x - 2$ に、$x = 0$ を代入すると、$f(0) = -2$ となります。これは、グラフが y 軸上の点 $(0, -2)$ を通ることを意味します。

この場合、曲線 $y = f(x)$ と y 軸との交点の y 座標 -2 を、グラフに記入してください。
一般に、3次関数 $f(x) = ax^3 + bx^2 + cx + d$ では、$f(0) = d$ となり、グラフは点 $(0, d)$ を通るので、y 座標 d をグラフに書き入れるようにしましょう。

練習問題 1

関数 $f(x) = -x^3 + 3x^2 - 1$ の極値を求めて、グラフをかきましょう。

解答

$y = f(x)$ として、$f(x) = -x^3 + 3x^2 - 1$ を微分すると、

$f'(x) = -3x^2 + 6x = -3x(x-2)$

グラフが右上がりになるのは、$f'(x) = -3x(x-2) > 0$ のときなので、これを解くと、

$-3x(x-2) > 0$ 　両辺を -3 で割る
$x(x-2) < 0$ 　（負の数で割ると、不等号の向きが変わる）
$0 < x < 2$ 　$\alpha < \beta$ のとき、$(x-\alpha)(x-\beta) < 0$ の解は、$\alpha < x < \beta$

一方、グラフが右下がりになるのは、$f'(x) = -3x(x-2) < 0$ のときなので、これを解くと、

$-3x(x-2) < 0$ 　両辺を -3 で割る
$x(x-2) > 0$ 　（負の数で割ると、不等号の向きが変わる）
$x < 0、2 < x$ 　$\alpha < \beta$ のとき、$(x-\alpha)(x-\beta) > 0$ の解は、$x < \alpha$、$\beta < x$

これを増減表に表すと、次のようになります。

x	$\cdots$	0	$\cdots$	2	$\cdots$
$f'(x)$	$-$	0	$+$	0	$-$
$f(x)$	$\searrow$	極小 -1	$\nearrow$	極大 3	$\searrow$

$f(0) = -0^3 + 3 \cdot 0^2 - 1$
$\quad = 0 + 0 - 1$
$\quad = -1$

$f(2) = -2^3 + 3 \cdot 2^2 - 1$
$\quad = -8 + 12 - 1$
$\quad = 3$

増減表から、$x = 0$ のとき、極小値 -1
　　　　　　$x = 2$ のとき、極大値 3

増減表から、次のようにグラフをかくことができます。

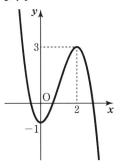

9 3次関数のグラフ 3

ここが
大切！

$f'(a) = 0$ であっても、$f(a)$ は必ずしも極値になるわけではない
ことをおさえよう！

🖐 練習問題2

関数 $f(x) = x^3 + 3x^2 + 3x + 2$ の極値を求めて、グラフをかきましょう。

解答

$y = f(x)$ として、$f(x) = x^3 + 3x^2 + 3x + 2$ を微分すると、

$$f'(x) = 3x^2 + 6x + 3 = 3(x^2 + 2x + 1) = 3(x + 1)^2$$

$x + 1$ は実数で、$(実数)^2 \geq 0$ なので（P28 の 🦅 コレで完璧！ポイント を参照）、

$$f'(x) = 3(x + 1)^2 \geq 0$$

$x = -1$ のとき、$f'(-1) = 0$ ですが、$x = -1$ 以外では、$f'(x)$ は正になります。これを増減表に表すと、次のようになります。

x	$\cdots$	-1	$\cdots$
$f'(x)$	$+$	0	$+$
$f(x)$	↗	1	↗

$$f(-1) = (-1)^3 + 3 \cdot (-1)^2 + 3 \cdot (-1) + 2$$
$$= -1 + 3 - 3 + 2 = 1$$

増減表から、次のようにグラフをかくことができます。

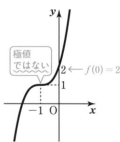

点 $(-1, 1)$ は、増加から増加への途中の点なので、極値ではありません。
だから、「極値はない」が答えになります。

 コレで完璧！ポイント

$f'(a) = 0$ なら、$f(a)$ は必ず極値になるのか？

🖐 練習問題2 のように、$f'(a) = 0$ であっても、$f(a)$ は必ずしも極値になるわけではないことに注意してください。

逆に、$f(a)$ が極値のとき、必ず $f'(a) = 0$ になることもおさえましょう。

👆 **練習問題3**

関数 $f(x) = 2x^3 + 2ax^2 + b$ が、$x = -2$ で極大値 3 をとるとき、定数 a、b の値を求めましょう。

解答

$y = f(x)$ として、$f(x) = 2x^3 + 2ax^2 + b$ を微分すると、

$$f'(x) = 6x^2 + 4ax$$

$x = -2$ で極大値 3 をとるので、

$$f'(-2) = 0 \quad \cdots\cdots ❶$$
$$f(-2) = 3 \quad \cdots\cdots ❷$$

❶ より、$f'(-2) = 6 \cdot (-2)^2 + 4a \cdot (-2)$
$$= 6 \cdot 4 - 8a = 24 - 8a = 0$$

これを解くと、$a = 3$

❷ より、$f(-2) = 2 \cdot (-2)^3 + 2a \cdot (-2)^2 + b$
$$= 2 \cdot (-8) + 2a \cdot 4 + b$$
$$= -16 + 8a + b = 3$$

❶ より、$a = 3$ なので、
$$-16 + 8 \cdot 3 + b = 3$$

これを解いて、$b = -5$

（※に続く）

※ このとき、$f(x) = 2x^3 + 2 \cdot 3 \cdot x^2 - 5 = 2x^3 + 6x^2 - 5$
$$f'(x) = 6x^2 + 12x = 6x(x + 2)$$

よって、$f(x)$ の増減表は、次のようになります。

x	$\cdots$	-2	$\cdots$	0	$\cdots$
$f'(x)$	$+$	0	$-$	0	$+$
$f(x)$	↗	極大 3	↘	極小 -5	↗

$f(-2) = 2 \cdot (-2)^3 + 6 \cdot (-2)^2 - 5$
$$= 2 \cdot (-8) + 6 \cdot 4 - 5$$
$$= -16 + 24 - 5$$
$$= 3$$

$f(0) = -5$

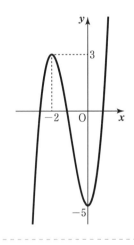

増減表から、$f(x)$ は、$x = -2$ で極大値 3 をとり、条件を満たします。

したがって、$a = 3$、$b = -5$

注意！「 👆**練習問題3** の解答の※の時点で、$a = 3$、$b = -5$ が求められているのに、改めてなぜ増減表をかくの？」と思った方もいるかもしれません。

🔧 **コレで完璧！ ポイント** で述べた通り、$f'(a) = 0$ であっても、$f(a)$ は必ず極値になるわけではありません。

そのため、※以下で、$f(-2)$ が極大値になることを確かめているわけです。例えばテストの解答で、※以下の部分を書かないと減点になることもあるので、気を付けましょう。

PART
6

微分

10 関数の最大と最小

最大値と最小値を求める問題も、増減表をかいて解く流れは同じ！

まず、定義域（ていぎいき）と値域（ちいき）、最大値と最小値について確認しましょう。

コレで完璧！ ポイント

定義域（ていぎいき）と値域（ちいき）、最大値と最小値の意味を確認しよう！

定義域（ていぎいき）　…　関数 $y = f(x)$ において、**変数 x のとりうる値の範囲**

値域（ちいき）　…　関数 $y = f(x)$ において、x の定義域の値に対応して、y のとる値の範囲

最大値　…　関数 $y = f(x)$ において、**その値域に最大の値があるとき**、これをこの関数の最大値という

最小値　…　関数 $y = f(x)$ において、**その値域に最小の値があるとき**、これをこの関数の最小値という

「定義域が $a \leqq x \leqq b$ での $f(x)$ の最大値と最小値を求める問題」でも増減表をかいて解く流れは同じですが、**定義域の両端の、$x = a$、$x = b$ を含めた増減表をかくこと**がポイントです。

🖐 練習問題1

関数 $f(x) = x^3 - 6x^2 + 11$ の定義域 $-3 \leqq x \leqq 5$ における最大値と最小値を求めましょう。

解き方のコツ　定義域 $-3 \leqq x \leqq 5$ の両端の、$x = -3$、$x = 5$ を含めた増減表をかいて最大値、最小値を調べましょう。

解答

$y = f(x)$ として、$f(x) = x^3 - 6x^2 + 11$ を微分すると、

$f'(x) = 3x^2 - 12x = 3x(x - 4)$

グラフが右上がりになるのは、$f'(x) = 3x(x - 4) > 0$ のときなので、これを解くと、

$x < 0$、$4 < x$

一方、グラフが右下がりになるのは、$f'(x) = 3x(x - 4) < 0$ のときなので、これを解くと、

$0 < x < 4$

これを増減表に表すと、右のページのようになります。

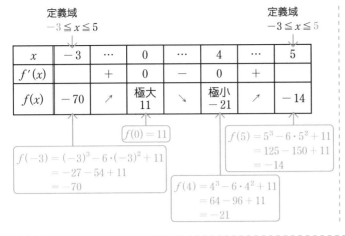

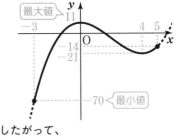

増減表から、次のようにグラフをかくことができます。

したがって、
$x = 0$ のとき最大値 11、
$x = -3$ のとき最小値 -70

練習問題2

1辺 6 cm の正方形の紙があります。この紙の4隅（すみ）から、合同な正方形を切り取った残りを折り曲げて、ふたのない直方体の箱をつくります。この箱の容積を最大にするために、切り取る正方形の1辺の長さを何 cm にすればよいでしょうか。また、このときの容積は何 cm³ ですか。

解答

切り取る正方形の1辺の長さを x cm とします。
x は正の数なので、$x > 0$
また、$6 - 2x > 0$ なので、$3 > x$
よって、$0 < x < 3$
箱の容積を y cm³ とすると、「直方体の体積 ＝ たて × 横 × 高さ」だから、

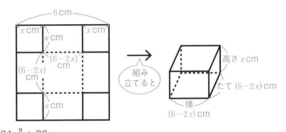

$$y = (6 - 2x)^2 \cdot x = x(36 - 24x + 4x^2) = 4x^3 - 24x^2 + 36x$$

$y = 4x^3 - 24x^2 + 36x$ を微分すると、$y' = 12x^2 - 48x + 36 = 12(x^2 - 4x + 3) = 12(x-1)(x-3)$
グラフが右上がりになるのは、$y' = 12(x-1)(x-3) > 0$ のときなので、これを解くと、$x < 1, 3 < x$
一方、グラフが右下がりになるのは、$y' = 12(x-1)(x-3) < 0$ のときなので、これを解くと、$1 < x < 3$
これを増減表に表すと、次のようになります
（$y = f(x)$ とします）。

x	0	$\cdots$	1	$\cdots$	3
$f'(x)$		$+$	0	$-$	
$f(x)$	0	↗	極大 16	↘	0

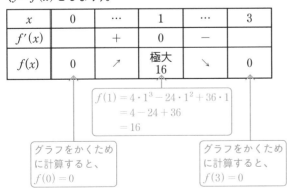

増減表から、次のようにグラフをかくことができます。

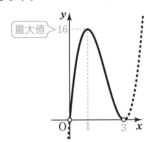

よって、切り取る正方形の1辺が 1 cm のとき、容積は最大の 16 cm³ になります。

答え 切り取る正方形の1辺…1 cm、容積…16 cm³

11 方程式に関する問題

ここが
大切！

方程式の実数解の個数を求める問題は、**2ステップ**で解こう！

後の 🖐 **練習問題** を、次の2ステップで解きましょう。

🔥 **コレで完璧！ ポイント**

方程式の実数解の個数を求める2ステップ！
方程式 $f(x)=0$ の実数解（方程式の実数の解）の個数を求める問題は、次の**2ステップ**で求めましょう。

ステップ1 関数 $y=f(x)$ の増減表とグラフをかく
ステップ2 関数 $y=f(x)$ のグラフと x 軸の共有点の個数（「方程式 $f(x)=0$」の実数解の個数）を調べる

🖐 **練習問題**

次の方程式の異なる実数解の個数を調べましょう。

（1） $2x^3-3x^2-12x-2=0$ 　　　　　（2） $-x^3+3x^2-4=0$

解答

（1） **ステップ1** 関数 $y=f(x)$ の増減表とグラフをかく

$f(x)=2x^3-3x^2-12x-2$ とおくと、

$$f'(x)=6x^2-6x-12=6(x^2-x-2)=6(x+1)(x-2)$$

グラフが右上がりになるのは、$f'(x)=6(x+1)(x-2)>0$ のときなので、これを解くと、
$x<-1,\ 2<x$

一方、グラフが右下がりになるのは、$f'(x)=6(x+1)(x-2)<0$ のときなので、これを解くと、
$-1<x<2$

これを増減表に表すと、次のようになります。

x	$\cdots$	-1	$\cdots$	2	$\cdots$
$f'(x)$	$+$	0	$-$	0	$+$
$f(x)$	↗	極大 5	↘	極小 -22	↗

$f(-1)=2\cdot(-1)^3-3\cdot(-1)^2-12\cdot(-1)-2$
　　　$=-2-3+12-2$
　　　$=5$

$f(2)=2\cdot2^3-3\cdot2^2-12\cdot2-2$
　　$=16-12-24-2$
　　$=-22$

増減表から、次のようにグラフをかくことができます（$y = f(x)$ とします）。

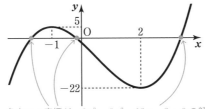

各点の x 座標が、$2x^3 - 3x^2 - 12x - 2 = 0$ の解

ステップ2 関数 $y = f(x)$ のグラフと x 軸の共有点の個数（「方程式 $f(x) = 0$」の実数解の個数）を調べる

関数 $y = f(x)$ のグラフと x 軸は、異なる3点で交わります。

したがって、この方程式の異なる実数解の個数は、3個

（2）**ステップ1** 関数 $y = f(x)$ の増減表とグラフをかく

$f(x) = -x^3 + 3x^2 - 4$ とおくと、

$f'(x) = -3x^2 + 6x = -3x(x - 2)$

グラフが右上がりになるのは、$f'(x) = -3x(x - 2) > 0$ のときなので、これを解くと、

$-3x(x - 2) > 0$　　両辺を -3 で割る
　$x(x - 2) < 0$　　（負の数で割ると、不等号の向きが変わる）
$0 < x < 2$　　　$\alpha < \beta$ のとき、$(x - \alpha)(x - \beta) < 0$ の解は、$\alpha < x < \beta$

一方、グラフが右下がりになるのは、$f'(x) = -3x(x - 2) < 0$ のときなので、これを解くと、

$-3x(x - 2) < 0$　　両辺を -3 で割る
　$x(x - 2) > 0$　　（負の数で割ると、不等号の向きが変わる）
$x < 0$、$2 < x$　　$\alpha < \beta$ のとき、$(x - \alpha)(x - \beta) > 0$ の解は、$x < \alpha$、$\beta < x$

これを増減表に表すと、次のようになります。

x	$\cdots$	0	$\cdots$	2	$\cdots$
$f'(x)$	$-$	0	$+$	0	$-$
$f(x)$	$\searrow$	極小 -4	$\nearrow$	極大 0	$\searrow$

$f(0) = -4$　　$f(2) = -2^3 + 3 \cdot 2^2 - 4$
　　　　　　　$= -8 + 12 - 4 = 0$

増減表から、次のようにグラフをかくことができます（$y = f(x)$ とします）。

各点の x 座標が、$-x^3 + 3x^2 - 4 = 0$ の解

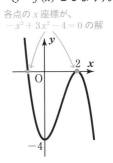

ステップ2 関数 $y = f(x)$ のグラフと x 軸の共有点の個数（「方程式 $f(x) = 0$」の実数解の個数）を調べる

関数 $y = f(x)$ のグラフと x 軸は、異なる2点で交わります。

したがって、この方程式の異なる実数解の個数は、2個

　　　　　　　　　　　　　　　　　　　　　　　〈数Ⅱ〉

1 不定積分とは

ここが大切！

積分とは「微分の逆の計算」であることをおさえよう！

【例】

例えば、x^3、x^3+1、x^3-5、x^3+6 は、どれも微分すると、$3x^2$ になります。

微分すると $f(x)$ になる関数を、$f(x)$ の**不定積分**といいます。

x^3、x^3+1、x^3-5、x^3+6 は、どれも $3x^2$ の不定積分です（$3x^2$ の不定積分は、これら以外にも無数にあります）。

$3x^2$ の不定積分をまとめると、x^3+C（C は定数）の形で表すことができます。

【例】 と同様に考えると、$F'(x)=f(x)$ のとき、$f(x)$ の不定積分は、$F(x)+C$（C は定数）となります。このとき、「$F(x)+C$」の C を、**積分定数**といいます。

また、**関数 $f(x)$ の不定積分を求めること**を、$f(x)$ を**積分する**といいます。

そして、関数 $f(x)$ の不定積分「$F(x)+C$」を、$\displaystyle\int f(x)dx$ と表します（記号 $\displaystyle\int$ の読み方は「インテグラル」または「積分」）。

つまり、$F'(x)=f(x)$ のとき、次の式が成り立ちます。

$$\int f(x)dx = F(x)+C \ \text{（C は積分定数）}$$

積分とは「微分の逆の計算」であり、まとめると次のようになります。

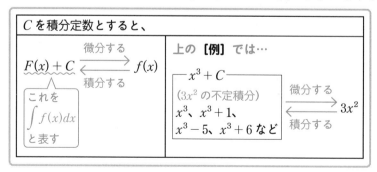

C を積分定数とすると、

$$F(x)+C \xrightarrow[\text{積分する}]{\text{微分する}} f(x)$$

これを $\displaystyle\int f(x)dx$ と表す

上の **【例】** では…

x^3+C
（$3x^2$ の不定積分）
x^3、x^3+1、
x^3-5、x^3+6 など $\xrightarrow[\text{積分する}]{\text{微分する}} 3x^2$

例えば、$\left(\dfrac{1}{3}x^3 + C\right)' = x^2$ だから、$\displaystyle\int x^2\,dx = \dfrac{1}{3}x^3 + C$　（C は積分定数）

したがって、n が 0 以上の整数のとき、次の式が成り立ちます。

$$\int x^n\,dx = \dfrac{1}{n+1}x^{n+1} + C\quad（C\text{ は積分定数}）$$

コレで完璧！ ポイント

（C は積分定数）を必ず書くようにしよう！

【例】不定積分 $\displaystyle\int x^2\,dx$ を求めましょう。

答えは、$\displaystyle\int x^2\,dx = \dfrac{1}{3}x^3 + C$（$C$ は積分定数）

です。このとき、（C は積分定数）を書くのを忘れないようにしましょう。

この記述がないと「C が何を表すのか」が採点者に伝わらない状態になり、減点されることもあります。

例題　次の不定積分を求めましょう。

(1) $\displaystyle\int x\,dx$　　　　(2) $\displaystyle\int x^5\,dx$　　　　(3) $\displaystyle\int dx$

解き方のコツ　（3）は「$\displaystyle\int dx = \int 1\,dx$」（$\displaystyle\int$ と dx の間に 1 が省略されている）であることをもとに解きましょう。

解答

(1) $\displaystyle\int x\,dx = \int x^1\,dx = \dfrac{1}{2}x^2 + C$　　**（C は積分定数）**

(2) $\displaystyle\int x^5\,dx = \dfrac{1}{6}x^6 + C$　　**（C は積分定数）**

(3) $\displaystyle\int dx = \int 1\,dx = \int x^0\,dx = \dfrac{1}{1}x^1 + C = x + C$　　**（C は積分定数）**

2 不定積分の計算

ここが
大切！

変数が x 以外の不定積分も、同じように計算できる！

不定積分の計算をするために、次の公式をおさえましょう。

公式1 $\displaystyle\int k f(x)dx = k\int f(x)dx$

定数 k を前に出せる

[例] $\displaystyle\int 6x dx$

定数 6 を前に出す

$= 6\displaystyle\int x dx$ ……①

$= 6 \cdot \dfrac{1}{2}x^2 + C$

$= 3x^2 + C$ （C は積分定数）

公式2 $\displaystyle\int \{f(x)+g(x)\}dx = \int f(x)dx + \int g(x)dx$

$f(x)$ と $g(x)$ に分ける

[例] $\displaystyle\int (x^2 + x)dx$

x^2 と x に分ける

$= \displaystyle\int x^2 dx + \int x dx$ ……②

$= \dfrac{1}{3}x^3 + \dfrac{1}{2}x^2 + C$ （C は積分定数）

公式3 $\displaystyle\int \{f(x)-g(x)\}dx = \int f(x)dx - \int g(x)dx$

$f(x)$ と $g(x)$ に分ける

[例] $\displaystyle\int (x^3 - x^2)dx$

x^3 と x^2 に分ける

$= \displaystyle\int x^3 dx - \int x^2 dx$ ……③

$= \dfrac{1}{4}x^4 - \dfrac{1}{3}x^3 + C$ （C は積分定数）

※これ以降、上の途中式①は省略することがあり、途中式②、③は省略します。

 コレで完璧！ ポイント

不定積分の公式を使うのは難しくない！
公式だけみると難しそうにもみえますが、実際はスムーズに使えるものばかりです。
公式1 は、定数 k が前に出せることを表し、**公式2** と **公式3** は、$f(x)$ と $g(x)$ を分けることを表しているだけです。この3つの公式を使って不定積分の計算をしていきましょう。

次の不定積分を求めましょう。

$$(1) \int 5dx \qquad\qquad\qquad (2) \int (-2x^3)dx$$

$$(3) \int (3x^2 + 2x - 3)dx \qquad\qquad (4) \int (t-1)(5t+4)dt$$

解き方のコツ （4）は、$(t-1)(5t+4)$ をまず展開してから解きましょう。変数が t ですが解き方は同様です。

解答

（1） $\displaystyle\int 5dx$

$\displaystyle= 5\int dx$ ← 定数 5 を前に出す

$= 5 \cdot x + C$ $\displaystyle\int dx = x + C$ （P145 の 例題 （3）参照）

$= 5x + C$ （C は積分定数）

> ※（1）からわかるように、a を定数とすると、「$\displaystyle\int adx = ax + C$（$C$ は積分定数）」です。これ以降は、これを公式のように使って解いていきましょう。

（2） $\displaystyle\int (-2x^3)dx$

$\displaystyle= -2 \cdot \frac{1}{4}x^4 + C$ $\displaystyle\int x^3 dx = \frac{1}{4}x^4 + C$

$\displaystyle= -\frac{1}{2}x^4 + C$ （C は積分定数）

※を参照

（3） $\displaystyle\int (3x^2 + 2x \boxed{-3})dx$

$\displaystyle= 3 \cdot \frac{1}{3}x^3 + 2 \cdot \frac{1}{2}x^2 \boxed{-3x + C}$ $\displaystyle\int (-3)dx = -3x + C$

$= x^3 + x^2 - 3x + C$ （C は積分定数）

（4） $\displaystyle\int (t-1)(5t+4)d\boxed{t}$ ← 「t を変数として積分する」という意味

$\displaystyle= \int (5t^2 - t \boxed{-4})dt$ ← 展開して整理

$\displaystyle= 5 \cdot \frac{1}{3}t^3 - \frac{1}{2}t^2 \boxed{-4t + C}$ $\displaystyle\int (-4)dt = -4t + C$ （※を参照）

$\displaystyle= \frac{5}{3}t^3 - \frac{1}{2}t^2 - 4t + C$ （C は積分定数）

〈数Ⅱ〉

3 定積分とは

ここが
大切！ 定積分に関する**用語の意味**をおさえたうえで、**定積分を求める計算**をしよう！

【例】

例えば、関数 $f(x) = 6x$ の不定積分 $F(x)$ は、次のように表されます。

$$F(x) = \int 6x dx = 6 \cdot \frac{1}{2}x^2 + C = 3x^2 + C \quad （C は積分定数）$$

ここで例えば、$F(2) - F(1)$ を求めると、次のようになります。

$F(2) - F(1)$
$= 3 \cdot 2^2 + C - (3 \cdot 1^2 + C)$ ← かっこを外す
$= 12 + C - 3 - C$
$= 9$

このように、$F(2)$ と $F(1)$ の差 9 は、積分定数 C に関係なく決まります。

---

a と b を定数として、関数 $f(x)$ の不定積分の 1 つを $F(x)$ とするとき、$F(b) - F(a)$ の値は、**積分定数 C の値とは関係なく、a と b だけによって決まります**。

このとき、$F(b) - F(a)$ を「**関数 $f(x)$ の a から b までの定積分**」といい、$\int_a^b f(x)dx$ と表します。また、a を**下端**、b を**上端**といいます。

そして、$F(b) - F(a)$ を、$[F(x)]_a^b$ とも書くこともおさえましょう。

定積分

$F'(x) = f(x)$ のとき、

$$\int_a^b f(x)dx = [F(x)]_a^b = F(b) - F(a)$$

$F(x)$ に $x = b$ を代入したものから、
$F(x)$ に $x = a$ を代入したものを引く

上の**【例】**を同様に表すと、

$$\int_1^2 6x dx = [3x^2]_1^2 = 3 \cdot 2^2 - 3 \cdot 1^2 = 12 - 3 = 9$$

引く

$6x$ を積分すると、$3x^2 + C$ だが、「$+C$」は書かない

$3x^2$ に $x = 2$ を代入

$3x^2$ に $x = 1$ を代入

理由は、
⚡ コレで完璧！ ポイント
を参照

定積分 $\displaystyle\int_a^b f(x)dx$ を求めることを、関数 $f(x)$ を a から b まで**積分する**といいます。

なお、a と b の大小は、$a < b$、$a > b$、$a = b$ の、どの場合もあります。

例題 次の定積分を求めましょう。

(1) $\displaystyle\int_1^3 x\,dx$　　　　　　(2) $\displaystyle\int_{-1}^2 x^2\,dx$　　　　　　(3) $\displaystyle\int_{-6}^5 8\,dx$

解答

(1) $\displaystyle\int_1^3 \underline{x}\,dx = \left[\frac{1}{2}x^2\right]_1^3 = \frac{1}{2}\cdot 3^2 - \frac{1}{2}\cdot 1^3 = \frac{9}{2} - \frac{1}{2} = \frac{8}{2} = \underline{4}$

　　　　x を積分する　　$\frac{1}{2}x^2$ に $x=3$ を代入したものから、

　　「$+C$」を書かない理由は　　$x=1$ を代入したものを引く
　　🕊 コレで完璧！ポイント を参照

(2) $\displaystyle\int_{-1}^2 \underline{x^2}\,dx = \left[\frac{1}{3}x^3\right]_{-1}^2 = \frac{1}{3}\cdot 2^3 - \frac{1}{3}\cdot(-1)^3 = \frac{8}{3} + \frac{1}{3} = \frac{9}{3} = \underline{3}$

　　　　x^2 を積分する

(3) $\displaystyle\int_{-6}^5 \underline{8}\,dx = [8x]_{-6}^5 = 8\cdot 5 - 8\cdot(-6) = 40 + 48 = \underline{88}$

　　$\displaystyle\int a\,dx = ax\,(+C)$

　　（P147 参照）

🕊 コレで完璧！ポイント

$[F(x)+C]_a^b$ ではなく、$[F(x)]_a^b$ と書いて計算しよう！

例えば、**例題**（1）で、x の不定積分は「$\frac{1}{2}x^2 + C$（C は積分定数）」です。ただし途中式で、

$\left[\frac{1}{2}x^2 + C\right]_1^3$ ではなく、$\left[\frac{1}{2}x^2\right]_1^3$ と書くようにしましょう。仮に、$\left[\frac{1}{2}x^2 + C\right]_1^3$ を計算すると、次のようになります。

$$\left[\frac{1}{2}x^2 + C\right]_1^3 = \frac{1}{2}\cdot 3^2 + C - \left(\frac{1}{2}\cdot 1^2 + C\right) = \frac{9}{2} + C - \frac{1}{2} - C = \frac{8}{2} = 4$$

このように積分定数 C が消えるので、はじめから C を書かず、$\left[\frac{1}{2}x^2\right]_1^3$ の形で計算すればよいのです。

4 定積分の計算（基礎）

ここが
大切！

定積分の基礎的な計算をスラスラできるようになろう！

ひとつ前の項目の内容をふまえて、定積分の計算をしましょう。

例題 次の定積分を求めましょう。

(1) $\displaystyle\int_0^3 (2x+5)dx$

(2) $\displaystyle\int_{-2}^0 (x^2-1)dx$

(3) $\displaystyle\int_{-1}^1 (-6x^2-4x-3)dx$

(4) $\displaystyle\int_{-3}^1 (3t^2+t-2)dt$

解答

(1) $\displaystyle\int_0^3 (2x+5)dx$

$2x+5$ を
積分する

$= \left[2\cdot\dfrac{1}{2}x^2+5x\right]_0^3$

$= [x^2+5x]_0^3$

$= 3^2+5\cdot3\,\underline{-(0^2+5\cdot0)}$ ← 「-0」になる
ので省略可

$= 9+15$

$= \underline{\underline{24}}$

(2) $\displaystyle\int_{-2}^0 (x^2-1)dx$

x^2-1 を
積分する

$= \left[\dfrac{1}{3}x^3-x\right]_{-2}^0$

$= \boxed{\dfrac{1}{3}\cdot0^3-0}-\left\{\dfrac{1}{3}\cdot(-2)^3-(-2)\right\}$

↑ 0 になるので省略可

$= -\left(-\dfrac{8}{3}+2\right)$

$= \underline{\underline{\dfrac{2}{3}}}$

(3) $\displaystyle\int_{-1}^1 (-6x^2-4x-3)dx$

$-6x^2-4x-3$ を
積分する

$= \left[-6\cdot\dfrac{1}{3}x^3-4\cdot\dfrac{1}{2}x^2-3x\right]_{-1}^1$

$= [-2x^3-2x^2-3x]_{-1}^1$

$= -2\cdot1^3-2\cdot1^2-3\cdot1-\left\{-2\cdot(-1)^3-2\cdot(-1)^2-3\cdot(-1)\right\}$

$= -2-2-3-(2-2+3)$ 　かっこのない所とある所を
まとめて計算

$= -7-3$

$= \underline{\underline{-10}}$

(4) $\displaystyle\int_{-3}^{1}(3t^2+t-2)d\boxed{t}$ ←「t を変数として積分する」という意味

$3t^2+t-2$ を積分する

$=\left[3\cdot\dfrac{1}{3}t^3+\dfrac{1}{2}t^2-2t\right]_{-3}^{1}$

$=\left[t^3+\dfrac{1}{2}t^2-2t\right]_{-3}^{1}$

$=1^3+\dfrac{1}{2}\cdot1^2-2\cdot1-\left\{(-3)^3+\dfrac{1}{2}\cdot(-3)^2-2\cdot(-3)\right\}$

$=1+\dfrac{1}{2}-2-\left(-27+\dfrac{9}{2}+6\right)$　かっこを外す

$=1+\dfrac{1}{2}-2+27-\dfrac{9}{2}-6$ ← 分数部分 $\left(\dfrac{1}{2}-\dfrac{9}{2}=-\dfrac{8}{2}=-4\right)$ を先に計算するとスムーズな場合あり
　　　　　　　　　　　　　　　※（3）とは別の計算法です

$=\underline{16}$

 コレで完璧！ ポイント

展開してから積分する場合とは？

次の 問題 のような場合、「$(2x^2+1)(2x-3)$ をまず展開→積分」の順に計算しましょう。途中式の計算式も長くなりますが、1つひとつ確認しながら解き、時間があれば見直しすることも大切です。

問題 次の定積分を求めましょう。

$\displaystyle\int_{-2}^{-1}(2x^2+1)(2x-3)dx$

解き方

$\displaystyle\int_{-2}^{-1}(2x^2+1)(2x-3)dx$　展開する

$=\displaystyle\int_{-2}^{-1}(4x^3-6x^2+2x-3)dx$

$4x^3-6x^2+2x-3$ を積分する

$=\left[4\cdot\dfrac{1}{4}x^4-6\cdot\dfrac{1}{3}x^3+2\cdot\dfrac{1}{2}x^2-3x\right]_{-2}^{-1}$

$=[x^4-2x^3+x^2-3x]_{-2}^{-1}$

$=(-1)^4-2\cdot(-1)^3+(-1)^2-3\cdot(-1)-\{(-2)^4-2\cdot(-2)^3+(-2)^2-3\cdot(-2)\}$

$=1+2+1+3-(16+16+4+6)$　かっこのない所とある所をまとめて計算

$=7-42$

$=\underline{-35}$

5 定積分の性質

ここが
大切！

定積分のさまざまな性質をおさえて、それを計算にいかそう！

 コレで完璧！ ポイント

まず、定積分の2つの性質をおさえよう！
定積分には、次の性質があります（ 公式1 と 公式2 ）。

公式1

上端が同じ(b)

$$\int_a^b f(x)dx + \int_a^b g(x)dx = \int_a^b \{f(x)+g(x)\}dx$$

下端が同じ(a)　　　　　　　まとめられる

【例】

上端が同じ(1)

$$\int_0^1 x^2 dx + \int_0^1 x\,dx = \int_0^1 (x^2+x)dx = \left[\frac{1}{3}x^3 + \frac{1}{2}x^2\right]_0^1 = \frac{1}{3}\cdot 1^3 + \frac{1}{2}\cdot 1^2 - 0$$

下端が同じ(0)　　まとめられる

$$= \frac{1}{3} + \frac{1}{2} = \underset{\sim}{\frac{5}{6}}$$

公式2

上端が同じ(b)

$$\int_a^b f(x)dx - \int_a^b g(x)dx = \int_a^b \{f(x)-g(x)\}dx$$

下端が同じ(a)　　　　　　　まとめられる

【例】

上端が同じ(0)

$$\int_{-2}^0 x\,dx - \int_{-2}^0 2\,dx = \int_{-2}^0 (x-2)dx = \left[\frac{1}{2}x^2 - 2x\right]_{-2}^0 = 0 - \left\{\frac{1}{2}\cdot(-2)^2 - 2\cdot(-2)\right\}$$

下端が同じ(-2)　　まとめられる

$$= 0 - (2+4) = \underset{\sim}{-6}$$

次の定積分を求めましょう。

（1）$\displaystyle\int_{-1}^{2}(x^2+x-1)dx+\int_{-1}^{2}(2x^2-x+1)dx$

（2）$\displaystyle\int_{-3}^{1}(x-2)^2\,dx-\int_{-3}^{1}(x+2)^2\,dx$

解答

（1）
上端が同じ（2）

$\displaystyle\int_{-1}^{2}(x^2+x-1)dx+\int_{-1}^{2}(2x^2-x+1)dx$

下端が同じ（−1）

左ページの **公式1** で
まとめられる

$\displaystyle=\int_{-1}^{2}(x^2+x-1+2x^2-x+1)dx$

$\displaystyle=\int_{-1}^{2}3x^2\,dx=\left[3\cdot\frac{1}{3}x^3\right]_{-1}^{2}=[x^3]_{-1}^{2}=2^3-(-1)^3=8-(-1)=\underset{\sim}{9}$

（2）
上端が同じ（1）

$\displaystyle\int_{-3}^{1}(x-2)^2\,dx-\int_{-3}^{1}(x+2)^2\,dx$

下端が同じ（−3）

左ページの **公式2** で
まとめられる

$\displaystyle=\int_{-3}^{1}\{(x-2)^2-(x+2)^2\}dx$

$(x-2)^2$ と $(x+2)^2$ を
展開する

$\displaystyle=\int_{-3}^{1}\{x^2-4x+4-(x^2+4x+4)\}dx$

$\displaystyle=\int_{-3}^{1}(x^2-4x+4-x^2-4x-4)dx=\int_{-3}^{1}(-8x)dx$

$\displaystyle=\left[-8\cdot\frac{1}{2}x^2\right]_{-3}^{1}=[-4x^2]_{-3}^{1}=-4\cdot1^2-(-4)\cdot(-3)^2=-4+36=\underset{\sim\sim}{32}$

さらに、定積分の3つの性質をおさえましょう（**公式3** 〜 **公式5**）。

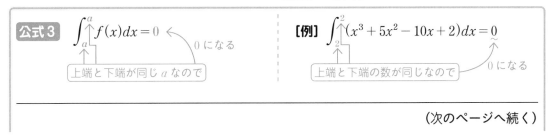

公式3 $\displaystyle\int_{a}^{a}f(x)dx=0$ ← 0 になる

上端と下端が同じ a なので

【例】 $\displaystyle\int_{2}^{2}(x^3+5x^2-10x+2)dx=0$

上端と下端の数が同じなので 0 になる

（次のページへ続く）

PART **7** 積分

$∫$ の前にマイナスがつくと（符号が変わると）

公式4　$\displaystyle\int_a^b f(x)dx = -\int_b^a f(x)dx$

マイナスがつくと　｜上端と下端が入れかわる

[例]　$\displaystyle\int_2^0 (x+1)dx = -\int_0^2 (x+1)dx = -\left[\frac{1}{2}x^2 + x\right]_0^2 = -\left(\frac{1}{2}\cdot 2^2 + 2 - 0\right) = -(2+2) = \underset{\sim}{-4}$

上端と下端が入れかわる

どれも $f(x)$

公式5　$\displaystyle\int_a^b f(x)dx + \int_b^c f(x)dx = \int_a^c f(x)dx$

｜左の上端｜ と ｜右の下端｜ が同じとき、｜下端が a、上端が c｜ になる

どれも $2x$

[例]　$\displaystyle\int_0^2 2xdx + \int_2^5 2xdx = \int_0^5 2xdx = \left[2\cdot\frac{1}{2}x^2\right]_0^5 = [x^2]_0^5 = 25 - 0 = \underset{\sim}{25}$

｜左の上端｜ と ｜右の下端｜ が同じとき、｜下端が 0、上端が 5｜ になる

練習問題2

次の定積分を求めましょう。

（1）$\displaystyle\int_3^3 (x^2 - 9x + 8)dx$

（2）$\displaystyle\int_0^1 (4x^3 + 5)dx + \int_1^2 (4x^3 + 5)dx$

（3）$\displaystyle\int_{-2}^{-1} (9x^2 - 8x)dx - \int_3^{-1} (9x^2 - 8x)dx$

解答

（1）$\displaystyle\int_3^3 (x^2 - 9x + 8)dx = \underset{\sim}{0}$

0 になる（**公式3**）

｜上端と下端の数が同じなので｜

（2）$\displaystyle\int_0^1 (4x^3 + 5)dx + \int_1^2 (4x^3 + 5)dx$

｜左の上端｜ と ｜右の下端｜ が同じとき、｜下端が 0、上端が 2｜ になる（**公式5**）

$= \displaystyle\int_0^2 (4x^3 + 5)dx$

$= \left[4\cdot\frac{1}{4}x^4 + 5x\right]_0^2 = [x^4 + 5x]_0^2 = 2^4 + 5\cdot 2 - 0 = 16 + 10 = \underset{\sim}{26}$

(3) $\displaystyle\int_{-2}^{-1}(9x^2-8x)dx-\int_{3}^{-1}(9x^2-8x)dx$

$\displaystyle=\int_{-2}^{-1}(9x^2-8x)dx+\int_{-1}^{3}(9x^2-8x)dx$ ← $\displaystyle\int$ の前の符号が変わると、上端と下端が入れかわる（公式4）

左の上端 と 右の下端 が同じとき、下端が −2、上端が3 になる（公式5）

$\displaystyle=\int_{-2}^{3}(9x^2-8x)dx$

$\displaystyle=\left[9\cdot\frac{1}{3}x^3-8\cdot\frac{1}{2}x^2\right]_{-2}^{3}=\left[3x^3-4x^2\right]_{-2}^{3}$

$=3\cdot3^3-4\cdot3^2-\{3\cdot(-2)^3-4\cdot(-2)^2\}=81-36-(-24-16)=45+40=\underline{85}$

🐦 コレで完璧！ ポイント

奇数乗と偶数乗の公式で、計算がかなり楽に！

いくつかの公式が出てきて大変に感じている方もいるかもしれませんが、この項目の最後に、次の公式だけはおさえておきましょう。この2つの公式によって、計算がとてもスムーズになることがあるからです。

奇数乗の公式 $\displaystyle\int_{-a}^{a}x^{奇数}dx=0$

偶数乗の公式 $\displaystyle\int_{-a}^{a}x^{偶数}dx=2\int_{0}^{a}x^{偶数}dx$

実際の計算例をみていきましょう。

[例]

(1) 奇数乗 x^1

$\displaystyle\int_{-8}^{8}(2x^{⑦}+3x^{③}-8\underset{\underline{=}}{x})dx=0$ ← どの項も奇数乗だから答えは0になる

上端と下端の絶対値が同じで、異符号のとき

(2) $\displaystyle\int_{-2}^{2}(5x^5-7x^3-9x^2-x)dx$ ← 奇数乗の項を消す

$\displaystyle=\int_{-2}^{2}(-9x^2)dx$

2がつく

$\displaystyle=2\int_{0}^{2}(-9x^2)dx$ 偶数乗なので $\displaystyle\int_{-2}^{2}$ が $\displaystyle2\int_{0}^{2}$ になる

下端が0になる

$\displaystyle=2\cdot\left[-9\cdot\frac{1}{3}x^3\right]_{0}^{2}=2\cdot\left[-3x^3\right]_{0}^{2}$

$=2\cdot(-3\cdot2^3-0)=2\cdot(-24)=\underline{-48}$

通常の方法で計算するより、かなり楽に計算できることがわかります。計算のすばやさと正確性を強化するためにもマスターしましょう（P150の 例題 （3）も同様に解けるので、試してみてください）。

6 定積分と微分

一見ややこしそうな「$\dfrac{d}{dx}\displaystyle\int_a^x f(t)dt = f(x)$」の意味を少しずつ理解していこう！

定積分 $\displaystyle\int_a^x f(t)dt$ と微分の関係についてみていきましょう（a は定数）。

例題1 関数 $\displaystyle\int_2^x 4t^3\, dt$ を x で微分しましょう。

解答

$$\int_2^x 4t^3\, dt$$

$4t^3$ を積分する

$$= \left[4\cdot\frac{1}{4}t^4 \right]_2^x$$

$$= \left[t^4 \right]_2^x$$ t^4 に $t=x$ を代入した x^4 から、
$$= x^4 - 2^4$$ t^4 に $t=2$ を代入した 2^4 を引く
$$= x^4 - 16$$

$x^4 - 16$ を x で微分すると、

$$(x^4 - 16)' = \underline{4x^3}$$

ところで、x で微分することを、記号 $\dfrac{d}{dx}$ で表せます（読み方は「ディー ディーエックス」）。ですから、左上の **例題1** の問題文は「$\dfrac{d}{dx}\displaystyle\int_2^x 4t^3\, dt$ を求めましょう」と言いかえることができます。**例題1** の答えは $\underline{4x^3}$ なので、次の式が成り立ちます。

$$\frac{d}{dx}\int_2^x 4t^3\, dt = 4x^3$$

$\left(\displaystyle\int_2^x 4t^3\, dt \text{ を} \right)$ x で微分するという意味

結果的に t を x にかえただけ

ここで、左辺の $4t^3$ の t を x にかえたものが、右辺の $4x^3$ であることがわかります。結果から言うと、「$\dfrac{d}{dx}\displaystyle\int_a^x f(t)dt = f(x)$」が成り立つのですが、その理由は 🔖 **コレで完璧！ポイント** をみてください。

$\dfrac{d}{dx}\displaystyle\int_a^x f(t)dt = f(x)$ が成り立つ理由とは？

ここは大事なポイントですが、内容が少し難しいので、いったん読み飛ばして、後でゆっくり理解するのでも OK です。

関数 $f(t)$ の不定積分の 1 つを $F(t)$ とします（つまり、$F'(t)=f(t)$）。このとき、

$$\int_a^x \underbrace{f(t)dt}_{\text{積分する}} = [F(t)]_a^x = F(x)-F(a)$$

ここで、$\displaystyle\int_a^x f(t)dt$ を x で微分すると、

$$\underbrace{\dfrac{d}{dx}\int_a^x f(t)dt}_{x\,\text{で微分する}} = \{F(x)-F(a)\}'$$
$$= F'(x)$$
$$= f(x) \quad \substack{F(a)\ \text{は定数なので} \\ \{F(a)\}'=0}$$

したがって、a が定数のとき、次のことが成り立ちます。

$$\dfrac{d}{dx}\int_a^x f(t)dt = f(x)$$

この公式を知っていれば、例題1 の「関数 $\displaystyle\int_2^x 4t^3 dt$ を x で微分しましょう」という問題に対して、t を x におきかえればよいだけなので、次のようにすぐに求めることができます。

$$\dfrac{d}{dx}\int_2^x 4t^3 dt = \underset{\sim}{4x^3}$$

例題2 次の関数を x で微分しましょう。

（1） $\displaystyle\int_5^x (2t^2 - t + 2)dt$ 　　　　（2） $\displaystyle\int_{-3}^x (t+1)^2 dt$

解答

「$\dfrac{d}{dx}\displaystyle\int_a^x f(t)dt = f(x)$」から、$t$ を x にかえたものが答えになります。

（1） $\dfrac{d}{dx}\displaystyle\int_5^x (2t^2 - t + 2)dt = \underset{\sim}{\mathbf{2x^2 - x + 2}}$

（2） $\dfrac{d}{dx}\displaystyle\int_{-3}^x (t+1)^2 dt = (x+1)^2 = \underset{\sim}{\mathbf{x^2 + 2x + 1}}$

7 定積分と面積

定積分を使って、曲線や直線に囲まれた面積を求められるようになろう！

2つの曲線 $y=f(x)$、$y=g(x)$ と、2つの直線 $x=a$、$x=b$ で囲まれた面積は、次の式によって求められます。

定積分と面積

$a \leqq x \leqq b$ で、$y=f(x)$ のグラフが、$y=g(x)$ のグラフの上にあるとき、

2つの曲線 $y=f(x)$、$y=g(x)$ と、2つの直線 $x=a$、$x=b$ で囲まれた面積 S は、

$$S = \int_a^b \{f(x)-g(x)\}dx \quad \leftarrow \boxed{公式1} \text{ とします}$$

上のグラフの関数から
下のグラフの関数を引く

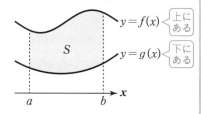

 コレで完璧！ ポイント

$y=f(x)$、$y=g(x)$ のどちらかが x 軸と一致するときの面積は？

囲まれた面積 S が、$\int_a^b \{f(x)-g(x)\}dx$ によって求められることを学びました。それでは、$y=f(x)$、$y=g(x)$ のどちらかが x 軸と一致するとき、囲まれた面積 S はどのような式で求められるのでしょうか。

まず、$y=g(x)$ が x 軸と一致するときについてみていきましょう。グラフに表すと **図1** のようになります。x 軸の式は「$y=0$」なので、$y=f(x)$、$y=0$、$x=a$、$x=b$ で囲まれた面積 S は、次のように求められます。

$$S = \int_a^b \{f(x)-g(x)\}dx$$

$g(x)=0$ を代入

$$= \int_a^b \{f(x)-0\}dx$$

$$= \int_a^b f(x)dx \quad \leftarrow \boxed{図1} \text{ の面積 } S \text{ を求めるとき、この式を使おう！}$$

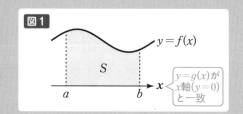

$\boxed{公式2}$ とします

次に、$y = f(x)$ が x 軸と一致するとき、x 軸の式は「$y = 0$」なので、$y = g(x)$、$y = 0$、$x = a$、$x = b$ で囲まれた面積 S は、次のように求められます。

$$S = \int_a^b \{f(x) - g(x)\}dx$$

$f(x) = 0$ を代入

$$= \int_a^b \{0 - g(x)\}dx$$

$$= \int_a^b \{-g(x)\}dx \quad \boxed{公式3} \text{ とします}$$

—を前に出せる

$$= -\int_a^b g(x)dx \quad \boxed{公式4} \text{ とします}$$

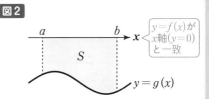

図2

$y = f(x)$ が x 軸 $(y = 0)$ と一致

$y = g(x)$

図2 の面積 S を求めるとき、どちらの式も使えるようになっておこう！

👋 **練習問題 1**

次の問いに答えましょう。

（1）放物線 $y = x^2 + 3$ と x 軸、直線 $x = 1$、$x = 2$ で囲まれた図形の面積 S を求めましょう。

（2）放物線 $y = -2x^2 - 1$ と x 軸、直線 $x = -1$、$x = 3$ で囲まれた図形の面積 S を求めましょう。

解答

（1）まずグラフに表すと、次のようになります。

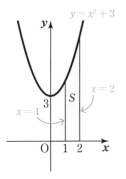

$y = x^2 + 3$

$x = 1$

$x = 2$

$1 \leqq x \leqq 2$ では、放物線 $y = x^2 + 3$ が、x 軸の上にあるので、

⚡ コレで完璧！ポイント の $\boxed{公式2}$ を使って面積 S を求めると、次のようになります。

$$S = \int_1^2 (x^2 + 3)dx \leftarrow \boxed{公式2} \; S = \int_a^b f(x)dx$$

$$= \left[\frac{1}{3}x^3 + 3x\right]_1^2 = \frac{1}{3} \cdot 2^3 + 3 \cdot 2 - \left(\frac{1}{3} \cdot 1^3 + 3 \cdot 1\right)$$

$$= \frac{8}{3} + 6 - \left(\frac{1}{3} + 3\right) = \underline{\underline{\frac{16}{3}}}$$

（2）まずグラフに表すと、次のようになります。

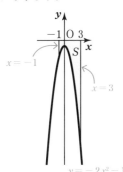

$x = -1$

$x = 3$

$y = -2x^2 - 1$

$-1 \leqq x \leqq 3$ では、放物線 $y = -2x^2 - 1$ が、x 軸の下にあるので、⚡ コレで完璧！ポイント の $\boxed{公式3}$ を使って面積 S を求めると、次のようになります。

$$S = \int_{-1}^3 \{-(-2x^2 - 1)\}dx \leftarrow \boxed{公式3} \; S = \int_a^b \{-g(x)\}dx$$

$$= \int_{-1}^3 (2x^2 + 1)dx = \left[2 \cdot \frac{1}{3}x^3 + x\right]_{-1}^3$$

$$= \left[\frac{2}{3}x^3 + x\right]_{-1}^3 = \frac{2}{3} \cdot 3^3 + 3 - \left\{\frac{2}{3} \cdot (-1)^3 + (-1)\right\}$$

$$= 18 + 3 - \left(-\frac{2}{3} - 1\right) = \underline{\underline{\frac{68}{3}}}$$

PART **7**

積分

次に、放物線と x 軸で囲まれた面積を求めましょう。

🖐 練習問題2

放物線 $y = -x^2 + 7x - 6$ と x 軸で囲まれた図形の面積 S を求めましょう。

解答

「放物線と x 軸の交点の x 座標」を求めるには、$y = -x^2 + 7x - 6$ と $y = 0$（x 軸）を連立させた、$-x^2 + 7x - 6 = 0$ を解けばよいので、両辺に -1 をかけると、

$$x^2 - 7x + 6 = 0$$
$$(x-1)(x-6) = 0$$

$x = 1$、6 … 放物線と x 軸の交点の x 座標

これをもとにグラフをかくと、次のようになります。

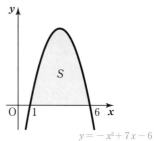

$y = -x^2 + 7x - 6$

$1 \leqq x \leqq 6$ では、放物線 $y = -x^2 + 7x - 6$ が、x 軸の上にあるので、P158 の **公式2** を使って面積 S を求めると、次のようになります。

$$S = \int_1^6 (-x^2 + 7x - 6)dx \quad \overset{公式2}{\longleftarrow} S = \int_a^b f(x)dx$$

$$= \int_1^6 \{-(x^2 - 7x + 6)\}dx \quad -(\ ) \text{の形にする}$$

$$= -\int_1^6 (x^2 - 7x + 6)dx \quad - \text{を} \int \text{の前に出す}$$

$$= -\int_1^6 (x-1)(x-6)\,dx \quad \longleftarrow \int_a^b (x-a)(x-b)dx \text{ の式}$$

$$= -\left\{ -\frac{1}{6} \cdot (6-1)^3 \right\} \longleftarrow -\frac{1}{6}(b-a)^3$$

$$= -\left(-\frac{1}{6} \cdot 5^3 \right) = \frac{125}{6}$$

PART 7 の最後に、放物線と直線で囲まれた面積を求めましょう。

🖐 練習問題 3

放物線 $y = x^2 + 6x + 10$ と直線 $y = 2x + 10$ で囲まれた図形の面積 S を求めましょう。

解き方のコツ まず、放物線と直線の交点の x 座標を求めてください。そのうえで、グラフをかき、P158 の 公式1 を使って面積 S を求めましょう。

解答

「放物線と直線の交点の x 座標」を求めるには、$y = x^2 + 6x + 10$ と $y = 2x + 10$ を連立させた、$x^2 + 6x + 10 = 2x + 10$ を解けばよいので、$2x + 10$ を左辺に移項して整理すると、

$$x^2 + 4x = 0$$
$$x(x + 4) = 0$$

$x = -4$、0 … 放物線と直線の交点の x 座標

これをもとにグラフをかくと、次のようになります。

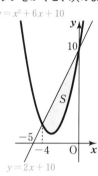

$-4 \leqq x \leqq 0$ では、直線 $y = 2x + 10$ が、放物線 $y = x^2 + 6x + 10$ の上にあるので、P158 の 公式1 を使って面積 S を求めると、次のようになります。

$$S = \int_{-4}^{0} \{\underset{\text{直線が上}}{(2x + 10)} - \underset{\text{放物線が下}}{(x^2 + 6x + 10)}\} dx \quad \leftarrow \boxed{公式1} \ S = \int_{a}^{b} \{\underset{\uparrow \text{上}}{f(x)} - \underset{\uparrow \text{下}}{g(x)}\} dx$$

$$= \int_{-4}^{0} (2x + 10 - x^2 - 6x - 10) dx$$

$$= \int_{-4}^{0} (-x^2 - 4x) dx$$

$$= \int_{-4}^{0} \{-x(x + 4)\} dx$$

$-$ を $\int$ の前に出す

$$= -\int_{-4}^{0} x(x + 4) dx \quad \leftarrow \int_{a}^{b} (x - a)(x - b) dx \text{ の式} (a = -4、b = 0 \text{ と考える})$$

$$= -\left[-\frac{1}{6} \cdot \{0 - (-4)\}^3\right] \quad \leftarrow -\frac{1}{6}(b - a)^3 \quad \text{※大かっこ [ ] を使っています}$$

$$= -\left(-\frac{1}{6} \cdot 4^3\right) = \frac{32}{3}$$

計算の順は、
小かっこ（ ）→中かっこ｛ ｝→大かっこ [ ]

1 数列とは

ここが
大切！

数列についての用語の意味をおさえよう！

次の【例1】と【例2】のように、数を一列に並べたものを、数列といいます。

【例1】 正の偶数を小さい順に並べた数列

2、4、6、8、10、12、14、16、……

【例2】 3の正の倍数を、小さい順に9つ並べた数列

3、6、9、12、15、18、21、24、27

数列についての用語をおさえましょう。

項 … 数列をつくるそれぞれの数

第 n 項 … n 番目の項。例えば、【例1】の数列の第3項は 6

初項 … 第1項のこと。例えば、【例1】の数列の初項は 2

無限数列 … 【例1】のように、項がどこまでも続く数列

有限数列 … 【例2】のように、項の個数が有限の数列

項数 … 有限数列における項の個数。例えば、【例2】の項数は 9

末項 … 有限数列における最後の項。例えば、【例2】の数列の末項は 27

 コレで完璧！ ポイント

数列の「一般項」とは？

一般に、数列は、ある文字に項の番号をそえて、次のように表されることが多いです。

$$a_1、a_2、a_3、……、a_n、……$$

この数列を、$\{a_n\}$ と表すこともあります。
このページの【例1】の数列（正の偶数を小さい順に並べた数列）をみてください。

2、4、6、8、10、12、14、16、……

【例1】の数列を $\{a_n\}$ とすると、$a_1 = 2$、$a_2 = 4$、$a_3 = 6$、……となり、第 n 項の a_n は、

「$a_n = 2n$」のように表せます。

「$a_n = 2n$」のように、数列 $\{a_n\}$ において、第 n 項 a_n を n の式で表すとき、これを数列 $\{a_n\}$ の一般項といいます。

例えば、【例1】の数列の第5項が知りたい場合、一般項「$a_n = 2n$」に、$n = 5$ を代入すれば、「$a_5 = 2 \cdot 5 = 10$」と求められます。さらに例えば、第100項が知りたい場合、$n = 100$ を代入すれば、「$a_{100} = 2 \cdot 100 = 200$」と求められます。

例題 一般項が次のように表される数列 $\{a_n\}$ の、初項から第3項までを求めましょう。

(1) $a_n = 3n - 4$　　　　　(2) $a_n = n^3$　　　　　(3) $a_n = (-2)^n + 2$

解答

それぞれの一般項に、$n = 1$、$n = 2$、$n = 3$ を代入しましょう。

(1) $a_n = 3n - 4$ に、$n = 1$、$n = 2$、$n = 3$ をそれぞれ代入すると、

$$a_1 = 3 \cdot 1 - 4 = 3 - 4 = \underline{-1}$$
$$a_2 = 3 \cdot 2 - 4 = 6 - 4 = \underline{2}$$
$$a_3 = 3 \cdot 3 - 4 = 9 - 4 = \underline{5}$$

(2) $a_n = n^3$ に、$n = 1$、$n = 2$、$n = 3$ ををそれぞれ代入すると、

$$a_1 = 1^3 = \underline{1}, \qquad a_2 = 2^3 = \underline{8}, \qquad a_3 = 3^3 = \underline{27}$$

(3) $a_n = (-2)^n + 2$ に、$n = 1$、$n = 2$、$n = 3$ をそれぞれ代入すると、

$$a_1 = (-2)^1 + 2 = -2 + 2 = \underline{0}$$
$$a_2 = (-2)^2 + 2 = 4 + 2 = \underline{6}$$
$$a_3 = (-2)^3 + 2 = -8 + 2 = \underline{-6}$$

練習問題

一般項が次のように表される数列 $\{a_n\}$ の、第6項と第11項を求めましょう。

(1) $a_n = -2n - 3$　　　　　　　(2) $a_n = (-1)^n - 1$

解答

それぞれの一般項に、$n = 6$ と $n = 11$ を代入しましょう。

(1) $a_n = -2n - 3$ に、$n = 6$ を代入すると、
$$a_6 = -2 \cdot 6 - 3 = -12 - 3 = \underline{-15}$$
$a_n = -2n - 3$ に、$n = 11$ を代入すると、
$$a_{11} = -2 \cdot 11 - 3 = -22 - 3 = \underline{-25}$$

(2) -1 を偶数乗すると $(-1)^{偶数} = 1$ になり、一方、奇数乗すると $(-1)^{奇数} = -1$ になります。例えば、
$(-1)^1 = -1$、$(-1)^2 = 1$、$(-1)^3 = -1$、……と、-1 と 1 が交互に続いていきます。
そのため、偶数乗の $(-1)^6 = 1$、奇数乗の $(-1)^{11} = -1$ です。
$a_n = (-1)^n - 1$ に、$n = 6$ を代入すると、
$$a_6 = (-1)^6 - 1 = 1 - 1 = \underline{0}$$
$a_n = (-1)^n - 1$ に、$n = 11$ を代入すると、
$$a_{11} = (-1)^{11} - 1 = -1 - 1 = \underline{-2}$$

2 等差数列とは

ここが
大切！

初項 a、公差 d の**等差数列** $\{a_n\}$ の一般項が $a_n = a + (n-1)d$ であることを
おさえよう！

1 等差数列とは

次の **［例1］** と **［例2］** のように、**初項に一定の数 d を次々に加えてできる数列**を、**等差数列**
といい、その**一定の数 d** を、**公差**といいます。

2 等差数列の一般項

初項 a、公差 d の等差数列 $\{a_n\}$ を、初項 a_1 から第 n 項 a_n まで順にみていくと、d ずつ増えて
いくので、次のようになります。

$a_1 = a$

$a_2 = a + d = a + (2-1)d$

$a_3 = a + d + d = a + (3-1)d$

$a_4 = a + d + d + d = a + (4-1)d$

$\vdots$

$a_n = a + \underbrace{d + d + \cdots\cdots + d + d}_{d \text{ が } (n-1) \text{ 個}} = a + (n-1)d$

> **等差数列の一般項**
>
> 初項 a、公差 d の等差数列 $\{a_n\}$ の一般項は、
>
> $$\underset{\substack{\uparrow}}{a_n} = \underset{\substack{\uparrow}}{a} + (n-1)\underset{\substack{\uparrow}}{d}$$
>
> 第 n 項の数 ＝ 初項 ＋ $(n-1)\times$ 公差

練習問題

初項 5、公差 7 の等差数列 $\{a_n\}$ について、次の問いに答えましょう。

（1）この数列の一般項を求めましょう。

（2）この数列の第 10 項と第 30 項を求めましょう。

（3）159 は、この数列の第何項ですか。

解答

（1）初項 a、公差 d の等差数列 $\{a_n\}$ の一般項 $a_n = a + (n-1)d$ に、$a=5$、$d=7$ を代入すると、

$a_n = 5 + (n-1)\cdot 7 = 5 + 7n - 7 = \underline{7n - 2}$

（2）（1）で求めた一般項 $a_n = 7n - 2$ に、$n=10$ を代入すると、

$a_{10} = 7\cdot 10 - 2 = 70 - 2 = \underline{68}$

一般項 $a_n = 7n - 2$ に、$n=30$ を代入すると、

$a_{30} = 7\cdot 30 - 2 = 210 - 2 = \underline{208}$

（3）一般項 $a_n = 7n - 2$ に、$a_n = 159$ を代入すると、

$159 = 7n - 2$、　$7n = 161$、　$n = 23$

すなわち、159 は第 23 項

コレで完璧！ ポイント

等差数列 a、b、c で「$2b = a + c$」が成り立つ！

数列 a、b、c が等差数列のとき、$b-a$ と $c-b$ は同じ値（公差）なので、「$b-a=c-b$」

です。等式を整理すると「$2b = a + c$」となるので、この性質をおさえましょう。これにより、次のような問題を解くことができます。

問題 数列 x、16、$3x$ が等差数列のとき、x の値を求めましょう。

解き方 上の性質から、$2\cdot 16 = x + 3x$、　$4x = 32$、　$x = \underline{8}$

3 等差数列の和

等差数列の和は、2通りの公式で求められる！

例えば、初項 1、公差 3、項数 8 の等差数列の和 S は、次のようになります。

$S = 1 + 4 + 7 + 10 + 13 + 16 + 19 + 22$ ……❶

たす順序を逆にすると、

$S = 22 + 19 + 16 + 13 + 10 + 7 + 4 + 1$ ……❷

❶＋❷は、次のようになります。

$$S = \ 1 \ + \ 4 \ + \ 7 \ + 10 + 13 + 16 + 19 + 22 \quad ……❶$$
$$\underline{) \ \ S = 22 + 19 + 16 + 13 + 10 + \ 7 \ + \ 4 \ + \ 1} \quad ……❷$$
$$2S = 23 + 23 + 23 + 23 + 23 + 23 + 23 + 23$$

初項 1 ＋ 末項 22 項数 8

よって、$S = \dfrac{1}{2} \cdot 8 \cdot (1 + 22)$

項数 初項 末項

したがって、初項 a、末項 l、公差 d、項数 n の等差数列の和 S_n は、次のようになります。

公式1 $S_n = \dfrac{1}{2} \quad n \quad (\quad a \quad + \quad l \quad)$

等差数列の和 ＝ $\dfrac{1}{2}$ × 項数 ×（ 初項 ＋ 末項 ）

ここで 公式1 に、$l = a + (n-1)d$ を代入すると、

末項＝初項＋$(n-1)$×公差

第 n 項の数

末項 l

$S_n = \dfrac{1}{2} n \{ a + \boxed{a + (n-1)d} \}$ $a + a = 2a$

公式2 $S_n = \dfrac{1}{2} \quad n \quad \{ 2 \quad a \quad + \quad (n-1) \quad d \}$

等差数列の和 ＝ $\dfrac{1}{2}$ × 項数 ×｛ 2 × 初項 ＋（ $n-1$ ）× 公差 ｝

等差数列の和の公式（２パターン）をおさえよう！

左ページの内容をまとめると、次のようになります。

> **等差数列の和**
>
> 初項 a、末項 l、公差 d、項数 n の等差数列の和 S_n は、
>
> $$S_n = \frac{1}{2}n(a+l) = \frac{1}{2}n\{2a+(n-1)d\}$$
>
> **公式 1**（公差 d が わからないときに 使うことが多い） **公式 2**（末項 l が わからないときに 使うことが多い）

練習問題 1

次の等差数列の和を求めましょう。

（1）初項 8、末項 50、項数 7　　　　　　（2）初項 -5、公差 -3、項数 10

解答

（1）初項 a、末項 l、項数 n の等差数列の

和　$S_n = \frac{1}{2}n(a+l)$　に、$a=8$、$l=50$、

$n=7$ を代入すると、

$$S_7 = \frac{1}{2}\cdot 7 \cdot (8+50) = \frac{1}{2}\cdot 7 \cdot \overset{29}{58} = 203$$

約分

（2）初項 a、公差 d、項数 n の等差数列の

和　$S_n = \frac{1}{2}n\{2a+(n-1)d\}$ に、$a=-5$、

$d=-3$、$n=10$ を代入すると、

$$S_{10} = \frac{1}{2}\cdot 10 \cdot \{2\cdot(-5)+(10-1)\cdot(-3)\}$$
$$= 5 \cdot \{-10+9\cdot(-3)\}$$
$$= 5 \cdot (-37) = -185 \qquad \frac{1}{2}\cdot 10 = 5$$

練習問題 2

次の等差数列の和 S を求めましょう。

$$-10、\ -16、\ -22、\ -28、\ \cdots\cdots、\ -130$$

解答

この等差数列の初項は -10、公差は -6 です。

項数を n とすると、この数列の一般項は、

$$-10+(n-1)\cdot(-6) = -10-6n+6 = -6n-4$$

末項が -130 なので、$-6n-4 = -130$、　$-6n = -126$、　$n = 21$

これにより、第 21 項が -130（この等差数列の**項数が** 21）であることがわかります。

初項 a、末項 l、項数 n の等差数列の和 $S = \frac{1}{2}n(a+l)$ に、$a=-10$、$l=-130$、$n=21$ を代入すると、

$$S = \frac{1}{2}\cdot 21 \cdot \{-10+(-130)\} = \frac{1}{2}\cdot 21 \cdot \overset{-70}{(-140)} = 21 \cdot (-70) = -1470$$

PART **8**

数列

4 自然数の数列の和

> ここが
> 大切!
>
> **自然数、偶数や奇数の数列の和**について考えよう！

1 自然数の数列の和

自然数の数列の和を求めてみましょう（自然数とは、正の整数のことです）。

この数列は、初項 1、末項 n、項数 n の等差数列です。そこで、

初項 a、末項 l、項数 n の等差数列の和 $\frac{1}{2}n(a+l)$ に、$a=1$、

$l=n$ を代入すると、

$$1+2+3+\cdots\cdots+n=\frac{1}{2}n(n+1)$$

となります（この等式を❶とします）。

✍ 練習問題1

次の等差数列の和を求めましょう。

1、2、3、……、100

> 解答
>
> 初項 1，末項 n、項数 n の等差数列（自然数の数列）の和 $\frac{1}{2}n(n+1)$ に、$n=100$ を代入すると、
>
> $$\frac{1}{2}\cdot100\cdot(100+1)=50\cdot101=\underline{\underline{5050}}$$

2 奇数と偶数の数列の和

正の奇数の数列の和を求めましょう。

この数列は、初項 1、末項 $2n-1$、項数 n の等差数列です。

そこで、初項 a、末項 l、項数 n の等差数列の和 $\frac{1}{2}n(a+l)$ に、

$a = 1$、$l = 2n - 1$ を代入すると、

$$1 + 3 + 5 + \cdots\cdots + (2n - 1) = \frac{1}{2}n(1 + 2n - 1) = \frac{1}{2}n \cdot 2n = n^2$$

となります。

コレで完璧！ ポイント

正の奇数の数列の末項が $2n - 1$ である理由とは？

正の奇数の数列の末項（第 n 項）が、例えば、$2n + 1$ でも、$2n - 3$ でもなく、$2n - 1$ である理由について解説します。

これは、等差数列の一般項（第 n 項の数 ＝ 初項 ＋ $(n - 1)$ × 公差）を考えるとわかります。等差数列「1、3、5、……」の初項1、公差2を「第 n 項の数 ＝ 初項 ＋ $(n - 1)$ × 公差」に代入すると、

$$第\ n\ 項の数\ = 1 + (n - 1) \times 2 = 1 + 2n - 2 = 2n - 1$$

となります。だから、正の奇数の数列の末項（第 n 項）は、$2n - 1$ です。

次に、**正の偶数の数列の和**を求めましょう。

この数列は、初項 2、末項 $2n$、項数 n の等差数列です。

そこで、初項 a、末項 l、項数 n の等差数列の和 $\frac{1}{2}n(a + l)$ に、

$a = 2$、$l = 2n$ を代入すると、

$$2 + 4 + 6 + \cdots\cdots + 2n = \frac{1}{2}n(2 + 2n) = n + n^2 = n(n + 1)$$

となります（左ページの等式❶の両辺を 2 倍して、「$2 + 4 + 6 + \cdots\cdots + 2n = n(n + 1)$」を求めることもできます）。

✍ 練習問題2

次の等差数列の和を求めましょう。

（1）1、 3、 5、……、99　　　　　　　（2）2、 4、 6、……、200

解答

　（1）まず、99 が第何項の数かを求めましょう。

　　　　この数列の一般項は $2n - 1$ なので、$2n - 1 = 99$ を解くと、$n = 50$（99 は第 50 項）だとわかります。

　　　　初項1、末項 $2n - 1$、項数 n の等差数列（正の奇数の数列）の和 n^2 に、$n = 50$ を代入すると、

　　　　$50^2 = \underset{\sim}{2500}$

　（2）まず、200 が第何項の数かを求めましょう。

　　　　この数列の一般項は $2n$ なので、$2n = 200$ を解くと、$n = 100$（200 は第 100 項）だとわかります。

　　　　初項2、末項 $2n$、項数 n の等差数列（正の偶数の数列）の和 $n(n + 1)$ に、$n = 100$ を代入すると、

　　　　$100 \cdot (100 + 1) = 100 \cdot 101 = \underset{\sim}{10100}$

5 等比数列とは

> **ここが大切!**
>
> 初項 a、公比 r の等比数列 $\{a_n\}$ の一般項が $a_n = ar^{n-1}$ であることをおさえよう!

1 等比数列とは

次の【例1】と【例2】のように、**初項に一定の数 r を次々にかけてできる数列**を、**等比数列**といい、その**一定の数 r** を、**公比**といいます。

【例1】 初項2、公比3の等比数列

初項
$$2、\underset{\times 3}{\,}6、\underset{\times 3}{\,}18、\underset{\times 3}{\,}54、\underset{\times 3}{\,}162、\cdots\cdots$$
公比 r

【例2】 初項27、公比 $-\dfrac{1}{3}$ の等比数列

初項
$$27、-9、3、-1、\frac{1}{3}、\cdots\cdots$$
$$\times\left(-\frac{1}{3}\right)\times\left(-\frac{1}{3}\right)\times\left(-\frac{1}{3}\right)\times\left(-\frac{1}{3}\right)$$
公比 r

---

2 等比数列の一般項

初項 a、公比 r の等比数列 $\{a_n\}$ を、初項 a_1 から第 n 項 a_n まで順にみていくと、r ずつかけていくので、次のようになります。

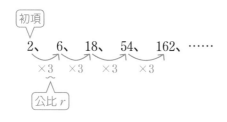

$$
\begin{aligned}
a_1 &= a \\
a_2 &= ar = ar^{2-1} \\
a_3 &= ar^2 = ar^{3-1} \\
a_4 &= ar^3 = ar^{4-1} \\
&\ \ \vdots \\
a_n &= ar^{n-1}
\end{aligned}
$$

> **等比数列の一般項**
>
> 初項 a、公比 r の等比数列 $\{a_n\}$ の一般項は、
> $$\underset{第\,n\,項の数}{a_n} = \underset{初項}{a}\ \underset{公比^{n-1}}{r^{n-1}}$$

練習問題 1

初項 3、公比 2 の等比数列 $\{a_n\}$ について、次の問いに答えましょう。

（1）この数列の一般項を求めましょう。　　　（2）この数列の第 5 項を求めましょう。

解答

（1）初項 a、公比 r の等比数列 $\{a_n\}$ の一般項 $a_n = ar^{n-1}$ に、$a = 3$、$r = 2$ を代入すると、$a_n = 3 \cdot 2^{n-1}$

（2）（1）で求めた一般項 $a_n = 3 \cdot 2^{n-1}$ に、$n = 5$ を代入すると、$a_5 = 3 \cdot 2^{5-1} = 3 \cdot 2^4 = 3 \cdot 16 = 48$

練習問題 2

第 2 項が -10 で、第 4 項が -40 の等比数列 $\{a_n\}$ の一般項を求めましょう。

解答

第 2 項が -10 なので、初項 a、公比 r の等比数列 $\{a_n\}$ の一般項 $a_n = ar^{n-1}$ に、$n = 2$、$a_n = -10$ を代入すると、$ar = -10$ ……❶

第 4 項が -40 なので、一般項 $a_n = ar^{n-1}$ に、$n = 4$、$a_n = -40$ を代入すると、$ar^3 = -40$ ……❷

❷を変形すると、$ar^3 = ar \cdot r^2 = -40$ ……❸

❸に❶を代入すると、$-10r^2 = -40$、　$r^2 = 4$、　$r = \pm 2$

$r = 2$ を❶に代入すると、$2a = -10$、　$a = -5$ ……❹

$r = -2$ を❶に代入すると、$-2a = -10$、　$a = 5$ ……❺

❹のとき、一般項は、$a_n = -5 \cdot 2^{n-1}$

❺のとき、一般項は、$a_n = 5 \cdot (-2)^{n-1}$

コレで完璧！ ポイント

等比数列 a、b、c で「$b^2 = ac$」が成り立つ！

数列 a、b、c が等比数列（$a \neq 0$、$b \neq 0$、$c \neq 0$）のとき、$\dfrac{b}{a}$ と $\dfrac{c}{b}$ は同じ値（公比）なので、「$\dfrac{b}{a} = \dfrac{c}{b}$」です。この等式の両辺に ab をかけると、次のようになります。

$$\frac{b}{\overset{1}{a}} \times \overset{1}{a}b = \frac{c}{\overset{1}{b}} \times a\overset{1}{b}$$

約分　　　約分　　残った文字をかける

$$b^2 = ac$$

この性質（$b^2 = ac$）によって、次のような問題を解くことができます。

問題 数列 2、x、50 が等比数列のとき、x の値を求めましょう。

解き方 上の性質から、$x^2 = 2 \cdot 50 = 100$、$x = \pm 10$

※「-10」も答えであることに注意しましょう。「2、-10、50」は、初項 2、公比 -5 の等比数列です。

6 等比数列の和

公比が 1 でないときの等比数列の和は、2 通りの公式で求められる！

等比数列の和は、次の公式で求められます。

> **等比数列の和**
>
> 初項 a、公比 r、項数 n の等比数列の和 S_n は、
>
> $r \neq 1$ のとき、$S_n = \dfrac{a(r^n - 1)}{r - 1} = \dfrac{a(1 - r^n)}{1 - r}$
>
> $\quad\quad\quad\quad\quad\quad$ $\dfrac{初項 \times (公比^n - 1)}{公比 - 1}$ $\quad$ $\dfrac{初項 \times (1 - 公比^n)}{1 - 公比}$
>
> $r = 1$ のとき、$S_n = na$

$\dfrac{a(r^n - 1)}{r - 1}$ と $\dfrac{a(1 - r^n)}{1 - r}$ が等しい**理由**について説明します。

分数の分母と分子に同じ数をかけても大きさは変わらないので、$\dfrac{a(r^n - 1)}{r - 1}$ の分母と分子に -1

をかけると、

$\dfrac{a(r^n - 1) \times (-1)}{(r - 1) \times (-1)}$ 　分子は a に
$\qquad\qquad\qquad\qquad$ -1 をかける

$= \dfrac{-a(r^n - 1)}{-r + 1}$ 　(分子)$= -ar^n + a$
$\qquad\qquad\qquad\qquad\qquad = a(-r^n + 1)$

$= \dfrac{a(1 - r^n)}{1 - r}$

だから、$\dfrac{a(r^n - 1)}{r - 1} = \dfrac{a(1 - r^n)}{1 - r}$ です。

$\dfrac{a(r^n-1)}{r-1}$ と $\dfrac{a(1-r^n)}{1-r}$ をどう使い分けるか？

例えば、$\dfrac{a(1-r^n)}{1-r}$ に $r=3$（r は公比）を代入すると、分母が負の数の -2 になり、その後の計算がややこしくなります。一方、$\dfrac{a(r^n-1)}{r-1}$ に $r=3$ を代入すると、分母が正の数の 2 になり、計算しやすいです。

また例えば、$r=-3$ の場合は同様の理由で、$\dfrac{a(1-r^n)}{1-r}$ に代入するほうが計算しやすいといえます。そのため、この 2 つの式は、次のように使い分けましょう。

・$r>1$ のとき、$\dfrac{a(r^n-1)}{r-1}$ を使う

・$r<1$ のとき、$\dfrac{a(1-r^n)}{1-r}$ を使う

練習問題

次の等比数列の和を求めましょう。

（1）初項 2、公比 3、項数 4

（2）初項 -3、公比 -2、項数 6

解き方のコツ　 コレで完璧！ポイント の通り、公比 r と 1 の大小によって、$\dfrac{a(r^n-1)}{r-1}$ と $\dfrac{a(1-r^n)}{1-r}$ を使い分けましょう。

解答

（1）初項 a、公比 r、項数 n の等比数列の和 $S_n=\dfrac{a(r^n-1)}{r-1}$ に、$a=2$、$r=3$、$n=4$ を代入すると、

$$S_4=\dfrac{2\cdot(3^4-1)}{3-1}=\dfrac{\overset{1}{2}\cdot(81-1)}{\underset{1}{2}}=81-1=\underset{\sim}{80}$$

約分

（2）初項 a、公比 r、項数 n の等比数列の和 $S_n=\dfrac{a(1-r^n)}{1-r}$ に、$a=-3$、$r=-2$、$n=6$ を代入すると、

$$S_6=\dfrac{-3\cdot\{1-(-2)^6\}}{1-(-2)}=\dfrac{\overset{-1}{-3}\cdot(1-64)}{\underset{1}{3}}=-(-63)=\underset{\sim}{63}$$

約分

※等比数列の和を求める問題で、項数が少なく、時間がある場合は次のように検算をするとよいでしょう。

練習問題 の検算の例

（1）$2+6+18+54=\underset{\sim}{80}$

（2）$(-3)+6+(-12)+24+(-48)+96=\underset{\sim}{63}$

7 $\sum$とは
シグマ

ここが
大切！

記号 $\sum$ を使って、数列の和を表そう！

数列 a_1、a_2、a_3、……、a_n の和を考えましょう。

この数列の和を、記号 $\sum$（読み方はシグマ）を使って、次のように表せます。

$$a_1 + a_2 + a_3 + \cdots\cdots + a_n = \sum_{k=1}^{n} a_k$$

「一般項 a_k において、第 1 項から第 n 項までの和」という意味

$$\sum_{k=1}^{n} a_k$$

【例1】$\displaystyle\sum_{k=1}^{5} a_k = \underbrace{a_1 + a_2 + a_3 + a_4 + a_5}$
一般項 a_k において、a_1 から a_5 までの和

【例2】$\displaystyle\sum_{k=3}^{6} a_k = \underbrace{a_3 + a_4 + a_5 + a_6}$
一般項 a_k において、
1 とは限らない　a_3 から a_6 までの和

例題1 次の和を求めましょう。

(1) $\displaystyle\sum_{k=1}^{4} (3k-2)$　　　　(2) $\displaystyle\sum_{k=1}^{3} k^2$

解答

(1) $\displaystyle\sum_{k=1}^{4} (3k-2)$ は、「$3k-2$ に、$k=1$ から $k=4$ までを代入した数の和」という意味で、式に表すと次のようになります。

$$\sum_{k=1}^{4} (3k-2) = (3\cdot1-2)+(3\cdot2-2)+(3\cdot3-2)+(3\cdot4-2)$$
$$= 1+4+7+10 = \underline{22}$$

(2) $\displaystyle\sum_{k=1}^{3} k^2$ は、「k^2 に、$k=1$ から $k=3$ までを代入した数の和」という意味で、式に表すと次のようになります。

$$\sum_{k=1}^{3} k^2 = 1^2+2^2+3^2 = 1+4+9 = \underline{14}$$

例題2 次の数列の和を、$\sum$ を使って表しましょう。

（1）$5+6+7+8+9$ （2）$3+6+9+\cdots\cdots+3n$

解答

（1）「5、6、7、8、9」は初項 5、公差 1 の等差数列だから、一般項は、

$$5+(n-1)\cdot 1 = n+4$$

一般項が $n+4$ の数列の第 1 項から第 5 項までの和だから、 $\displaystyle\sum_{k=1}^{5}\bm{(k+4)}$

※この場合、かっこ（　）をつけずに、$\displaystyle\sum_{k=1}^{5}k+4$ とするのは間違いなので注意しましょう。$\displaystyle\sum_{k=1}^{5}k+4$ では、「$\displaystyle\sum_{k=1}^{5}k$ に 4 をたしたもの」という意味になってしまいます。

（1）の **別解**

一般項を n と考えると、「1、2、3、4、……」という自然数の数列になります。

この数列の第 5 項から第 9 項までの和と考えると、$\displaystyle\sum_{k=5}^{9}\bm{k}$ でも正解です。

（2）「3、6、9、……、$3n$」は 3 の正の倍数なので、一般項は $3n$ です。第 1 項の 3 から、

第 n 項の $3n$ までの和だから、$\displaystyle\sum_{k=1}^{n}\bm{3k}$

練習問題

次の数列の和を、$\sum$ を使って表しましょう。

$$7+11+15+\cdots\cdots+51$$

解答

「7、11、15、……、51」は初項 7、公差 4 の等差数列だから、一般項は、

$$7+(n-1)\cdot 4 = 4n+3$$

$4n+3=51$ を解くと、$4n=48$、 $n=12$

だから、51 は第 12 項

一般項が $4n+3$ の数列の第 1 項から第 12 項までの和だから、$\displaystyle\sum_{k=1}^{12}(4k+3)$

8 Σの計算 ①

数列の和の公式を使って、Σの計算ができるようになろう！

1 数列の和の公式

数列のそれぞれの項が定数 c の場合、数列の和は次のようになります。

$$\sum_{k=1}^{n} c = \underbrace{c+c+\cdots\cdots+c}_{n\text{ 個の }c} = nc$$

特に、数列のそれぞれの項が 1 の場合、1 が n 個並ぶので、次のようになります。

$$\sum_{k=1}^{n} 1 = n$$

一方 P168 で、自然数の数列の和について、$1+2+3+\cdots\cdots+n=\dfrac{1}{2}n(n+1)$

であることを学びました。これを、Σ を使って表すと、次のようになります。

$$\sum_{k=1}^{n} k = \frac{1}{2}n(n+1)$$

その他の、数列の和の公式を含めて、下記にまとめます。

数列の和の公式 （【例】の途中式と答えをかくして、解いてみましょう。）

$$\sum_{k=1}^{n} c = nc \quad (c \text{ は定数})$$ 　　【例】 $\sum_{k=1}^{7} 3 = 7 \cdot 3 = \underline{21}$

特に、$\sum_{k=1}^{n} 1 = n$ 　　【例】 $\sum_{k=1}^{10} 1 = \underline{10}$

$$\sum_{k=1}^{n} k = \frac{1}{2}n(n+1)$$ 　　【例】 $\sum_{k=1}^{8} k = \dfrac{1}{2} \cdot 8 \cdot (8+1) = \dfrac{1}{\cancel{2}} \cdot \overset{4}{\cancel{8}} \cdot 9 = \underline{36}$

$$\sum_{k=1}^{n} k^2 = \frac{1}{6}n(n+1)(2n+1)$$ 　　【例】 $\sum_{k=1}^{5} k^2 = \dfrac{1}{6} \cdot 5 \cdot (5+1) \cdot (10+1)$

$$= \dfrac{1}{\cancel{6}} \cdot 5 \cdot \overset{1}{\cancel{6}} \cdot 11 = \underline{55}$$

$$\sum_{k=1}^{n} k^3 = \left\{ \frac{1}{2}n(n+1) \right\}^2$$ 　　【例】 $\sum_{k=1}^{4} k^3 = \left\{ \dfrac{1}{\cancel{2}} \cdot \overset{2}{\cancel{4}} \cdot (4+1) \right\}^2 = (2 \cdot 5)^2 = 10^2 = \underline{100}$

---

2 等比数列の和の公式

P172で、初項 a、公比 r、項数 n の等比数列の和が、$\dfrac{a(r^n-1)}{r-1}$ または、$\dfrac{a(1-r^n)}{1-r}$ であることを学びました。$r \neq 1$ のとき、$\sum$ を使って表すと、次のようになります。

> **等比数列の和の公式**
>
> $$\sum_{k=1}^{n} ar^{k-1} = a + ar + ar^2 + \cdots\cdots + ar^{n-1} = \frac{a(r^n-1)}{r-1} = \frac{a(1-r^n)}{1-r}$$

 コレで完璧！ ポイント

$\displaystyle\sum_{k=1}^{n} r^k$ の和をどう求めるか？

$\displaystyle\sum_{k=1}^{n} ar^{k-1}$ の場合は、上の公式を使えますが、$\displaystyle\sum_{k=1}^{n} r^k$ の和はどう求めればいいのでしょうか。

P103で習った指数法則「$a^m \times a^n = a^{m+n}$」を思い出しましょう。

「$r^1 \times r^{k-1} = r^{1+k-1} = r^k$」なので、「$r^k = r^1 \times r^{k-1} = rr^{k-1}$」に変形できます。

つまり、「$\displaystyle\sum_{k=1}^{n} r^k = \sum_{k=1}^{n} rr^{k-1}$」ということです。「$\displaystyle\sum_{k=1}^{n} ar^{k-1}$」の a を r にかえたものが

「$\displaystyle\sum_{k=1}^{n} rr^{k-1}$」といえます。これにより、

「$\displaystyle\sum_{k=1}^{n} r^k = \sum_{k=1}^{n} rr^{k-1} = \frac{r(r^n-1)}{r-1} = \frac{r(1-r^n)}{1-r}$」となります。次の 📝 **練習問題** (2)で練習しましょう。

📝 **練習問題**

次の和を求めましょう。

(1) $\displaystyle\sum_{k=1}^{3} 5 \cdot (-3)^{k-1}$

(2) $\displaystyle\sum_{k=1}^{6} 2^k$

解答

(1) $\displaystyle\sum_{k=1}^{3} 5 \cdot (-3)^{k-1}$

$\displaystyle\sum_{k=1}^{n} ar^{k-1} = \frac{a(1-r^n)}{1-r}$

$$= \frac{5 \cdot \{1-(-3)^3\}}{1-(-3)}$$

$-(-3)^3 = -(-27) = +27$

$$= \frac{5 \cdot (1+27)}{4}$$

$$= \frac{5 \cdot \overset{7}{28}}{\underset{1}{4}} = \underset{\sim}{35}$$

(2) $\displaystyle\sum_{k=1}^{6} 2^k$

$r^k = rr^{k-1}$

🐦 **コレで完璧！ ポイント** 参照

$$= \sum_{k=1}^{6} 2 \cdot 2^{k-1}$$

$\displaystyle\sum_{k=1}^{n} rr^{k-1} = \frac{r(r^n-1)}{r-1}$

$$= \frac{2 \cdot (2^6-1)}{2-1}$$

$$= 2 \cdot (64-1) = \underset{\sim}{126}$$

9 Σの計算②

Σの計算では、因数分解をいかに正確にできるかがポイント！

3 Σの計算

Σの計算で、p と q を定数とするとき、次の性質が成り立ちます。

定数を前に出せる　　定数を前に出せる

$$\sum_{k=1}^{n}(pa_k + qb_k) = p\sum_{k=1}^{n}a_k + q\sum_{k=1}^{n}b_k$$

分けられる

2を前に出せる　　分けられる

[例]
$$\sum_{k=1}^{n}(2k+5) = 2\sum_{k=1}^{n}k + \sum_{k=1}^{n}5$$

$\sum_{k=1}^{n}k = \dfrac{1}{2}n(n+1)$

$\sum_{k=1}^{n}c = nc$

n が共通
なので n で
くくる

$$= 2 \cdot \frac{1}{2}n(n+1) + 5n$$

$$= n(n+1+5) = n(n+6)$$

⚡ コレで完璧！ポイント

因数分解で、分母を何にそろえるか？

Σの計算では、けっこうややこしい因数分解が出てくるので、それらを正確に解くことを目標にしましょう。因数分解で「分数でくくる場合、$\dfrac{1}{\text{分母の最小公倍数}}$ でくくる」のが、ポイントのひとつです。具体的にどのように因数分解するのか、次の例をみてください。

[例] $\dfrac{1}{3}n^2 - \dfrac{3}{2}n = \dfrac{1}{6}n \cdot 2n - \dfrac{1}{6}n \cdot 9 = \dfrac{1}{6}n(2n-9)$

3と2の
最小公倍数は
6なので、
$\dfrac{1}{6}(n)$ でくくる

$\dfrac{1}{3}n^2 = \dfrac{2}{6}n^2$
$\quad = \dfrac{1}{6}n \cdot 2n$

$\dfrac{3}{2}n = \dfrac{9}{6}n$
$\quad = \dfrac{1}{6}n \cdot 9$

次の和を求めましょう。ただし、$n \geqq 2$ とします。

$$\sum_{k=1}^{n-1} k\left(k + \frac{1}{2}\right)$$

解き方のコツ $\sum_{k=1}^{n-1} k\left(k + \frac{1}{2}\right)$ は、第 n 項まででではなく、第 $(n-1)$ 項までの和なので、公式が次

のように変形します。次の❶と❷を使って解きましょう。

$\displaystyle\sum_{k=1}^{n} k = \frac{1}{2}n(n+1)$	$\displaystyle\sum_{k=1}^{n} k^2 = \frac{1}{6}n(n+1)(2n+1)$
⬇ n を $(n-1)$ におきかえる	⬇ n を $(n-1)$ におきかえる
$\displaystyle\sum_{k=1}^{n-1} k = \frac{1}{2}(n-1)\{(n-1)+1\}$	$\displaystyle\sum_{k=1}^{n-1} k^2 = \frac{1}{6}(n-1)\{(n-1)+1\}\{2(n-1)+1\}$
$\quad = \frac{1}{2}n(n-1)$ ······❶	$\quad = \frac{1}{6}n(n-1)(2n-1)$ ······❷

解答

$$\sum_{k=1}^{n-1} k\left(k + \frac{1}{2}\right)$$

展開する

$$= \sum_{k=1}^{n-1}\left(k^2 + \frac{1}{2}k\right)$$

分解する（$\frac{1}{2}k$ の $\frac{1}{2}$ は $\sum$ の前に出す）

$$= \sum_{k=1}^{n-1} k^2 + \frac{1}{2}\sum_{k=1}^{n-1} k$$

上の❷と❶を使う

$$= \frac{1}{6}n(n-1)(2n-1) + \frac{1}{2}\cdot\frac{1}{2}n(n-1)$$

$\frac{1}{2}\cdot\frac{1}{2} = \frac{1}{4}$

$$= \frac{1}{6}n(n-1)(2n-1) + \frac{1}{4}n(n-1)$$

$\left.\begin{array}{l}\frac{1}{6}n = \frac{2}{12}n = \frac{1}{12}n\cdot 2 \\ \frac{1}{4}n = \frac{3}{12}n = \frac{1}{12}n\cdot 3\end{array}\right\}$ コレで完璧！ポイント 参照

$$= \frac{1}{12}n(n-1)(2n-1)\cdot 2 + \frac{1}{12}n(n-1)\cdot 3$$

$\frac{1}{12}n(n-1)$ 以外を $\{\ \ \}$ の中に入れる

$$= \frac{1}{12}n(n-1)\{2(2n-1)+3\}$$

（共通因数 $\frac{1}{12}n(n-1)$ でくくる）

$$= \frac{1}{12}n(n-1)(4n+1)$$

10 階差数列とは

ここが
大切！

階差数列は、$n=1$ と $n \geqq 2$ の場合に分けて考えよう！

 コレで完璧！ポイント

階差数列とは何か？

次のように、**数列 $\{a_n\}$** において、となりあう項の差「$b_n = a_{n+1} - a_n$ （n は自然数）」を項と
する**数列 $\{b_n\}$** を、数列 $\{a_n\}$ の**階差数列**といいます。

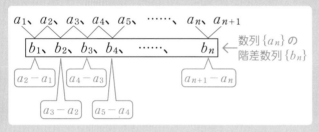

例題1 次の数列 $\{a_n\}$ について、後の問いに答えましょう。

　　1、3、8、16、27、……

（1）数列 $\{a_n\}$ の第 8 項を求めましょう。　　（2）数列 $\{a_n\}$ の一般項を求めましょう。

解答

（1）数列 $\{a_n\}$ の階差数列を $\{b_n\}$ とします。

　　　数列 $\{a_n\}$ の第 8 項は、結果的に、次のようになります。

$$
\begin{array}{cccccccc}
a_1 & a_2 & a_3 & a_4 & a_5 & a_6 & a_7 & a_8 \\
\end{array}
$$

数列 $\{a_n\}$　1、3、8、16、27、41、58、78　　8 より 1 小さいことに注目！

$$
\begin{array}{ccccccc}
2 & 5 & 8 & 11 & 14 & 17 & 20 \\
b_1 & b_2 & b_3 & b_4 & b_5 & b_6 & b_7 \\
\end{array}
$$

　　$a_8 = \underline{78}$

　　※（2）の **解答** 内に、（1）の別解を載せています。

（2）まず、階差数列 $\{b_n\}$ の一般項を求めましょう。

　　　$\{b_n\}$ は、初項 2、公差 3 の等差数列なので、一般項は、

$$b_n = 2 + (n-1) \cdot 3 = 3n - 1$$

ところで、（1）に話を戻すと、a_8 の値を求めるために、次の計算が必要です。

（1）の 別解

$$a_8 = 1 + \boxed{b_1 + b_2 + b_3 + \cdots + b_7}$$

a_1　　　　　8 より 1 小さい 7

$$= 1 + \boxed{\sum_{k=1}^{7} (3k-1)}$$

試しに計算
してみると……

$$= 1 + 3\sum_{k=1}^{7} k - \sum_{k=1}^{7} 1$$

$$= 1 + 3 \cdot \frac{1}{2} \cdot 7 \cdot 8 - 7$$

$$= 1 + 84 - 7 = 78$$

（1）の答えと
一致

同様に、数列 $\{a_n\}$ の一般項（第 n 項）を求めるために、次の計算をしましょう。

n より 1 小さい

$$a_n = 1 + \sum_{k=1}^{n-1} (3k-1)$$

a_1

分解する（$3k$ の 3 は $\sum$ の前に出す）

$$= 1 + 3\sum_{k=1}^{n-1} k - \sum_{k=1}^{n-1} 1$$

「第 $(n-1)$ 項まで」なので
注意（P179 の 例題 の
式❶を参照）

$$= 1 + 3 \cdot \frac{1}{2} n(n-1) - (n-1)$$

$$= 1 + \frac{3}{2} n^2 - \frac{3}{2} n - n + 1$$

$$= \frac{3}{2} n^2 - \frac{5}{2} n + 2$$

ここで、ひとつ確認すべきことがあります。$(n-1)$ は第 1 項以上なので、$n-1 \geqq 1$、す

なわち $n \geqq 2$ の場合の一般項 $\frac{3}{2} n^2 - \frac{5}{2} n + 2$ を求めたことになります。

そのため、解答の最後で、$n = 1$ のときに、この一般項が成り立つかどうかを確かめる必
要があるのです。

数列 $\{a_n\}$ の一般項 $\frac{3}{2} n^2 - \frac{5}{2} n + 2$ に、$n = 1$ を代入すると、

$$a_1 = \frac{3}{2} \cdot 1^2 - \frac{5}{2} \cdot 1 + 2 = \frac{3}{2} - \frac{5}{2} + 2 = 1$$

初項の 1 と一致したので、$a_n = \frac{3}{2} n^2 - \frac{5}{2} n + 2$ は、$n = 1$ のときにも成り立ちます。

したがって、$a_n = \dfrac{3}{2} n^2 - \dfrac{5}{2} n + 2$ …… 例題1 （2）の答え

例題1 （2）から、数列 $\{a_n\}$ の階差数列を $\{b_n\}$ とすると、次の公式が成り立つことがわかります。

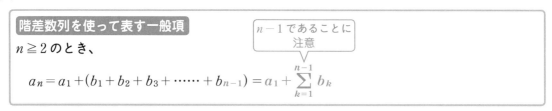

階差数列を使って表す一般項

$n \geqq 2$ のとき、

$n-1$ であることに注意

$$a_n = a_1 + (b_1 + b_2 + b_3 + \cdots\cdots + b_{n-1}) = a_1 + \sum_{k=1}^{n-1} b_k$$

例題2 次の数列 $\{a_n\}$ の一般項を求めましょう。

-3、4、5、0、-11、-28、……

解答

数列 $\{a_n\}$ の階差数列を $\{b_n\}$ とすると、$\{b_n\}$ は、

7、1、-5、-11、-17、……

これは、初項 7、公差 -6 の等差数列なので、$\{b_n\}$ の一般項は、

$$b_n = 7 + (n-1)\cdot(-6) = 7 - 6n + 6 = -6n + 13$$

よって、$n \geqq 2$ のとき、

$$a_n = -3 + \sum_{k=1}^{n-1} (-6k + 13)$$

分解する（$-6k$ の -6 は $\sum$ の前に出す）

$$= -3 - 6\sum_{k=1}^{n-1} k + \sum_{k=1}^{n-1} 13$$

$$\sum_{k=1}^{n-1} k = \frac{1}{2}n(n-1)$$

$$= -3 - \overset{3}{\underset{1}{6}}\cdot\frac{1}{2}n(n-1) + 13(n-1)$$

$$\sum_{k=1}^{n-1} c = c(n-1)$$

$$= -3 - 3n^2 + 3n + 13n - 13$$

$$= -3n^2 + 16n - 16$$

a_n に $n=1$ を代入すると、

$$a_1 = -3\cdot 1^2 + 16\cdot 1 - 16 = -3 + 16 - 16 = -3$$

初項の -3 と一致したので、a_1 のときにも成り立つ。

$n=1$ のときに一般項が成り立つかどうかを確かめる

ゆえに、一般項は、$a_n = \underwave{-3n^2 + 16n - 16}$

コレで完璧！ ポイント

数列の和 S_n から、一般項を求める方法とは？

数列 $\{a_n\}$ の初項から第 n 項までの和を S_n とします。$n \geqq 2$ のとき、

$$S_n = \underbrace{\overbrace{\boxed{a_1}}^{S_1} + a_2 + a_3 + \cdots\cdots + a_{n-1}}_{S_{n-1}} + a_n$$

$$S_n = S_{n-1} + a_n$$

よって、$\underline{a_n = S_n - S_{n-1}}$

また、$\underset{\sim}{a_1 = S_1}$

これにより、次のことが成り立ちます。

> 数列 $\{a_n\}$ の初項から第 n 項までの和を S_n とすると、
> ・$n = 1$ のとき、$a_1 = S_1$
> ・$n \geqq 2$ のとき、$a_n = S_n - S_{n-1}$

これを使って 例題3 を解いてみましょう。

例題3 数列 $\{a_n\}$ の初項から第 n 項までの和 S_n が、$S_n = n^2 - 3n$ と表されるとき、数列 $\{a_n\}$ の一般項を求めましょう。

解答

$a_1 = S_1 = 1^2 - 3 \cdot 1 = 1 - 3 = -2$ ……❶

$n \geqq 2$ のとき、

$$a_n = S_n - S_{n-1}$$
$$= \underset{\underset{S_n}{\uparrow}}{(n^2 - 3n)} - \{\underset{\underset{n \text{ のかわりに}(n-1)\text{を代入}}{\uparrow \qquad\qquad \uparrow}}{(n-1)^2 - 3(n-1)}\}$$
$$= n^2 - 3n - (n^2 - 2n + 1 - 3n + 3) \quad \text{← かっこの中を整理}$$
$$= n^2 - 3n - (n^2 - 5n + 4) \quad \text{← かっこを外す}$$
$$= n^2 - 3n - n^2 + 5n - 4$$
$$= 2n - 4$$

a_n に $n = 1$ を代入すると、

$a_1 = 2 \cdot 1 - 4 = -2$

❶と一致したので、a_1 のときも成り立つ。

ゆえに、一般項は、$\underset{\sim}{a_n = 2n - 4}$

> $n = 1$ のときに
> 一般項が成り立つか
> どうかを確かめる

PART **8**

数列

11 漸化式とは ①

まず、2つの漸化式「$a_{n+1} = a_n + d$」「$a_{n+1} = ra_n$」をおさえよう！

1 漸化式とは

数列 $\{a_n\}$ が、例えば、次の❶と❷の条件を満たしているとします（$n = 1$、2、3、……）。

$a_1 = 2$ ……❶ $a_{n+1} = a_n + 3$ ……❷

このとき、❷の式に、$n = 1$ を代入すると、次のようになります。

$$\underset{n=1\text{ を代入}}{a_{1+1} = a_2 = \overset{a_1 = 2}{a_1} + 3 = 2 + 3 = 5}$$

同じように、$n = 2$、$n = 3$、$n = 4$、…を代入していくと、次のようになります。

$a_3 = a_2 + 3 = 5 + 3 = 8$

$a_4 = a_3 + 3 = 8 + 3 = 11$

$a_5 = a_4 + 3 = 11 + 3 = 14$

……

このように、a_2、a_3、a_4、a_5、……の値が次々に決まっていきます。❷の式のように、**前の項から、その次に続く項を、ただ1通りに決める規則を表した等式**を、漸化式といいます。

👆 練習問題1

次のように定められた数列 $\{a_n\}$ の第3項を求めましょう。

(1) $a_1 = 3$、$a_{n+1} = 2a_n - 1$ (2) $a_1 = -1$、$a_{n+1} = a_n^3 - n$

解答

(1) $a_{n+1} = 2a_n - 1$ に、$n = 1$、$n = 2$ を順に代入していきましょう。

$a_2 = 2a_1 - 1 = 2 \cdot 3 - 1 = 5$

$a_3 = 2a_2 - 1 = 2 \cdot 5 - 1 = \underset{\frown}{9}$

(2) $a_{n+1} = a_n^3 - n$ に、$n = 1$、$n = 2$ を順に代入していきましょう。

$a_2 = a_1^3 - 1 = (-1)^3 - 1 = -1 - 1 = -2$

$a_3 = a_2^3 - 2 = (-2)^3 - 2 = -8 - 2 = \underset{\sim}{-10}$

2 漸化式 ($a_{n+1} = a_n + d$、$a_{n+1} = ra_n$) と一般項

初項と漸化式から、数列の一般項を求めていきましょう。

例題1 次のように定められた数列 $\{a_n\}$ の一般項を求めましょう。

(1) $a_1 = 5$、 $a_{n+1} = a_n + 2$ 　　　　(2) $a_1 = 6$、 $a_{n+1} = 3a_n$

解答

(1)「$a_{n+1} = a_n + 2$」から、それぞれの項が **2 ずつ増えていく** ことがわかるので、次のような数列になります。

$$\begin{array}{cccccc} a_1 & a_2 & a_3 & a_4 & a_5 & \cdots\cdots \\ 5, & 7, & 9, & 11, & 13, & \cdots\cdots \end{array}$$

$$+2 \quad +2 \quad +2 \quad +2$$
（公差）

つまり、数列 $\{a_n\}$ は、初項 5、公差 2 の**等差数列**なので、

$$a_n = 5 + (n-1) \cdot 2 = \underline{2n+3}$$

(2)「$a_{n+1} = 3a_n$」から、それぞれの項が **3 倍ずつになっていく** ことがわかるので、次のような数列になります。

$$\begin{array}{cccccc} a_1 & a_2 & a_3 & a_4 & a_5 & \cdots\cdots \\ 6, & 18, & 54, & 162, & 486, & \cdots\cdots \end{array}$$

$$\times 3 \quad \times 3 \quad \times 3 \quad \times 3$$
（公比）

つまり、数列 $\{a_n\}$ は、初項 6、公比 3 の**等比数列**なので、

$$a_n = \underline{6 \cdot 3^{n-1}}$$

コレで完璧！ ポイント

まず、2つのタイプの漸化式をおさえよう！

例題1 から、次の2つのことがわかります。

- $a_{n+1} = a_n + d$ は、「公差 d の等**差**数列」 → 一般項は、$a_n = a_1 + (n-1) \cdot d$
- $a_{n+1} = ra_n$ は、「公比 r の等**比**数列」 → 一般項は、$a_n = a_1 \cdot r^{n-1}$

次のページ以降で、さらに別のタイプの漸化式について学んでいきます。

練習問題2

次のように定められた数列 $\{a_n\}$ の一般項を求めましょう。

(1) $a_1 = -3$、 $a_{n+1} = a_n - 4$ 　　　　(2) $a_1 = 2$、 $a_{n+1} = -5a_n$

解答

(1) 数列 $\{a_n\}$ は、初項 -3、公差 -4 の**等差数列**なので、
$$a_n = -3 + (n-1) \cdot (-4) = -3 - 4n + 4 = \underline{-4n+1}$$

(2) 数列 $\{a_n\}$ は、初項 2、公比 -5 の**等比数列**なので、
$$a_n = \underline{2 \cdot (-5)^{n-1}}$$

12 漸化式とは ②

漸化式「$a_{n+1} = a_n + \boxed{n \text{ を含む式}}$」と階差数列の関係をおさえよう！

3 漸化式（$a_{n+1} = a_n + \boxed{n \text{ を含む式}}$）と一般項

次の問題を解く前に、階差数列について復習しておきましょう。

> ・数列 $\{a_n\}$ において、となりあう項の差「$b_n = a_{n+1} - a_n$（n は自然数）」を項とする数
> 列 $\{b_n\}$ を、数列 $\{a_n\}$ の**階差数列**といいます。
> ・$n \geq 2$ のとき、数列 $\{a_n\}$ の階差数列を $\{b_n\}$ とすると、次の公式が成り立ちます。
> $$a_n = a_1 + \sum_{k=1}^{n-1} b_k$$

例題2 次のように定められた数列 $\{a_n\}$ の一般項を求めましょう。

$$a_1 = -2, \quad a_{n+1} = a_n + 4n + 1$$

解き方のコツ 階差数列を使うので、$n \geq 2$ での一般項を求めて、最後に $n = 1$ の場合を確かめま
しょう。

解答

数列 $\{b_n\}$ を、数列 $\{a_n\}$ の階差数列とする。

$a_{n+1} = a_n + 4n + 1$ を変形すると、

$$a_{n+1} - a_n = 4n + 1$$

「$b_n = a_{n+1} - a_n$」を項とする数列 $\{b_n\}$ が、数列 $\{a_n\}$ の階差数列である。

$b_n = 4n + 1$ なので、$n \geq 2$ のとき、a_n の一般項は、

$$a_n = \underset{a_1}{-2} + \sum_{k=1}^{n-1}(4k+1) = -2 + 4\sum_{k=1}^{n-1}k + \sum_{k=1}^{n-1}1 = -2 + \overset{2}{\cancel{4}} \cdot \frac{1}{\cancel{2}_1}n(n-1) + (n-1)$$

分解する
（$4k$ の 4 は $\sum$ の前に出す） $\quad \sum_{k=1}^{n-1} k = \frac{1}{2}n(n-1)$、$\sum_{k=1}^{n-1} c = c(n-1)$

$$= -2 + 2n^2 - 2n + n - 1 = 2n^2 - n - 3$$

ここで、数列 $\{a_n\}$ の一般項 $2n^2-n-3$ に、$n=1$ を代入すると、

$a_1=2\cdot 1^2-1-3=2-1-3=-2$

よって、$a_n=2n^2-n-3$ は、$n=1$ のときにも成り立つ。

したがって、<u>$a_n=2n^2-n-3$</u>

コレで完璧！ポイント

漸化式「$a_{n+1}=a_n+\boxed{n\text{ を含む式}}$」から、どう一般項を導くか？

例題2 から、次のことがわかります。

・「$a_{n+1}=a_n+\boxed{n\text{ を含む式}}$」について、「$b_n=\boxed{n\text{ を含む式}}$」とすると、数列 $\{b_n\}$ が、

数列 $\{a_n\}$ の階差数列となる。

・$n\geqq 2$ のとき、一般項は、$a_n=a_1+\displaystyle\sum_{k=1}^{n-1}b_k$

このことをおさえたうえで、次の 練習問題3 を解きましょう。

練習問題3

次のように定められた数列 $\{a_n\}$ の一般項を求めましょう。

$a_1=-1$、 $a_{n+1}=a_n+6n^2-2n$

解答

$a_{n+1}=a_n+6n^2-2n$ を変形すると、

$a_{n+1}-a_n=6n^2-2n$

数列 $\{b_n\}$ を、数列 $\{a_n\}$ の階差数列とすると、$b_n=6n^2-2n$ となる。

$n\geqq 2$ のとき、a_n の一般項は、

$a_n=-1+\displaystyle\sum_{k=1}^{n-1}(6k^2-2k)$

分解する（6 と 2 をそれぞれ $\sum$ の前に出す）

$=-1+6\displaystyle\sum_{k=1}^{n-1}k^2-2\sum_{k=1}^{n-1}k$

$\displaystyle\sum_{k=1}^{n-1}k^2=\frac{1}{6}n(n-1)(2n-1)$

$\displaystyle\sum_{k=1}^{n-1}k=\frac{1}{2}n(n-1)$

$=-1+\overset{1}{6}\cdot\dfrac{1}{\underset{1}{6}}n(n-1)(2n-1)-\overset{1}{2}\cdot\dfrac{1}{\underset{1}{2}}n(n-1)$

$=-1+n(2n^2-3n+1)-n^2+n$

展開する

$=-1+2n^3-3n^2+n-n^2+n$

$=2n^3-4n^2+2n-1$

ここで、数列 $\{a_n\}$ の一般項 $2n^3-4n^2+2n-1$ に、$n=1$ を代入すると、

$a_1=2\cdot 1^3-4\cdot 1^2+2\cdot 1-1=2-4+2-1=-1$

よって、$a_n=2n^3-4n^2+2n-1$ は、$n=1$ のときにも成り立つ。

したがって、<u>$a_n=2n^3-4n^2+2n-1$</u>

13 漸化式とは ③

ここが
大切！

漸化式「$a_{n+1} = \square a_n + \triangle$」の一般項を、4ステップで求めよう！

4 漸化式（$a_{n+1} = \square a_n + \triangle$）と一般項

 コレで完璧！ ポイント

漸化式「$a_{n+1} = \square a_n + \triangle$」から一般項を求める4ステップ！

「$a_{n+1} = \square a_n + \triangle$」の漸化式から、次の4ステップで一般項を求めましょう。

ステップ 1 a_{n+1} と a_n をどちらも c とおき、方程式を解いて c を求める

ステップ 2 「$a_{n+1} = \square a_n + \triangle$」を、「$a_{n+1} - c = \square(a_n - c)$」に変形する

ステップ 3 「$b_n = a_n - c$」とおき、数列 $\{b_n\}$ の初項と公比を求める

ステップ 4 数列 $\{a_n\}$ の一般項を求める

例題 3 次のように定められた数列 $\{a_n\}$ の一般項を求めましょう。

$a_1 = 5$、　$a_{n+1} = 4a_n - 6$

解答

ステップ 1 a_{n+1} と a_n をどちらも c とおき、方程式を解いて c を求める

$a_{n+1} = 4a_n - 6$ の、a_{n+1} と a_n をどちらも c とおくと、

　$c = 4c - 6$、　$3c = 6$、　$c = 2$

ステップ 2 「$a_{n+1} = \square a_n + \triangle$」を、「$a_{n+1} - c = \square(a_n - c)$」に変形する

$a_{n+1} = 4a_n - 6$ を変形すると、$a_{n+1} - 2 = 4(a_n - 2)$　……❶

ステップ 3 「$b_n = a_n - c$」とおき、数列 $\{b_n\}$ の初項と公比を求める

ここで、$b_n = a_n - 2$　……❷　とおくと、$b_{n+1} = a_{n+1} - 2$ なので、❶から次のように導ける。

$$\underline{a_{n+1} - 2} = 4(\underline{a_n - 2}) \quad \cdots\cdots ❶$$

$b_{n+1} = a_{n+1} - 2 \searrow \qquad \swarrow b_n = a_n - 2$

$$\underline{b_{n+1} = 4b_n}$$

また❷から、$b_1 = a_1 - 2 = 5 - 2 = 3$

$b_1 = 3$、$b_{n+1} = 4b_n$ から、数列 $\{b_n\}$ は、初項3、公比4の等比数列(P185 の 🔥 **コレで完璧！ポイント** 参照)。

だから、数列 $\{b_n\}$ の一般項は、$b_n = 3 \cdot 4^{n-1}$ ……❸

ステップ❹ 数列 $\{a_n\}$ の一般項を求める

❷から、$a_n = b_n + 2$ ……❹

❹に❸を代入すると、$a_n = \underline{\underline{3 \cdot 4^{n-1} + 2}}$

👆 練習問題4

次のように定められた数列 $\{a_n\}$ の一般項を求めましょう。

$a_1 = -9$、　$a_{n+1} = -5a_n - 18$

解答

ステップ❶ a_{n+1} と a_n をどちらも c とおき、方程式を解いて c を求める

$a_{n+1} = -5a_n - 18$ の、a_{n+1} と a_n をどちらも c とおくと、

$c = -5c - 18$、　$6c = -18$、　$c = -3$

ステップ❷ 『$a_{n+1} = \square a_n + \triangle$』を、『$a_{n+1} - c = \square(a_n - c)$』に変形する

$a_{n+1} = -5a_n - 18$ を変形すると、

$a_{n+1} - (-3) = -5\{a_n - (-3)\}$

$a_{n+1} + 3 = -5(a_n + 3)$ ……❶

ステップ❸ 『$b_n = a_n - c$』とおき、数列 $\{b_n\}$ の初項と公比を求める

ここで、$b_n = a_n + 3$ ……❷　とおくと、$b_{n+1} = a_{n+1} + 3$ なので、❶から次のように導ける。

$$\underset{\underset{b_{n+1} = a_{n+1} + 3}{\downarrow}}{a_{n+1} + 3} = -5\underset{\underset{b_n = a_n + 3}{\downarrow}}{(a_n + 3)} \quad ……❶$$

$$b_{n+1} = -5\,b_n$$

また❷から、$b_1 = a_1 + 3 = -9 + 3 = -6$

$b_1 = -6$、$b_{n+1} = -5b_n$ から、数列 $\{b_n\}$ は、初項 -6、公比 -5 の等比数列。

だから、数列 $\{b_n\}$ の一般項は、$b_n = -6 \cdot (-5)^{n-1}$ ……❸

ステップ❹ 数列 $\{a_n\}$ の一般項を求める

❷から、$a_n = b_n - 3$ ……❹

❹に❸を代入すると、$a_n = \underline{\underline{-6 \cdot (-5)^{n-1} - 3}}$

14 数学的帰納法とは

すうがくてききのうほう

ここが
大切！

数学的帰納法を使って、3ステップで証明しよう！

すべての自然数 n において、ある命題(正しいか正しくないかがはっきり決まる文や式)が成り立つことを示すために、次の3ステップで証明する方法があります。

> ステップ1 $n=1$ のときに命題が成り立つことを示す
> ステップ2 $n=k$ のときに命題が成り立つと仮定すると、$n=k+1$ のときにも成り立つことを証明する
> ステップ3 ステップ1 と ステップ2 から、すべての自然数 n において命題が成り立つことがわかる

上の3ステップで証明する方法を、**数学的帰納法**といいます。

例題 n を自然数とするとき、数学的帰納法を使って、次の等式を証明しましょう。
$$1+3+5+\cdots\cdots+(2n-1)=n^2$$

解答

ステップ1 $n=1$ のときに命題が成り立つことを示す

等式 $1+3+5+\cdots\cdots+(2n-1)=n^2$ を、❶とします。

$n=1$ のとき、(左辺)$=1$、　　　(右辺)$=1^2=1$

よって、$n=1$ のとき、❶は成り立ちます。

───────────────────────

ステップ2 $n=k$ のときに命題が成り立つと仮定すると、$n=k+1$ のときにも成り立つことを証明する

$n=k$ のときに❶が成り立つ、すなわち、

$$1+3+5+\cdots\cdots+(2k-1)=k^2 \qquad \cdots\cdots❷$$

が成り立つと仮定します。

$n=k+1$ のとき、❷をもとに、❶の左辺を変形すると、

1番目	2番目	3番目	……	k番目	$(k+1)$番目
$2\cdot1-1$	$2\cdot2-1$	$2\cdot3-1$	……	$2\cdot k-1$	$2(k+1)-1$
↓	↓	↓		↓	↓

$$\boxed{1 \quad + \quad 3 \quad + \quad 5 \quad +\cdots+ \quad (2k-1)} + \underbrace{\{2(k+1)-1\}}_{(k+1)\text{番目を加える}}$$

❶の左辺の n を k にかえた式

$$= \boxed{k^2} + \{2(k+1)-1\}$$

❶の右辺の n を k にかえたもの

$$= k^2 + 2k + 1 \quad \text{因数分解}$$
$$= (k+1)^2$$

計算結果が、❶の右辺 n^2 に、$n=k+1$ を代入した $(k+1)^2$ と一致しました。だから、$n=k+1$ のときにも❶が成り立ちます。

ステップ3 **ステップ1** と **ステップ2** から、すべての自然数 n において命題が成り立つことがわかる

ステップ1 と **ステップ2** から、すべての自然数 n において、❶が成り立ちます。

> ※実際のテストの解答用紙などでは、**ステップ1** と **ステップ2** のような書き方ではなく、「[1]と[2]から、すべての自然数 n において、❶が成り立つ」のような表現で書きましょう。

コレで完璧！ ポイント

数学的帰納法によって証明できる理由とは？

例題 では、**ステップ1** で、$n=1$ のときに❶が成り立つことがわかりました。また、**ステップ2** から、$n=1+1=2$ のときも❶が成り立ち、$n=2+1=3$ のときも❶が成り立ちます。これ以降の $n=4$、5、6、7、……を含めた、すべての自然数 n も同様にして、❶が成り立つことがわかります。

数学的帰納法は、ドミノ倒しにたとえられることがあります。1番目のドミノを倒すと、2番目、3番目、……と次々にドミノが倒れ、最終的にすべてのドミノが倒れるというイメージでとらえるとよいでしょう。

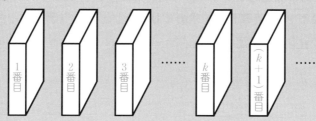

1 確率変数と確率分布

ここが
大切！

確率変数と確率分布のそれぞれの意味をおさえよう！

【例】 1枚に1つずつ点数の書かれたカードが10枚あります。そのうち、4枚が0点、3枚が1点、2枚が2点、1枚が3点です。この10枚のカードから1枚を引いたときの点数を X とします。

【例】で、点数 X は、0、1、2、3のいずれかの値をとる**変数**（いろいろな値をとる文字）です。この X のように、**試行**[※] **の結果によって、さまざまな値をとる変数**を、**確率変数**といいます。

> ※試行 … 硬貨やサイコロを投げるときのように、同じ状態のもとで何回もくり返すことができて、その結果が偶然によって決まる実験や観測など。

【例】で、例えば、10枚のうち4枚が0点なので、0点のカードをとる確率は、$\dfrac{4}{10} = \dfrac{2}{5}$ です。

このように、X のとる値と、X がそれぞれの値をとる確率を表にすると、次のようになります。

表1

X の値	0	1	2	3	計
確率 P	$\dfrac{2}{5}$	$\dfrac{3}{10}$	$\dfrac{1}{5}$	$\dfrac{1}{10}$	1

↑　　↑　　↑　　↑　　↑
これらの確率は必ず0以上になる　　合計は1になる

表1 のように、**確率変数のとる値に、それぞれの値をとる確率を対応させたもの**を、その確率変数の**確率分布**、または、**分布**といいます。また、確率変数 X は、その分布に**従う**といいます。通常、テストの問題などで、「**確率分布を求めましょう**」という指示があった場合は、**表1** のような表をかけばよいということです。

表1 で例えば、$X = 3$ のときの確率は $\dfrac{1}{10}$ です。このことを、$P(X = 3) = \dfrac{1}{10}$ と表すこともあります。

また例えば、X が1以上3以下である確率が、$\dfrac{3}{10} + \dfrac{1}{5} + \dfrac{1}{10} = \dfrac{6}{10} = \dfrac{3}{5}$ であることを、$P(1 \leqq X \leqq 3) = \dfrac{3}{5}$ と表すこともあります。

期待値の意味を確認しよう！

確率変数 X と、それぞれの確率 P が、次の表のように与えられているとします。

X	x_1	x_2	x_3	……	x_n	計
P	p_1	p_2	p_3	……	p_n	1

このとき、

$$x_1 p_1 + x_2 p_2 + x_3 p_3 + \cdots\cdots + x_n p_n$$

を、確率変数 X の期待値、または平均といい、$E(X)$、または、m と表します。

左ページの **表1** での期待値を求めると、次のようになります。

$$E(X) = 0 \cdot \frac{2}{5} + 1 \cdot \frac{3}{10} + 2 \cdot \frac{1}{5} + 3 \cdot \frac{1}{10} = \frac{3}{10} + \frac{2}{5} + \frac{3}{10} = 1 \text{（点）}$$

期待値（1点）は、左ページの **【例】** の試行で得られる結果の平均ということもできます。

練習問題

10 円硬貨 3 枚を同時に投げて、表が出た硬貨の合計額を X とします。このとき、次の問いに答えましょう。

（1）確率変数 X の確率分布を求めましょう。

（2）確率変数 X の期待値を求めましょう。

解答

（1）10 円硬貨 3 枚を同時に投げたときの樹形図と、それぞれの合計額をかくと、**図1** のようになります。

図1

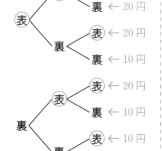

図1 を表に表すと、次のようになります。この表（確率分布）が、**（1）** の答えです。

X	0	10	20	30	計
P	$\frac{1}{8}$	$\frac{3}{8}$	$\frac{3}{8}$	$\frac{1}{8}$	1

（2）表から、X の期待値は次のように求められます。

$$E(X) = 0 \cdot \frac{1}{8} + 10 \cdot \frac{3}{8} + 20 \cdot \frac{3}{8} + 30 \cdot \frac{1}{8}$$

$$= 0 + \frac{30}{8} + \frac{60}{8} + \frac{30}{8} = \frac{120}{8} = 15$$

答え 15 円

2 確率変数の分散と標準偏差

確率変数の分散には、2通りの求め方があることをおさえよう！

この項目では、確率変数の値が平均（期待値）からどのくらい散らばっているかについてみていきます。それを調べるために有効なのが、分散と標準偏差です。確率変数 X の分散を $V(X)$、標準偏差を $\sigma(X)$ とそれぞれ表します。

※ σ は、ギリシャ文字の Σ（大文字）の小文字です。σ の読み方は、Σ と同じく「シグマ」です。

分散と標準偏差は、それぞれ次の式によって求められます。

分散と標準偏差

確率変数 X と、それぞれの確率 P が、次の表のように与えられているとします。

X	x_1	x_2	x_3	……	x_n	計
P	p_1	p_2	p_3	……	p_n	1

期待値を m とすると、

分散　$V(X) = (x_1 - m)^2 p_1 + (x_2 - m)^2 p_2 + (x_3 - m)^2 p_3 + \cdots + (x_n - m)^2 p_n$

> x_1 から期待値 m を引いた数を2乗した値に、確率 p_1 をかける

標準偏差　$\sigma(X) = \sqrt{V(X)}$

> $V(X)$ の平方根の正のほう

分散と標準偏差について
・その値が小さいほど、確率変数のそれぞれの値が、期待値の近くに集中している（散らばり具合が小さい）。
・その値が大きいほど、確率変数のそれぞれの値が、期待値から離れている（散らばり具合が大きい）。

練習問題

1個のサイコロを1回投げるとき、出る目の数を X とします。このとき、次の問いに答えましょう。

（1）確率変数 X の確率分布を求めましょう。

（2）確率変数 X の期待値を求めましょう。

（3）確率変数 X の分散を求めましょう。

（4）確率変数 X の標準偏差を求めましょう。

（1）サイコロの出る目の数 X の確率分布は、次のようになります。

X	1	2	3	4	5	6	計
P	$\dfrac{1}{6}$	$\dfrac{1}{6}$	$\dfrac{1}{6}$	$\dfrac{1}{6}$	$\dfrac{1}{6}$	$\dfrac{1}{6}$	1

（2）$E(X) = 1 \cdot \dfrac{1}{6} + 2 \cdot \dfrac{1}{6} + 3 \cdot \dfrac{1}{6} + 4 \cdot \dfrac{1}{6} + 5 \cdot \dfrac{1}{6} + 6 \cdot \dfrac{1}{6} = \dfrac{1}{6} + \dfrac{2}{6} + \dfrac{3}{6} + \dfrac{4}{6} + \dfrac{5}{6} + \dfrac{6}{6} = \dfrac{21}{6} = \dfrac{7}{2}$

（3）$V(X) = \left(1 - \dfrac{7}{2}\right)^2 \cdot \dfrac{1}{6} + \left(2 - \dfrac{7}{2}\right)^2 \cdot \dfrac{1}{6} + \left(3 - \dfrac{7}{2}\right)^2 \cdot \dfrac{1}{6} + \left(4 - \dfrac{7}{2}\right)^2 \cdot \dfrac{1}{6} + \left(5 - \dfrac{7}{2}\right)^2 \cdot \dfrac{1}{6} + \left(6 - \dfrac{7}{2}\right)^2 \cdot \dfrac{1}{6}$

確率変数 1 から期待値 $\dfrac{7}{2}$ を引いた数を 2 乗した値に、確率 $\dfrac{1}{6}$ をかける

$= \left(-\dfrac{5}{2}\right)^2 \cdot \dfrac{1}{6} + \left(-\dfrac{3}{2}\right)^2 \cdot \dfrac{1}{6} + \left(-\dfrac{1}{2}\right)^2 \cdot \dfrac{1}{6} + \left(\dfrac{1}{2}\right)^2 \cdot \dfrac{1}{6} + \left(\dfrac{3}{2}\right)^2 \cdot \dfrac{1}{6} + \left(\dfrac{5}{2}\right)^2 \cdot \dfrac{1}{6}$

$= \dfrac{25}{24} + \dfrac{9}{24} + \dfrac{1}{24} + \dfrac{1}{24} + \dfrac{9}{24} + \dfrac{25}{24} = \dfrac{70}{24} = \dfrac{35}{12}$

（4）$\sigma(X) = \sqrt{V(X)} = \sqrt{\dfrac{35}{12}} = \dfrac{\sqrt{35}}{2\sqrt{3}} = \dfrac{\sqrt{105}}{6}$

コレで完璧！ ポイント

分散は、$E(X^2) - \{E(X)\}^2$ でも求められる！

分散 $V(X)$ は紹介した方法に加えて、「$E(X^2) - \{E(X)\}^2$」という式によっても求められます。
上と同じ例（1 個のサイコロを 1 回投げるとき、出る目の数を X とする問題）で、
「$V(X) = E(X^2) - \{E(X)\}^2$」を計算するために、まず $E(X^2)$ を求めると、次のようになります。

$E(X^2) = 1^2 \cdot \dfrac{1}{6} + 2^2 \cdot \dfrac{1}{6} + 3^2 \cdot \dfrac{1}{6} + 4^2 \cdot \dfrac{1}{6} + 5^2 \cdot \dfrac{1}{6} + 6^2 \cdot \dfrac{1}{6}$

X^2 の期待値

確率変数 1 の 2 乗に確率 $\dfrac{1}{6}$ をかける

$= \dfrac{1}{6} + \dfrac{4}{6} + \dfrac{9}{6} + \dfrac{16}{6} + \dfrac{25}{6} + \dfrac{36}{6} = \dfrac{91}{6}$

（2）から期待値は $\dfrac{7}{2}$ なので、分散は、

$V(X) = E(X^2) - \{E(X)\}^2 = \dfrac{91}{6} - \left(\dfrac{7}{2}\right)^2 = \dfrac{91}{6} - \dfrac{49}{4} = \dfrac{182}{12} - \dfrac{147}{12} = \dfrac{35}{12}$

期待値 $\dfrac{7}{2}$ の 2 乗

先に求めた分散の値 $\left(\dfrac{35}{12}\right)$ と一致しましたね。テストなどで分散の値を求めた後に、この求め方であらためて計算し、検算として使うこともできます。

3 確率変数 $aX+b$ への変換

ここが
大切！

確率変数 X を確率変数 $aX+b$ に変換したときの、期待値、分散、標準偏差の求め方をおさえよう！

🐾 **コレで完璧！ ポイント**

確率変数 $aX+b$ に変換するときの、期待値、分散、標準偏差！
結論から言うと、期待値、分散、標準偏差は、次の公式によって変換することができます。

> a、b を定数として、$Y=aX+b$ とすると、
> $E(Y) = E(aX+b) = aE(X)+b$
> $V(Y) = V(aX+b) = a^2 V(X)$
> $\sigma(Y) = \sigma(aX+b) = |a|\sigma(X)$

これらの公式をどのように使うのかについては、 例題 の 解答 で解説します。

P194 の ✋ 練習問題 では、1 個のサイコロを 1 回投げるとき、出る目の数を X とした場合の、

期待値 $E(X) = \dfrac{7}{2}$、分散 $V(X) = \dfrac{35}{12}$、標準偏差 $\sigma(X) = \dfrac{\sqrt{105}}{6}$ が求められました。これらの値

を使って、次の 例題 を解くことができます。

例題 1 個のサイコロを 1 回投げるとき、出る目の数を X とします。そして、X の 2 倍から
　　　 1 を引いた点数 Y 点がもらえるゲームをします。このとき、次の問いに答えましょう。
（1）確率変数 Y の確率分布を求めましょう。
（2）確率変数 Y の期待値 $E(Y)$ を求めましょう。
（3）確率変数 Y の分散 $V(Y)$ を求めましょう。
（4）確率変数 Y の標準偏差 $\sigma(Y)$ を求めましょう。

（1）サイコロの出る目の数 X の確率分布は、次のようになります。

X	1	2	3	4	5	6	計
P	$\dfrac{1}{6}$	$\dfrac{1}{6}$	$\dfrac{1}{6}$	$\dfrac{1}{6}$	$\dfrac{1}{6}$	$\dfrac{1}{6}$	1

（1）で求めるのは「確率変数 Y」の確率分布です。X の 2 倍から 1 を引いたのが Y なので、$Y=2X-1$ です。例えば、$X=3$ のとき、$Y=2\cdot3-1=6-1=5$ となります。よって、確率変数 Y の確率分布は、次のようになります（次の表が（1）の答えです）。

$$\boxed{2\cdot1-1}\ \boxed{2\cdot2-1}\ \boxed{2\cdot3-1}\ \boxed{2\cdot4-1}\ \boxed{2\cdot5-1}\ \boxed{2\cdot6-1}$$

$Y=2X-1$	1	3	5	7	9	11	計
P	$\dfrac{1}{6}$	$\dfrac{1}{6}$	$\dfrac{1}{6}$	$\dfrac{1}{6}$	$\dfrac{1}{6}$	$\dfrac{1}{6}$	1

この表が（1）の答えです

（2）（1）の「確率変数 Y」の確率分布から、期待値 $E(Y)$ は、次のように求められます。

$$E(Y)=1\cdot\frac{1}{6}+3\cdot\frac{1}{6}+5\cdot\frac{1}{6}+7\cdot\frac{1}{6}+9\cdot\frac{1}{6}+11\cdot\frac{1}{6}$$

$$=\frac{1}{6}+\frac{3}{6}+\frac{5}{6}+\frac{7}{6}+\frac{9}{6}+\frac{11}{6}=\frac{36}{6}=\underline{6}$$

（2）の別解

次の公式を使って、（2）を解くこともできます。

> a、b を定数として、$Y=aX+b$ とすると、
> $$E(\underline{Y})=E(\underline{aX+b})=aE(X)+b$$
> $Y=aX+b$　　a を $E(X)$ の前に出す　　b が、かっこの外に出る

P194 の 🔖練習問題 （2）で、$E(X)=\dfrac{7}{2}$ と求めました。

ここで、「$E(Y)=E(aX+b)=aE(X)+b$」だから、

$$E(\underline{Y})=E(\underline{2X-1})=2E(X)-1$$

$Y=2X-1$　　　　$=2\cdot\dfrac{7}{2}-1$　　$E(X)=\dfrac{7}{2}$ を代入

$$=\underline{6}$$

1 つめの解き方と答えが一致

（3）$V(Y)=(1-6)^2\cdot\dfrac{1}{6}+(3-6)^2\cdot\dfrac{1}{6}+(5-6)^2\cdot\dfrac{1}{6}+(7-6)^2\cdot\dfrac{1}{6}+(9-6)^2\cdot\dfrac{1}{6}+(11-6)^2\cdot\dfrac{1}{6}$

$$=\frac{25}{6}+\frac{9}{6}+\frac{1}{6}+\frac{1}{6}+\frac{9}{6}+\frac{25}{6}=\frac{70}{6}=\underline{\underline{\frac{35}{3}}}$$

（3）の別解

次の公式を使って、（3）を解くこともできます。

> a、b を定数として、$Y = aX + b$ とすると、
> $$V(\underline{Y}) = V(\underline{aX + b}) = a^2\,V(X)$$
> $Y = aX + b$ ↑　　a^2 が係数になる

P194 の 練習問題 （3）で、$V(X) = \dfrac{35}{12}$ と求めました。

「$V(Y) = V(aX + b) = a^2\,V(X)$」だから

$$V(\underline{Y}) = V(\underline{2X - 1}) = 2^2\,V(X) \quad \leftarrow 2^2 \text{ が係数になる}$$
$Y = 2X - 1$ ↑

$$= 4 \cdot \frac{35}{12} \quad \leftarrow V(X) = \frac{35}{12} \text{ を代入}$$

$$= \frac{35}{3} \quad \text{1つめの解き方と答えが一致}$$

（4）$\sigma(Y) = \sqrt{V(Y)} = \sqrt{\dfrac{35}{3}} = \dfrac{\sqrt{35}}{\sqrt{3}} = \dfrac{\sqrt{105}}{3}$

（4）の別解

次の公式を使って、（4）を解くこともできます。

> a、b を定数として、$Y = aX + b$ とすると、
> $$\sigma(\underline{Y}) = \sigma(\underline{aX + b}) = |a|\,\sigma(X)$$
> $Y = aX + b$ ↑　　a の絶対値が係数になる
> （絶対値とその記号 $|\ |$ については、P48 の コレで完璧！ポイント を参照）

P194 の 練習問題 （4）で、$\sigma(X) = \dfrac{\sqrt{105}}{6}$ と求めました。

「$\sigma(Y) = \sigma(aX + b) = |a|\,\sigma(X)$」だから、

$$\sigma(\underline{Y}) = \sigma(\underline{2X - 1}) = |2|\,\sigma(X) \quad \leftarrow |2| \text{ が係数になる}$$
$Y = 2X - 1$ ↑　　$\sigma(X) = \frac{\sqrt{105}}{6}$、$|2| = 2$

$$= 2 \cdot \frac{\sqrt{105}}{6}$$

$$= \frac{\sqrt{105}}{3} \quad \text{1つめの解き方と答えが一致}$$

標準偏差 $\sigma(Y)$ は、$\sqrt{V(Y)}$ と $|a|\sigma(X)$ のどちらが求めやすいか？

確率変数 $aX+b$ に変換したときの公式を、もう一度まとめます。

> a、b を定数として、$Y=aX+b$ とすると、
>
> $E(Y)=E(aX+b)=aE(X)+b$
>
> $V(Y)=V(aX+b)=a^2\,V(X)$
>
> $\sigma(Y)=\sigma(aX+b)=|a|\sigma(X)$

あらかじめ、$E(X)$、$V(X)$ の値がわかっている場合、これらの公式を使ったほうが、$E(Y)$、$V(Y)$ の値をすばやく正確に求められるでしょう。

一方、 例題 （4）で、標準偏差 $\sigma(Y)$ を求めるときに、$\sqrt{V(Y)}$ と、$|a|\sigma(X)$ のどちらが計算しやすかったでしょうか。$\sqrt{V(Y)}$ と $|a|\sigma(X)$ では、その都度、計算しやすいほうで求めることをおすすめします。

練習問題

P196 の 例題 について、確率変数 $Y=-3X-4$ である場合を考えます。このとき、

コレで完璧！ ポイント の3つの公式を使って、次の値を求めましょう。ただし、期待値 $E(X)=\dfrac{7}{2}$、

分散 $V(X)=\dfrac{35}{12}$、標準偏差 $\sigma(X)=\dfrac{\sqrt{105}}{6}$ とします。

（1）期待値 $E(Y)$ （2）分散 $V(Y)$ （3）標準偏差 $\sigma(Y)$

解答

（1）「$E(Y)=E(aX+b)$」をもとに考えます。

$Y=-3X-4$ なので、$a=-3$、$b=-4$ です。

「$E(Y)=E(aX+b)=aE(X)+b$」の $aE(X)+b$ に、$a=-3$、$E(X)=\dfrac{7}{2}$、$b=-4$ を代入すると、

$E(Y)=E(-3X-4)=-3\cdot\dfrac{7}{2}-4=-\dfrac{21}{2}-4=-\dfrac{29}{2}$

（2）「$V(Y)=V(aX+b)=a^2\,V(X)$」の $a^2\,V(X)$ に、$a=-3$、$V(X)=\dfrac{35}{12}$ を代入すると、

$V(Y)=V(-3X-4)=(-3)^2\cdot\dfrac{35}{12}=9\cdot\dfrac{35}{12}=\dfrac{105}{4}$

（3）「$\sigma(Y)=\sigma(aX+b)=|a|\sigma(X)$」の $|a|\sigma(X)$ に、$a=-3$、$\sigma(X)=\dfrac{\sqrt{105}}{6}$ を代入すると、

$\sigma(Y)=\sigma(-3X-4)=|-3|\cdot\dfrac{\sqrt{105}}{6}=3\cdot\dfrac{\sqrt{105}}{6}=\dfrac{\sqrt{105}}{2}$

4 確率変数の和の期待値

ここが
大切！

確率変数 X、Y の期待値について、$E(X+Y)=E(X)+E(Y)$ であることをおさえよう！

2つの確率変数 X、Y について、$E(X)$ と $E(Y)$ がわかっているとき、$E(X+Y)$ をどうやって求めるかについて、みていきましょう。

例題 ▷ 1から10までの数が1つずつ書かれた10枚のカードがあります。この10枚から 1枚を引くとき、カードに書かれた数が偶数なら0点、奇数なら10点とし、その点数を X とします。一方、カードに書かれた数が7以下なら0点、8以上なら20点とし、その点数を Y とします。このとき、次の問いに答えましょう。

（1）確率変数 X の期待値 $E(X)$ を求めましょう。

（2）確率変数 Y の期待値 $E(Y)$ を求めましょう。

（3）確率変数 $X+Y$ の期待値 $E(X+Y)$ を求めましょう。

解答 ▷

（1）偶数（点数は0点）は10枚のうち5枚（2、4、6、8、10）、奇数（点数は10点）は10枚 のうち5枚（1、3、5、7、9）なので、点数 X の確率分布は、次のようになります。

X	0	10	計
P	$\dfrac{5}{10}$	$\dfrac{5}{10}$	1

この確率分布をもとに、X の期待値を求めると、次のようになります。

$$E(X) = 0 \cdot \frac{5}{10} + 10 \cdot \frac{5}{10} = 0 + 5 = \underset{\sim}{5}$$

（2）7以下（点数は0点）は10枚のうち7枚（1〜7）、8以上（点数は20点）は10枚のうち 3枚（8、9、10）なので、点数 Y の確率分布は、次のようになります。

Y	0	20	計
P	$\dfrac{7}{10}$	$\dfrac{3}{10}$	1

この確率分布をもとに、Y の期待値を求めると、次のようになります。

$$E(Y) = 0 \cdot \frac{7}{10} + 20 \cdot \frac{3}{10} = 0 + 6 = \underset{\sim}{6}$$

（3）カードに書かれた、1 から 10 までの数を、ベン図（数の集まりなどを図に表したもの）に表すと、右のように、4 つの部分ア、イ、ウ、エに分かれます。

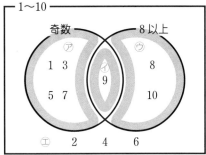

ア の部分は「奇数（10 点）で、7 以下（0 点）」

の数なので「1、3、5、7」の 4 枚が入り、アの点数 $X + Y$ は、$(10 + 0 =)$ 10 点です。

イ の部分は「奇数（10 点）で、8 以上（20 点）」

の数なので「9」の 1 枚だけが入り、イの点数 $X + Y$ は、$(10 + 20 =)$ 30 点です。

ウ の部分は「偶数（0 点）で、8 以上（20 点）」の数なので「8、10」の 2 枚が入り、ウの点数 $X + Y$ は、$(0 + 20 =)$ 20 点です。

上記以外のエの部分は「偶数（0 点）で、7 以下（0 点）」の数なので「2、4、6」の 3 枚が入り、エの点数 $X + Y$ は、$(0 + 0 =)$ 0 点です。

よって、点数 $X + Y$ の確率分布は、右のようになります。

この確率分布をもとに、$X + Y$ の期待値を求めると、次のようになります。

$X + Y$	0	10	20	30	計
P	$\dfrac{3}{10}$	$\dfrac{4}{10}$	$\dfrac{2}{10}$	$\dfrac{1}{10}$	1

$$E(X + Y) = 0 \cdot \frac{3}{10} + 10 \cdot \frac{4}{10} + 20 \cdot \frac{2}{10} + 30 \cdot \frac{1}{10} = 0 + 4 + 4 + 3 = \underline{11}$$

（3）の別解

次のことを使って、（3）を解くこともできます。

確率変数 X と Y について、次の式が成り立ちます。
$$E(X + Y) = E(X) + E(Y)$$

これを使うと、（1）で $E(X) = 5$、（2）で $E(Y) = 6$ と求められたので、
$$E(X + Y) = E(X) + E(Y) = 5 + 6 = \underline{11}$$

 コレで完璧！ ポイント

$E(X + Y) = E(X) + E(Y)$ が成り立つ！

この項目のポイントは、 例題 （3）の 2 つの解き方の答えが一致すること、そして、「$E(X + Y) = E(X) + E(Y)$」が成り立つことです。（3）の初めに紹介した解き方で $E(X + Y)$ を求めるのは、なかなか大変です。一方、別解で述べた「$E(X + Y) = E(X) + E(Y)$」が成り立つことがわかっていれば、「「$E(X + Y) = E(X) + E(Y) = 5 + 6 = \underline{11}$」というシンプルな式で求めることができます。

PART

9

確率分布と統計的な推測

5 独立な確率変数の積の期待値

ここが
大切！

**確率変数 X と Y が互いに独立のとき、$E(XY) = E(X)E(Y)$ であることを
おさえよう！**

確率変数 X、Y について、「$X = a$ かつ $Y = b$」となる確率を、$P(X = a,\ Y = b)$ と表します。
2つの確率変数 X、Y があり、X のとる任意の値 a と、Y のとる任意の値 b において、次の式
が成り立つとき、確率変数 X と Y は互いに**独立**であるといいます。

$$P(X = a,\ Y = b) = P(X = a) \cdot P(Y = b)$$

| $X = a$ かつ $Y = b$ で
ある確率 | $X = a$ で
ある確率 | $Y = b$ で
ある確率 |

例題 1　2つの確率変数 X、Y のとる値と、X、Y のそれぞれの値の組における確率を、次の
表に表しました（㋐〜㋗の記号は、後の解説のために付けたものです）。このとき、
後の問いに答えましょう。

X ＼ Y	0	1	計
2	㋐ 0.06	㋑ 0.24	㋒ 0.3
3	㋓ 0.14	㋔ 0.56	㋕ 0.7
計	㋖ 0.2	㋗ 0.8	1

（1）$P(X = 3)$ と $P(Y = 0)$ をそれぞれ求めましょう。

（2）$P(X = 3,\ Y = 0)$ を求めましょう。

解答

（1）$P(X = 3)$ の値は、表の㋕にあたるので、$P(X = 3) = \underline{0.7}$

　　　$P(Y = 0)$ の値は、表の㋖にあたるので、$P(Y = 0) = \underline{0.2}$

（2）$P(X = 3,\ Y = 0)$ の値は、表の㋓にあたるので、$P(X = 3,\ Y = 0) = \underline{0.14}$

例題1 の X と Y は互いに独立であるといえる？

例題1 （1）で、$P(X=3)=0.7$、$P(Y=0)=0.2$ であることがわかりました。この2つの確率をかけると、

$$P(X=3)\cdot P(Y=0)=0.7\cdot 0.2=0.14$$

となり、（2）で求めた、$P(X=3, Y=0)=0.14$ と一致します。

つまり、$P(X=3, Y=0)=P(X=3)\cdot P(Y=0)$ が成り立ちます。

$P(X=3)$ と $P(Y=0)$ 以外の、すべての X と Y の組の確率を調べても、同様のことが成り立つので、例題1 の確率変数 X と Y は互いに独立であるといえます。

例題2 2つの袋 A、B があります。袋 A には、10点と書かれたカードが4枚、20点のカードが1枚の、計5枚のカードが入っています。一方、袋 B には、30点のカードが3枚、40点のカードが2枚の、計5枚のカードが入っています。2つの袋 A、B から1枚ずつカードを引くとき、A から引いたカードの点数を X、B から引いたカードの点数を Y とします。このとき、後の問いに答えましょう（ただし、確率変数 X と Y は互いに独立です）。

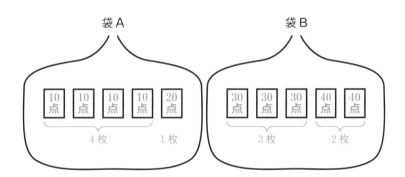

（1）確率変数 X の期待値 $E(X)$ を求めましょう。

（2）確率変数 Y の期待値 $E(Y)$ を求めましょう。

（3）確率変数 XY の期待値 $E(XY)$ を求めましょう。

（1）袋 A には、5 枚のうち、10 点と書かれたカードが 4 枚、20 点のカードが 1 枚入っているので、点数 X の確率分布は、次の **表1** のようになります。

表1

X	10	20	計
P	$\dfrac{4}{5}$	$\dfrac{1}{5}$	1

この確率分布をもとに、X の期待値を求めると、次のようになります。

$$E(X) = 10 \cdot \frac{4}{5} + 20 \cdot \frac{1}{5} = 8 + 4 = \underline{\mathbf{12}}$$

（2）袋 B には、5 枚のうち、30 点のカードが 3 枚、40 点のカードが 2 枚入っているので、点数 Y の確率分布は、次の **表2** のようになります。

表2

Y	30	40	計
P	$\dfrac{3}{5}$	$\dfrac{2}{5}$	1

この確率分布をもとに、Y の期待値を求めると、次のようになります。

$$E(Y) = 30 \cdot \frac{3}{5} + 40 \cdot \frac{2}{5} = 18 + 16 = \underline{\mathbf{34}}$$

（3）例えば、$X = 10,\ Y = 30$ のとき、$XY = 10 \cdot 30 = 300$ です。X と Y が互いに独立なので、$P(XY = 300)$ は次のように求められます。

表1 から

$$\underbrace{P(XY = 300)}_{\substack{XY = 300 \\ \text{である確率}}} = \underbrace{P(X = 10,\ Y = 30)}_{\substack{X = 10\ \text{かつ}\ Y = 30 \\ \text{である確率}}} = \underbrace{P(X = 10)}_{\substack{X = 10\ \text{で} \\ \text{ある確率}}} \cdot \underbrace{P(Y = 30)}_{\substack{Y = 30\ \text{で} \\ \text{ある確率}}} = \frac{4}{5} \cdot \frac{3}{5} = \frac{12}{25}$$

表2 から

X と Y の組は、この「$X = 10,\ Y = 30,\ XY = 300$」以外に、「$X = 10,\ Y = 40,\ XY = 400$」、「$X = 20,\ Y = 30,\ XY = 600$」、「$X = 20,\ Y = 40,\ XY = 800$」の計 4 通りあります。それぞれの確率を同様に求めると、XY の確率分布は、次のようになります。

XY	300	400	600	800	計
P	$\dfrac{12}{25}$	$\dfrac{8}{25}$	$\dfrac{3}{25}$	$\dfrac{2}{25}$	1

この確率分布をもとに、XY の期待値を求めると、次のようになります。

$$E(XY) = 300 \cdot \frac{12}{25} + 400 \cdot \frac{8}{25} + 600 \cdot \frac{3}{25} + 800 \cdot \frac{2}{25} = 144 + 128 + 72 + 64 = \underline{\mathbf{408}}$$

例題2 （3）を、公式を使って解こう！

例題2 （3）は解くのがなかなか大変でしたね。一方、次の公式を使うと、後の「（3）の 別解 」のように、スムーズに求めることができます。

> 確率変数 X と Y が互いに独立のとき、次の式が成り立ちます。
>
> $$E(XY) = E(X)E(Y)$$

例題2 （3）の 別解

確率変数 X と Y が互いに独立であり、（1）で $E(X) = 12$、（2）で $E(Y) = 34$ と求められたので、

$$E(XY) = E(X)E(Y) = 12 \cdot 34 = \underline{408}$$

すぐに求めることができましたね。試験などで問題を解く際は、この公式を活用しましょう。

確率変数が3つ以上の場合についてもみていきましょう。

> 3つの確率変数 X_1、X_2、X_3 が互いに独立のとき、次の式が成り立ちます。
>
> $$E(X_1 X_2 X_3) = E(X_1)E(X_2)E(X_3)$$

このように、3つ以上の確率変数が互いに独立のとき、同様の式が成り立ちます。

練習問題

4個のサイコロを投げて出る目を、それぞれ X_1、X_2、X_3、X_4 とします。

このとき、積 $X_1 X_2 X_3 X_4$ の期待値を求めましょう。ただし、確率変数 X_1、X_2、X_3、X_4 は互いに独立であり、$E(X_1)$、$E(X_2)$、$E(X_3)$、$E(X_4)$ の値は、いずれも $\dfrac{7}{2}$ とします。

解答

確率変数 X_1、X_2、X_3、X_4 が互いに独立のとき、

$$E(X_1 X_2 X_3 X_4) = E(X_1)E(X_2)E(X_3)E(X_4)$$

が成り立つので、

$$E(X_1 X_2 X_3 X_4) = E(X_1)E(X_2)E(X_3)E(X_4) = \frac{7}{2} \cdot \frac{7}{2} \cdot \frac{7}{2} \cdot \frac{7}{2} = \frac{2401}{16}$$

6 二項分布とは

ここが
大切！

確率変数 X が二項分布 $B(n, p)$ に従うとき、次の式が成り立つ！

$$E(X)=np、\quad V(X)=npq、\quad \sigma(X)=\sqrt{npq} \qquad ただし、q=1-p$$

⚡ コレで完璧！ ポイント

反復試行（数A）について復習しよう！

例えば、1個のさいころを繰り返し投げるように、**同じ条件のもとで、同じ試行を繰り返し行う**とします。各回の試行が独立であるとき、これらの試行を反復試行といいます。

ここで、1回の試行において、**事象 A が起こる確率を p とします**（ただし、$q=1-p$）。**この試行を n 回くり返すとき、事象 A がちょうど r 回起こる確率**は、次のように求められます。

組合せ（${}_nC_r$）について詳しく知りたい方は本書の P21 を、一方、反復試行についてさらに知りたい方は『改訂版　高校の数学Ⅰ・Aが1冊でしっかりわかる本』の PART 6-12（旧版では PART 6-11）を、それぞれご参照ください。

二項分布について解説するために、まずは次の 例題 をみてください（難しめなので、わからないようでしたら、解答 をじっくり読んでから自力で解き直してみましょう）。

例題　1個のさいころを3回続けて投げる反復試行で、5の目が出る回数を X とします。このとき、確率変数 X の期待値 $E(X)$ を求めましょう。

1回の試行において、事象 A が起こる確率を p とします（ただし、$q = 1 - p$）。この試行を n 回くり返すとき、事象 A がちょうど r 回起こる確率は、${}_n\mathrm{C}_r\, p^r q^{n-r}$ です（反復試行の確率）。この問題では、1個のさいころを3回続けて投げるので、$n = 3$ です。また、1個のさいころを1回投げて、5の目が出る確率 p は $\dfrac{1}{6}$ なので、$q = 1 - \dfrac{1}{6} = \dfrac{5}{6}$ です。

例えば、$X = 0$（5の目が出る回数が0回）のとき、$r = 0$ です。よって、5の目が出る回数が0回の確率 $P(X = 0)$ は、次のようになります。

$$\underbrace{{}_n\mathrm{C}_r\, p^r q^{n-r}}_{} \longrightarrow {}_3\mathrm{C}_0 \left(\frac{1}{6}\right)^0 \left(\frac{5}{6}\right)^{3-0} = {}_3\mathrm{C}_0 \left(\frac{1}{6}\right)^0 \left(\frac{5}{6}\right)^3 \;\;\overbrace{P(X = 0)}$$

$n = 3$、$r = 0$、$p = \dfrac{1}{6}$、$q = \dfrac{5}{6}$ を代入

X が1、2、3の場合も同様に考えると、X の確率分布は、次の **表1** のようになります。

表1

X	0	1	2	3	計
P	${}_3\mathrm{C}_0 \left(\frac{1}{6}\right)^0 \left(\frac{5}{6}\right)^3$	${}_3\mathrm{C}_1 \left(\frac{1}{6}\right)^1 \left(\frac{5}{6}\right)^2$	${}_3\mathrm{C}_2 \left(\frac{1}{6}\right)^2 \left(\frac{5}{6}\right)^1$	${}_3\mathrm{C}_3 \left(\frac{1}{6}\right)^3 \left(\frac{5}{6}\right)^0$	1

そして、それぞれの確率を求めると、次のようになります。

$$X = 0 \longrightarrow {}_3\mathrm{C}_0 \left(\frac{1}{6}\right)^0 \left(\frac{5}{6}\right)^3 = \left(\frac{5}{6}\right)^3 = \frac{125}{216}$$

${}_n\mathrm{C}_0 = 1$ 　 $x^0 = 1$

$$X = 1 \longrightarrow {}_3\mathrm{C}_1 \left(\frac{1}{6}\right)^1 \left(\frac{5}{6}\right)^2 = 3 \cdot \frac{1}{6} \cdot \frac{25}{36} = \frac{75}{216}$$

${}_n\mathrm{C}_1 = n$

後で、期待値の計算をしやすくするため、ここでは約分しません

$$X = 2 \longrightarrow {}_3\mathrm{C}_2 \left(\frac{1}{6}\right)^2 \left(\frac{5}{6}\right)^1 = {}_3\mathrm{C}_1 \left(\frac{1}{6}\right)^2 \left(\frac{5}{6}\right)^1 = 3 \cdot \frac{1}{36} \cdot \frac{5}{6} = \frac{15}{216}$$

${}_n\mathrm{C}_r = {}_n\mathrm{C}_{n-r}$ 　 ${}_n\mathrm{C}_1 = n$
$({}_3\mathrm{C}_2 = {}_3\mathrm{C}_{3-2} = {}_3\mathrm{C}_1)$

$$X = 3 \longrightarrow {}_3\mathrm{C}_3 \left(\frac{1}{6}\right)^3 \left(\frac{5}{6}\right)^0 = \left(\frac{1}{6}\right)^3 = \frac{1}{216}$$

${}_n\mathrm{C}_n = 1$ 　 $x^0 = 1$

これにより、X の確率分布は、次の **表2** のようになります（解答 は次のページへ続く）。

表2

X	0	1	2	3	計
P	$\dfrac{125}{216}$	$\dfrac{75}{216}$	$\dfrac{15}{216}$	$\dfrac{1}{216}$	1

表2 をもとに、X の期待値（P206 の **例題** の答え）が次のように求められます。

$$E(X) = 0 \cdot \frac{125}{216} + 1 \cdot \frac{75}{216} + 2 \cdot \frac{15}{216} + 3 \cdot \frac{1}{216} = 0 + \frac{75}{216} + \frac{30}{216} + \frac{3}{216} = \frac{108}{216} = \frac{1}{2}$$

 コレで完璧！ ポイント

二項分布とは何か？

繰り返しになりますが、1回の試行で事象 A が起こる確率を p として（ただし、$q = 1-p$）、この試行を n 回くり返すとき、事象 A がちょうど r 回起こる確率は、${}_nC_r p^r q^{n-r}$ です（反復試行の確率）。

また、このとき事象 A が起こる回数を X とすると、X の確率分布は、次の 表3 のようになります。

表3

X	0	1	……	r	……	n	計
P	${}_nC_0 q^n$	${}_nC_1 pq^{n-1}$	……	${}_nC_r p^r q^{n-r}$	……	${}_nC_n p^n$	1

ここで、P22 で習った、二項定理の展開式を変形すると次のようになります。

$$(a+b)^n = {}_nC_0 a^n + {}_nC_1 \underbrace{a^{n-1}}\,\underbrace{b} + \cdots\cdots + {}_nC_r \underbrace{a^{n-r}}\,\underbrace{b^r} + \cdots\cdots + {}_nC_n b^n$$

入れかえる　　　　　　入れかえる

$$= {}_nC_0 a^n + {}_nC_1 \underbrace{b}\,\underbrace{a^{n-1}} + \cdots\cdots + {}_nC_r \underbrace{b^r}\,\underbrace{a^{n-r}} + \cdots\cdots + {}_nC_n b^n$$

a を q、b を p におきかえる

$${}_nC_0 q^n + {}_nC_1 pq^{n-1} + \cdots\cdots + {}_nC_r p^r q^{n-r} + \cdots\cdots + {}_nC_n p^n$$

それぞれの項が 表3 の確率と同じ

したがって、表3 の確率は、**二項定理の展開式（右辺）の各項を並べたもの**であることがわかります。このような確率分布を、**二項分布**といい、次のように表します。P207 の 表1 が、二項分布のひとつの例です。

> ### 二項分布の表し方
>
> 1回の試行において、事象 A が起こる確率を p とします。
> この試行を n 回行う反復試行において、（試行を行う回数）
> A の起こる回数を X とすると、
> 『確率変数 X の確率分布は、二項分布 $B(n, p)$ に従う[※]』
> と表します。
>
> （1回の試行で事象 A が起こる確率）
>
> 【例】 例題 では、$n = 3$、$p = \dfrac{1}{6}$ なので、
>
> 例題 の確率変数 X の確率分布は $B\left(3, \dfrac{1}{6}\right)$ に従う。

※「従う」という表現については、P192 をご参照ください。

P207 では、$_3\mathrm{C}_1\left(\dfrac{1}{6}\right)^1\left(\dfrac{5}{6}\right)^2$ などを計算して求めたので解くのを大変に感じた方もいるかもしれ

ません。ですが、次の公式を使うと、確率変数 X の期待値 $E(X)$、分散 $V(X)$、標準偏差 $\sigma(X)$

を容易に求められます。

> **二項分布の期待値、分散、標準偏差**
>
> 確率変数 X が二項分布 $B(n, p)$ に従うとき、
>
> $E(X) = np$、 $V(X) = npq$、 $\sigma(X) = \sqrt{npq}$ ただし、$q = 1 - p$

例題 の 解答 で、$n = 3$（さいころを 3 回投げる）、$p = \dfrac{1}{6}$（1 個のさいころを 1 回投げて、5

の目が出る確率は $\dfrac{1}{6}$）、$q = 1 - \dfrac{1}{6} = \dfrac{5}{6}$ なので、それぞれ次のように求められます。

$$E(X) = np = 3 \cdot \dfrac{1}{6} = \dfrac{1}{2}、\quad V(X) = npq = 3 \cdot \dfrac{1}{6} \cdot \dfrac{5}{6} = \dfrac{5}{12}、\quad \sigma(X) = \sqrt{npq} = \sqrt{\dfrac{5}{12}} = \dfrac{\sqrt{15}}{6}$$

解答 では、期待値 $\dfrac{1}{2}$ を求めるだけで大変だったのに、この公式を使うとスムーズに、期待値、

分散、標準偏差を求めることができます。

練習問題

1 個のさいころを 36 回続けて投げる反復試行で、2 以下の目が出る回数を X とします。このと

き、確率変数 X の期待値 $E(X)$、分散 $V(X)$、標準偏差 $\sigma(X)$ をそれぞれ求めましょう。

解き方のコツ   確率変数が二項分布 $B(n, p)$ に従うとき、

$E(X) = np$、 $V(X) = npq$、 $\sigma(X) = \sqrt{npq}$ ただし、$q = 1 - p$

であることを使って解きましょう。

解答

n は「試行を行う回数」を表すので、$n = 36$

1 個のさいころを 1 回投げて、2 以下の目（1 と 2）が出る確率は、$\dfrac{2}{6} = \dfrac{1}{3}$

p は「1 回の試行で事象（1 個のさいころを 1 回投げて、2 以下の目が出ること）が起こる確率」を表す

ので、$p = \dfrac{1}{3}$

また、$q = 1 - p = 1 - \dfrac{1}{3} = \dfrac{2}{3}$

確率変数 X は、二項分布 $B\left(36, \dfrac{1}{3}\right)$ に従うので、

$$\underbrace{36}_{n},\ \underbrace{\dfrac{1}{3}}_{p}$$

$E(X) = np$ に、$n = 36$、$p = \dfrac{1}{3}$ を代入すると、$E(X) = 36 \cdot \dfrac{1}{3} = 12$

$V(X) = npq$ に、$n = 36$、$p = \dfrac{1}{3}$、$q = \dfrac{2}{3}$ を代入すると、$V(X) = 36 \cdot \dfrac{1}{3} \cdot \dfrac{2}{3} = 8$

$\sigma(X) = \sqrt{npq}$ なので、$\sigma(X) = \sqrt{8} = 2\sqrt{2}$

7 連続型確率変数とは

ここが大切!

確率密度関数 $f(x)$ **から、確率を求められるようになろう!**

例えば、40人のクラスで英語の試験をした点数の**割合**の分布をまとめたグラフ（**クラス全体（40人）の割合は** 1）をつくります。

この40人から1人を選んだとき、その生徒の点数を X とすると、この X は試行の結果によって、さまざまな値をとる変数です。だから、X は確率変数と考えられます。

例えば、X が70点以上75点未満である確率は 0.15（百分率では15%）だとしましょう。$70 \leqq X < 75$ にあたる、グラフの長方形の面積が 0.15 になるようにして、他の階級についても、それぞれの割合を長方形の面積に対応させると、次の **グラフ1** のようになりました。

グラフ1

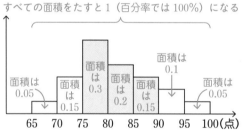

例えば、$75 \leqq X < 90$ である確率は、**グラフ1** の水色の部分の面積であり、$(0.3 + 0.2 + 0.15 =)$ 0.65（百分率では65%）と求められます。

ここで、データの大きさを増やして、階級（70点以上75点未満など）の幅をさらに細かくしていくと、グラフの形は次のような曲線に近づいていきます。

グラフ2

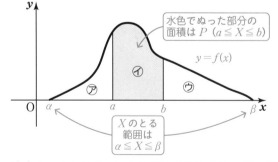

曲線 $y = f(x)$ と x 軸で囲まれた部分の面積（⑦、⑦、⑦の面積の合計）は 1 になります。

グラフ2 のように、連続的な（曲線でつながっている）値をとる確率変数 X の確率分布では、X に1つの曲線 $y = f(x)$ を対応させます。そして、$a \leqq X \leqq b$ となる確率 $P(a \leqq X \leqq b)$ が、

グラフ2 の水色にぬった部分の面積になるようにします。このような曲線 $y=f(x)$ を X の分布曲線といい、関数 $f(x)$ を確率密度関数といいます。

確率密度関数 $f(x)$ の性質と、関係する用語をまとめると、次のようになります。

確率密度関数 $f(x)$ の性質（左ページの **グラフ2** を参照してください）

性質1 常に $f(x) \geqq 0$

　　※曲線 $y=f(x)$ が、常に（x 軸、または）x 軸より上にあることを表しています。

性質2 確率 $P(a \leqq X \leqq b)$ は、曲線 $y=f(x)$ と x 軸、2直線 $x=a$、$x=b$ で囲まれた部分の面積に等しい。すなわち、$P(a \leq X \leq b) = \displaystyle\int_a^b f(x)dx$

　　※ P158 で述べたように、曲線 $y=f(x)$ と x 軸、2直線 $x=a$、$x=b$ で囲まれた部分の面積は、定積分で求められます（ **コレで完璧！ポイント** の **解き方2** を参照）。

性質3 確率変数 X のとる値の範囲が $\alpha \leqq X \leqq \beta$ のとき、曲線 $y=f(x)$ と x 軸で囲まれた部分の面積は1である。すなわち、$\displaystyle\int_\alpha^\beta f(x)dx = 1$

確率密度関数に関係する用語

連続型確率変数　…　連続した値をとる確率変数

離散型確率変数　…　前の項目まで出てきたような、とびとびの値をとる確率変数

 コレで完璧！ ポイント

確率密度関数から、確率を求めよう！
まず次の **問題** をみてください。

問題 確率変数 X のとる値 x の範囲を $0 \leqq x \leqq 2$ とします。その確率密度関数が $f(x) = \dfrac{1}{2}x$ のとき、確率 $P(0 \leqq X \leqq 1)$ を求めましょう。

解き方1 $y=f(x)$ としてグラフに表すと、次のようになります（A、B、C、Dは説明のために付け加えたものです）。

$y = \dfrac{1}{2}x$ に
$x=2$ を代入して
$y = \dfrac{1}{2} \cdot 2 = 1$
$x=1$ を代入して
$y = \dfrac{1}{2} \cdot 1 = \dfrac{1}{2}$

三角形 AOB（水色の部分）の面積を求めればいいので、「三角形の面積 $= \dfrac{1}{2} \times$ 底辺 $\times$ 高さ」から、

$$P(0 \leqq X \leqq 1) = \frac{1}{2} \cdot 1 \cdot \frac{1}{2} = \frac{1}{4}$$

※ちなみに、確率変数 X がとる値 x の範囲の $0 \leqq x \leqq 2$ での確率（三角形 CODの面積）は1になります（実際、$\displaystyle\int_0^2 \frac{1}{2}xdx$ を計算すると、1が求められます）。

解き方2 積分を使って求めると、

$$\int_0^1 \frac{1}{2}xdx = \left[\frac{1}{4}x^2\right]_0^1 = \frac{1}{4}$$

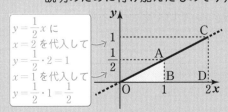

$P(0 \leqq X \leqq 1)$ を求める　　$y = \dfrac{1}{2}x$

8 正規分布とは 1

正規分布曲線の性質をおさえよう！

1 正規分布とは

連続型確率変数 X の**確率密度関数** $f(x)$ の代表的なものとして、正規分布があります。

確率密度関数 $f(x)$ が、m を実数、σ を正の実数として、$f(x) = \dfrac{1}{\sqrt{2\pi}\,\sigma} e^{-\frac{(x-m)^2}{2\sigma^2}}$ という式で与

えられるとき、X は**正規分布** $N(m, \sigma^2)$ **に従う**といいます（m は平均、σ^2 は分散、σ は標準偏差、e は無理数 $2.71828\cdots\cdots$ です）。また、この分布を「平均 m、標準偏差 σ の正規分布」ということもあります。

正規分布の式の複雑さに驚いた方もいるかもしれませんが、テストなどでは問題文に式が書かれることがほとんどです。

また、さまざまな社会現象や自然現象が、正規分布に従うことが知られています。

曲線 $y = f(x)$ は右のようなグラフであり、これを**正規分布曲線**といいます。

正規分布曲線 $y = f(x)$ には、次のような性質があります。

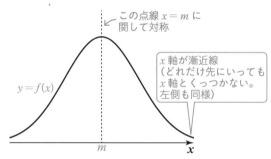

この点線 $x = m$ に
関して対称

x 軸が漸近線
（どれだけ先にいっても
x 軸とくっつかない。
左側も同様）

$y = f(x)$

m

x

正規分布曲線の性質

①直線 $x = m$ に関して**対称**である（ざっくり言うと、直線 $x = m$ を折り目にして折り曲げると、ぴったり重なる）。

②y は $x = m$ のとき、**最大値**をとる。

③x 軸を**漸近線**とする（グラフが限りなく x 軸に近づいていくが、x 軸と接することはない）。

2 標準正規分布とは

確率変数 X が正規分布 $N(m, \sigma^2)$ に従う場合、$Z = \dfrac{X - m}{\sigma}$ とおくと、Z は正規分布 $N(0, 1)$ に従います（平均 0、標準偏差 1 の正規分布）。この**正規分布** $N(0, 1)$ を、**標準正規分布**といいます。

また、Z の確率密度関数 $f(z)$ は $\dfrac{1}{\sqrt{2\pi}}e^{-\frac{z^2}{2}}$ となります。

確率変数 Z が**標準**正規分布 $N(0, 1)$ に従うときの**確率**は、P217 の**正規分布表**を見て求めましょう（正規分布表は、**標準**正規分布のときに使えます。標準ではない正規分布では、そのまま用いることができないので注意しましょう）。

例えば、確率 $P(0 \leq Z \leq 0.83)$ の値を求めたい場合、正規分布表 **表1** の「0.83」の箇所を右のように探しましょう。

また、この確率 $P(0 \leq Z \leq 0.83) = 0.2967$ は、**グラフ1** の水色にぬった部分の面積を表します。

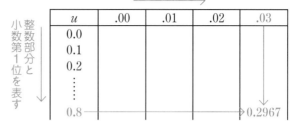

表1

小数第2位を表す

u	.00	.01	.02	.03
0.0				
0.1				
0.2				
……				
0.8				0.2967

整数部分と小数第1位を表す

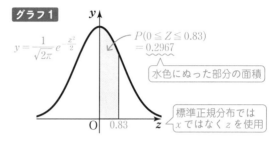

グラフ1

$y = \dfrac{1}{\sqrt{2\pi}}e^{-\frac{z^2}{2}}$

$P(0 \leq Z \leq 0.83) = 0.2967$

水色にぬった部分の面積

標準正規分布では x ではなく z を使用

コレで完璧！ ポイント

確率変数 Z が $N(0, 1)$ に従うときの確率を求めるポイントとは？

確率変数 Z が標準正規分布 $N(0, 1)$ に従うときの確率を求めるための、**2つのポイント**をおさえましょう。

ポイント1 右半分と左半分の面積（確率）は、それぞれ 0.5

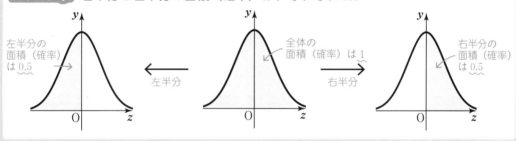

左半分の面積（確率）は 0.5

全体の面積（確率）は 1

右半分の面積（確率）は 0.5

左半分 ← → 右半分

ポイント2 「y 軸の左の面積」を求めるときは、「y 軸の右」に面積（確率）をそのまま移動する

[例] $P(-0.83 \leq Z \leq 0)$ を求めたい場合

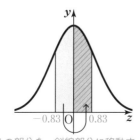

水色の部分を、斜線部分に移動する

正規分布表で「0.83」を調べれば確率がわかる

式で表すと、

$$P(-0.83 \leq Z \leq 0)$$
$$= P(0 \leq Z \leq 0.83)$$
$$= 0.2967$$

左右対称だから面積（確率）は同じ

正規分布表で「0.83」の欄を調べる

9 正規分布とは 2

ここが
大切！

確率変数 Z が標準正規分布 $N(0, 1)$ に従うときの確率を、

2つのポイントを使って求めよう！

 コレで完璧！ ポイント

簡単な標準正規分布のグラフをかいてから解こう！

次の 🖐 練習問題 では、簡単な手がきでいいので、標準正規分布のグラフをかいてから解くよう
にしましょう。慣れていないうちに、グラフをかかずに解こうとすると、求める範囲を間違えて
しまうことがあります。

🖐 練習問題

確率変数 Z が標準正規分布 $N(0, 1)$ に従うとき、次の確率を求めましょう（P217 の正規分布表
を参照）。

（1）$P(Z \leq 1.4)$

（2）$P(-0.8 \leq Z \leq 0.58)$

（3）$P(Z \geq 0.63)$

（4）$P(Z \geq -1.21)$

解答

それぞれ、水色でぬった部分が求める確率です。P213 の ⚡ コレで完璧！ ポイント の ポイント1 と ポイント2 を
使って解きましょう。

（1）ポイント1 から、左半分（㋐）の確率は 0.5
です。㋑の確率は、正規分布表の「1.40」
の欄を調べると、0.4192 とわかります。こ
れらをたせば答えが求められ、式にすると
次のようになります。

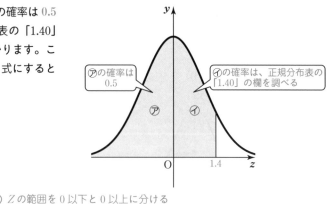

㋐の確率は
0.5

㋑の確率は、正規分布表の
「1.40」の欄を調べる

$P(Z \leq 1.4)$
$= P(Z \leq 0) + P(0 \leq Z \leq 1.4)$
$= 0.5 + 0.4192$
$= 0.9192$

Z の範囲を 0 以下と 0 以上に分ける
$P(Z \leq 0) = 0.5$
$P(0 \leq Z \leq 1.4) = 0.4192$

（2）**ポイント2** から、㋐の確率は「y軸の右」にそのまま移動すればよいので、正規分布表の「0.80」の欄を調べると、0.2881 とわかります。㋑の確率は、正規分布表の「0.58」の欄を調べると、0.2190 とわかります。これらをたせば答えが求められ、式にすると次のようになります。

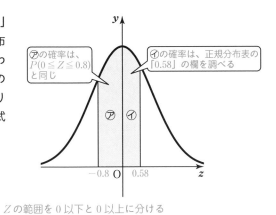

$P(-0.8 \leqq Z \leqq 0.58)$
$= P(-0.8 \leqq Z \leqq 0) + P(0 \leqq Z \leqq 0.58)$
$= P(0 \leqq Z \leqq 0.8) + P(0 \leqq Z \leqq 0.58)$
$= 0.2881 + 0.2190$
$= 0.5071$

Z の範囲を 0 以下と 0 以上に分ける
$P(-0.8 \leqq Z \leqq 0) = P(0 \leqq Z \leqq 0.8)$
$P(0 \leqq Z \leqq 0.8) = 0.2881$
$P(0 \leqq Z \leqq 0.58) = 0.2190$

（3）**ポイント1** から、右半分（㋐＋㋑）の確率は 0.5 です。㋐の確率は、正規分布表の「0.63」の欄を調べると、0.2357 とわかります。求めたい確率（㋑）は、右半分（㋐＋㋑）の確率 0.5 から、㋐の確率 0.2357 を引けばよいので、式にすると次のようになります。

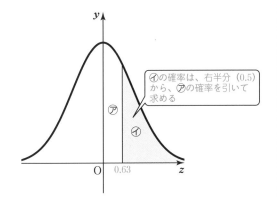

$P(Z \geqq 0.63)$
$= P(Z \geqq 0) - P(0 \leqq Z \leqq 0.63)$
$= 0.5 - 0.2357$
$= 0.2643$

㋑＝右半分（㋐＋㋑）－㋐
$P(Z \geqq 0) = 0.5$
$P(0 \leqq Z \leqq 0.63) = 0.2357$

（4）**ポイント2** から、㋐の確率は「y軸の右」にそのまま移動すればよいので、正規分布表の「1.21」の欄を調べると、0.3869 とわかります。**ポイント1** から、右半分（㋑）の確率は 0.5 です。これらをたせば答えが求められ、式にすると次のようになります。

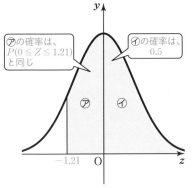

$P(Z \geqq -1.21)$
$= P(-1.21 \leqq Z \leqq 0) + P(Z \geqq 0)$
$= P(0 \leqq Z \leqq 1.21) + P(Z \geqq 0)$
$= 0.3869 + 0.5$
$= 0.8869$

Z の範囲を 0 以下と 0 以上に分ける
$P(-1.21 \leqq Z \leqq 0) = P(0 \leqq Z \leqq 1.21)$
$P(0 \leqq Z \leqq 1.21) = 0.3869$
$P(Z \geqq 0) = 0.5$

確率変数 X が正規分布 $N(m, \sigma^2)$ に従うときの $P(a \leqq X \leqq b)$ の求め方とは？

確率変数 X が正規分布 $N(m, \sigma^2)$ に従うときの $P(a \leqq X \leqq b)$ を求めるとき、次の 解き方 のように、4ステップで解きましょう。

P212の標準正規分布についての説明で書いた「確率変数 X が正規分布 $N(m, \sigma^2)$ に従う場合、$Z = \dfrac{X - m}{\sigma}$ とおくと、Z は標準正規分布 $N(0, 1)$ に従う」ことを使って解きます。

問題 確率変数 X が正規分布 $N(3, 6^2)$ に従うとき、$P(-3 \leqq X \leqq 15)$ を求めましょう。

解き方

ステップ1 X が正規分布 $N(m, \sigma^2)$ に従うとき、m と σ にあたる値を確認する

確率変数 X が正規分布 $N(3, 6^2)$ に従うとき、$m = 3$、$\sigma = 6$ です。

ステップ2 **ステップ1** で確認した値を、$Z = \dfrac{X - m}{\sigma}$ に代入したものが、$N(0, 1)$ に従う

$Z = \dfrac{X - m}{\sigma}$ に、$m = 3$、$\sigma = 6$ を代入すると、$Z = \dfrac{X - 3}{6}$

よって、$Z = \dfrac{X - 3}{6}$ は、標準正規分布 $N(0, 1)$ に従います。

ステップ3 $P(a \leqq X \leqq b)$ の a と b を、**ステップ2** で求めた式に代入して、それぞれの Z の値を求める

$P(-3 \leqq X \leqq 15)$ から、$X = -3$ を、$Z = \dfrac{X - 3}{6}$ に代入すると、$Z = \dfrac{-3 - 3}{6} = \dfrac{-6}{6} = -1$

$P(-3 \leqq X \leqq 15)$ から、$X = 15$ を、$Z = \dfrac{X - 3}{6}$ に代入すると、$Z = \dfrac{15 - 3}{6} = \dfrac{12}{6} = 2$

ステップ4 **ステップ3** で求めた2つの値が Z の範囲になり、正規分布表を使って、$P(a \leqq X \leqq b)$ を求める

ステップ3 から、Z の範囲は、$-1 \leqq Z \leqq 2$。右のグラフで、㋐の確率は「y 軸の右」にそのまま移動すればよいので、正規分布表の「1.00」の欄を調べると、0.3413 とわかります。

㋑の確率は、正規分布表の「2.00」の欄を調べると、0.4772 とわかります。これらをたせば、$P(-3 \leqq X \leqq 15)$ が、次ページのように求められます。

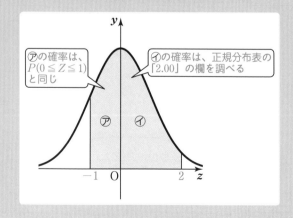

㋐の確率は、$P(0 \leqq Z \leqq 1)$ と同じ

㋑の確率は、正規分布表の「2.00」の欄を調べる

$$P(-3 \leqq X \leqq 15)$$

ステップ3 と ステップ4 から $P(-3 \leqq X \leqq 15)$ を $P(-1 \leqq Z \leqq 2)$ に変換

$$= P(-1 \leqq Z \leqq 2)$$

Z の範囲を 0 以下と 0 以上に分ける

$$= P(-1 \leqq Z \leqq 0) + P(0 \leqq Z \leqq 2)$$

$P(-1 \leqq Z \leqq 0) = P(0 \leqq Z \leqq 1)$

$$= P(0 \leqq Z \leqq 1) + P(0 \leqq Z \leqq 2)$$

$P(0 \leqq Z \leqq 1) = 0.3413$
$P(0 \leqq Z \leqq 2) = 0.4772$

$$= 0.3413 + 0.4772$$

$$= 0.8185$$

3 正規分布表

正規分布表のみかたについては P213 をご参照ください。

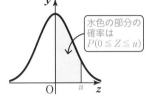

水色の部分の確率は $P(0 \leqq Z \leqq u)$

u	.00	.01	.02	.03	.04	.05	.06	.07	.08	.09
0.0	0.0000	0.0040	0.0080	0.0120	0.0160	0.0199	0.0239	0.0279	0.0319	0.0359
0.1	0.0398	0.0438	0.0478	0.0517	0.0557	0.0596	0.0636	0.0675	0.0714	0.0753
0.2	0.0793	0.0832	0.0871	0.0910	0.0948	0.0987	0.1026	0.1064	0.1103	0.1141
0.3	0.1179	0.1217	0.1255	0.1293	0.1331	0.1368	0.1406	0.1443	0.1480	0.1517
0.4	0.1554	0.1591	0.1628	0.1664	0.1700	0.1736	0.1772	0.1808	0.1844	0.1879
0.5	0.1915	0.1950	0.1985	0.2019	0.2054	0.2088	0.2123	0.2157	0.2190	0.2224
0.6	0.2257	0.2291	0.2324	0.2357	0.2389	0.2422	0.2454	0.2486	0.2517	0.2549
0.7	0.2580	0.2611	0.2642	0.2673	0.2704	0.2734	0.2764	0.2794	0.2823	0.2852
0.8	0.2881	0.2910	0.2939	0.2967	0.2995	0.3023	0.3051	0.3078	0.3106	0.3133
0.9	0.3159	0.3186	0.3212	0.3238	0.3264	0.3289	0.3315	0.3340	0.3365	0.3389
1.0	0.3413	0.3438	0.3461	0.3485	0.3508	0.3531	0.3554	0.3577	0.3599	0.3621
1.1	0.3643	0.3655	0.3686	0.3708	0.3729	0.3749	0.3770	0.3790	0.3810	0.3830
1.2	0.3849	0.3869	0.3888	0.3907	0.3925	0.3944	0.3962	0.3980	0.3997	0.4015
1.3	0.4032	0.4049	0.4066	0.4082	0.4099	0.4115	0.4131	0.4147	0.4162	0.4177
1.4	0.4192	0.4207	0.4222	0.4236	0.4251	0.4265	0.4279	0.4292	0.4306	0.4319
1.5	0.4332	0.4345	0.4357	0.4370	0.4382	0.4394	0.4406	0.4418	0.4429	0.4441
1.6	0.4452	0.4463	0.4474	0.4484	0.4495	0.4505	0.4515	0.4525	0.4535	0.4545
1.7	0.4554	0.4564	0.4573	0.4582	0.4591	0.4599	0.4608	0.4616	0.4625	0.4633
1.8	0.4641	0.4649	0.4656	0.4664	0.4671	0.4678	0.4686	0.4693	0.4699	0.4706
1.9	0.4713	0.4719	0.4726	0.4732	0.4738	0.4744	0.4750	0.4756	0.4761	0.4767
2.0	0.4772	0.4778	0.4783	0.4788	0.4793	0.4798	0.4803	0.4808	0.4812	0.4817
2.1	0.4821	0.4826	0.4830	0.4834	0.4838	0.4842	0.4846	0.4850	0.4854	0.4857
2.2	0.4861	0.4864	0.4868	0.4871	0.4875	0.4878	0.4881	0.4884	0.4887	0.4890
2.3	0.4893	0.4896	0.4898	0.4901	0.4904	0.4906	0.4909	0.4911	0.4913	0.4916
2.4	0.4918	0.4920	0.4922	0.4925	0.4927	0.4929	0.4931	0.4932	0.4934	0.4936
2.5	0.4938	0.4940	0.4941	0.4943	0.4945	0.4946	0.4948	0.4949	0.4951	0.4952
2.6	0.49534	0.49547	0.49560	0.49573	0.49585	0.49598	0.49609	0.49621	0.49632	0.49643
2.7	0.49653	0.49664	0.49674	0.49683	0.49693	0.49702	0.49711	0.49720	0.49728	0.49736
2.8	0.49744	0.49752	0.49760	0.49767	0.49774	0.49781	0.49788	0.49795	0.49801	0.49807
2.9	0.49813	0.49819	0.49825	0.49831	0.49836	0.49841	0.49846	0.49851	0.49856	0.49861
3.0	0.49865	0.49869	0.49874	0.49878	0.49882	0.49886	0.49889	0.49893	0.49897	0.49900

10 二項分布の正規分布による近似

「二項分布の正規分布による近似」の意味をおさえよう！

P208 で習った、二項分布の表し方について、おさらいしましょう。

二項分布の表し方

1回の試行において、事象 A が起こる確率を p とします。
この試行を n 回行う反復試行において、
A の起こる回数を X とすると、

> 試行を行う
> 回数

『確率変数 X の確率分布は、二項分布 $B(n, p)$ に従う』
と表します。

> 1回の試行で
> 事象 A が
> 起こる確率

そして、二項分布の期待値、分散、標準偏差が次のようになることも述べました（P209）。

確率変数 X が二項分布 $B(n, p)$ に従うとき、

$$E(X) = np、\qquad V(X) = npq、\qquad \sigma(X) = \sqrt{npq} \qquad ただし、q = 1 - p$$

ここからが**新しい内容**です。二項分布 $B(n, p)$ に従う確率変数 X について、試行の回数 n（例えば、1個のさいころを投げる回数）が十分に大きいとき、**正規分布 $N(np, npq)$ に近づいて**いくことが知られています（ただし、$q = 1 - p$）。

これを、**二項分布の正規分布による近似**といいます。また例えば、正規分布に「**近似的に**」従う、などの表現が使われることがあります。

二項分布 $B(\bigcirc, \square)$、正規分布 $N(\triangle, \stackrel{\wedge}{\simeq})$ で、
かっこの中で表す値が違うことに注意しよう！

二項分布と正規分布はどちらも、かっこ（　）の中の2つの値によって表されますが、次のように、それぞれの意味は違うので混同しないように注意しましょう。

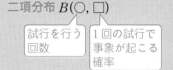

それぞれ、表すものが違うので、混同しないよう注意！

「二項分布の正規分布による近似」について、例をあげて解説します。

【例】 1個のさいころを360回続けて投げる反復試行で、6の目が出る回数を X とします。

1個のさいころを360回続けて投げるので、$n = 360$ です。また、1回の試行において、事象が起こる確率を p とすると（ただし、$q = 1 - p$）、1個のさいころを1回投げて、6の目が出る確率 p は $\frac{1}{6}$、$q = 1 - \frac{1}{6} = \frac{5}{6}$ となります。

このとき、確率変数 X は**二項分布 $B(n, p)$**、すなわち $B\left(360, \frac{1}{6}\right)$ に従います。また、この場合の360回は十分に大きい（下の※を参照）と言えるので、確率変数 X は近似的に、**正規分布 $N(np, npq)$**、すなわち $N(60, 50)$ に従います（$np = 360 \cdot \frac{1}{6} = 60$、$npq = 360 \cdot \frac{1}{6} \cdot \frac{5}{6} = 50$）。

$n = 360$、$p = \frac{1}{6}$、$q = \frac{5}{6}$ のとき、まとめると次のようになります。

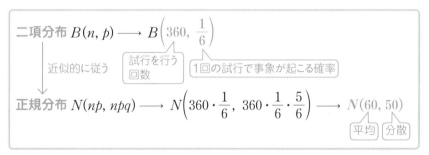

二項分布 $B(\bigcirc, \square)$、正規分布 $N(\triangle, \stackrel{\wedge}{\simeq})$ のそれぞれの値、そして、「二項分布の正規分布による近似」の意味についておさえたうえで、次のページの 例題 に進みましょう。

※ 「十分に大きい」という基準は、ざっくりと「$np > 5$ かつ $nq > 5$」だと言われることがあります（5の代わりに10が使われることもあります）。今回の例では、$n = 360$、$p = \frac{1}{6}$、$q = \frac{5}{6}$ であり、「$np = 360 \cdot \frac{1}{6} = 60 > 5$ かつ $nq = 360 \cdot \frac{5}{6} = 300 > 5$」を満たしているので、「十分に大きい」と言えます。

例題　1個のさいころを180回投げるとき、2の目が出る回数を X とします。このとき、$21 \leqq X \leqq 38$ になる確率を求めましょう。

解答　（大事なポイントに、グレーのかげ をつけています。）

1個のさいころを投げる回数を n とすると、$n = 180$ です。

また、2の目が出る確率 p は $\dfrac{1}{6}$ です。$q = 1 - p$ とすると、$q = 1 - \dfrac{1}{6} = \dfrac{5}{6}$ となります。

よって、確率変数 X は二項分布 $B(n, p)$、すなわち $B\left(180, \dfrac{1}{6}\right)$ に従います。

確率変数 X が二項分布 $B(n, p)$ に従うとき、「平均 $m = E(X) = np$」、
「標準偏差 $\sigma = \sigma(X) = \sqrt{npq}$」なので（P209 参照）、

$$m = 180 \cdot \dfrac{1}{6} = 30 \quad \cdots\cdots ❶$$

$$\sigma = \sqrt{180 \cdot \dfrac{1}{6} \cdot \dfrac{5}{6}} = \sqrt{25} = 5 \quad \cdots\cdots ❷$$

ところで、$np = m = 30$、　$npq = \sigma^2 = 180 \cdot \dfrac{1}{6} \cdot \dfrac{5}{6} = 25 = 5^2$ です。

そして、この場合の180回は十分に大きいと言えるので、確率変数 X は近似的に、
正規分布 $N(np, npq)$ すなわち、$N(30, 5^2)$ に従います。

ここで、P212 の「確率変数 X が正規分布 $N(m, \sigma^2)$ に従う場合、$Z = \dfrac{X - m}{\sigma}$ とおくと、Z は
標準正規分布 $N(0, 1)$ に従う」ことを思い出しましょう。

確率変数 X が（近似的に）正規分布 $N(30, 5^2)$ に従う場合、❶と❷から、$m = 30$、$\sigma = 5$ なので、
$Z = \dfrac{X - m}{\sigma} = \dfrac{X - 30}{5}$ とおくと、Z は近似的に、標準正規分布 $N(0, 1)$ に従います。

$21 \leqq X \leqq 38$ になる確率を求めたいので、

$Z = \dfrac{X - 30}{5}$ に、$X = 21$ を代入すると、$Z = \dfrac{21 - 30}{5} = -\dfrac{9}{5} = -1.8$

また、$Z = \dfrac{X - 30}{5}$ に、$X = 38$ を代入すると、$Z = \dfrac{38 - 30}{5} = \dfrac{8}{5} = 1.6$

$X = 21$ のとき $Z = -1.8$ で、$X = 38$ のとき $Z = 1.6$ なので、
$21 \leqq X \leqq 38$ である確率 $P(21 \leqq X \leqq 38) = P(-1.8 \leqq Z \leqq 1.6)$ です。
$P(-1.8 \leqq Z \leqq 1.6)$ は正規分布表（P217）をみて、P214 の 練習問題 と同様に、次のように
求められます。

$$P(-1.8 \leqq Z \leqq 1.6)$$
$$= P(-1.8 \leqq Z \leqq 0) + P(0 \leqq Z \leqq 1.6)$$
$$= P(0 \leqq Z \leqq 1.8) + P(0 \leqq Z \leqq 1.6)$$
$$= 0.4641 + 0.4452$$
$$= \underline{\underline{0.9093}}$$

Z の範囲を 0 以下と 0 以上に分ける
$P(-1.8 \leqq Z \leqq 0) = P(0 \leqq Z \leqq 1.8)$
$P(0 \leqq Z \leqq 1.8) = 0.4641$
$P(0 \leqq Z \leqq 1.6) = 0.4452$

※答えの「0.9093」が意味するのは、「1個のさいころを 180 回投げるとき、2 の目が出る回数が 21 回以上 38 回以下になる確率が約 0.9093（約 90.93%）である」ということです。

🦆 コレで完璧！ ポイント

例題 の解き方をまとめるとこうなる！

例題 の解き方の流れが少し複雑だったので、まとめておきましょう。

確率変数 X は二項分布 $B\left(180, \dfrac{1}{6}\right)$ に従う

$\underbrace{180}_{n}\ \underbrace{\dfrac{1}{6}}_{p}$

↓

「平均 $m = E(X) = np$」、「標準偏差 $\sigma = \sigma(X) = \sqrt{npq}$」から、$m = 30$、$\sigma = 5$ を求める

↓

$np = m = 30$、 $npq = \sigma^2 = 180 \cdot \dfrac{1}{6} \cdot \dfrac{5}{6} = 25 = 5^2$

↓

確率変数 X は近似的に、正規分布 $N(np, npq)$ すなわち、$N(30, 5^2)$ に従う

↓

確率変数 X が（近似的に）正規分布 $N(30, 5^2)$ に従う場合、$m = 30$、$\sigma = 5$ なので、

$Z = \dfrac{X - m}{\sigma} = \dfrac{X - 30}{5}$ とおくと、Z は近似的に、標準正規分布 $N(0, 1)$ に従う

↓

$21 \leqq X \leqq 38$ になる確率を求めたいので、

$Z = \dfrac{X - 30}{5}$ に、$X = 21$ を代入すると、$Z = -1.8$

また、$Z = \dfrac{X - 30}{5}$ に、$X = 38$ を代入すると、$Z = 1.6$

↓

正規分布表から、$P(-1.8 \leqq Z \leqq 1.6)$ の値を求めて、答えは $\underline{0.9093}$

11 母集団と標本

ここが
大切!

統計の調査についてのさまざまな用語と意味をおさえよう！

1 2つの調査

統計の調査には、次の2つの方法があります。

- **全数調査** … **調べたい対象となる全体を調査する方法。**例えば、国勢調査（5年に一度、日本に住んでいるすべての人と世帯を対象とする調査）は、全数調査です。集団が大きいほど、大きな費用と時間がかかります

- **標本調査** … **対象となる全体の一部を調査して、その結果から全体の様子を推測する方法。**例えば、工場などで行われる製品の抜き取り調査は、標本調査です

2 標本調査についての用語

標本調査について、次の用語と意味をおさえましょう。

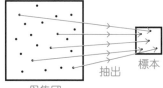

- **母集団** … **調査の対象となる全体**
- **標本** … **母集団から取り出されたものの集まり**
- **抽出** … **母集団から標本を抜き出すこと**
- **個体** … **母集団や標本に属するひとつひとつのもの**
- **大きさ** … **母集団や標本に属する個体の数。**例えば工場で、10万個の製品から2千個の標本を抽出する場合、母集団の大きさは10万で、標本の大きさは2千です

3 標本の抽出のしかたについての用語

標本の抽出のしかたについて、次の用語と意味をおさえましょう。

- **無作為抽出** … **母集団から、それぞれの個体を、かたよりなく同じ確率で抽出する方法**
- **無作為標本** … **母集団から、無作為抽出によって取り出された標本**
- **復元抽出** … **母集団から標本を抽出するとき、1個の個体を毎回もとに戻しながら、次のものを1個ずつ同様に取り出すこと**
- **非復元抽出** … **母集団から標本を抽出するとき、抽出したものをもとに戻さず、続けて抽出すること**

4 母集団についての用語と計算

 コレで完璧！ ポイント

母集団について、おさえるべき用語と意味！

母集団について、次の用語と意味をおさえましょう。

- **変量** … 調査される母集団の性質のうち、その値が確率変数として数や量で表されるもの
- **母集団分布** … 母集団の変量の確率分布
- **母平均** … 母集団分布の平均
- **母分散** … 母集団分布の分散
- **母標準偏差** … 母集団分布の標準偏差

母集団での変量の値 X は、母集団分布に従う確率変数であり、X の期待値、分散、標準偏差は、それぞれ母平均、母分散、母標準偏差と一致します。ざっくり言うと、母平均、母分散、母標準偏差はそれぞれ通常の、平均（期待値）、分散、標準偏差と同じ方法で求められるということです。次の **練習問題** で試してみましょう。

練習問題

0、1、2、3と書かれたカードが、それぞれ2枚、3枚、4枚、1枚あります。この10枚を母集団として、カードに書かれた数字を変量 X とするとき、次の問いに答えましょう。

（1）母平均 m を求めましょう。

（2）母分散 σ^2 を求めましょう。

（3）母標準偏差 σ を求めましょう。

解答

X の母集団分布は、次のようになります。

X	0	1	2	3	計
P	$\dfrac{2}{10}$	$\dfrac{3}{10}$	$\dfrac{4}{10}$	$\dfrac{1}{10}$	1

（1）$m = 0 \cdot \dfrac{2}{10} + 1 \cdot \dfrac{3}{10} + 2 \cdot \dfrac{4}{10} + 3 \cdot \dfrac{1}{10} = 0 + \dfrac{3}{10} + \dfrac{8}{10} + \dfrac{3}{10} = \dfrac{14}{10} = \dfrac{7}{5}$

（2）$\sigma^2 = \left(0 - \dfrac{7}{5}\right)^2 \cdot \dfrac{2}{10} + \left(1 - \dfrac{7}{5}\right)^2 \cdot \dfrac{3}{10} + \left(2 - \dfrac{7}{5}\right)^2 \cdot \dfrac{4}{10} + \left(3 - \dfrac{7}{5}\right)^2 \cdot \dfrac{1}{10}$

$\quad = \dfrac{98}{250} + \dfrac{12}{250} + \dfrac{36}{250} + \dfrac{64}{250} = \dfrac{210}{250} = \dfrac{21}{25}$

（2）の 別解 $E(X^2) - \{E(X)\}^2$ で求めると、

$\quad \sigma^2 = 0^2 \cdot \dfrac{2}{10} + 1^2 \cdot \dfrac{3}{10} + 2^2 \cdot \dfrac{4}{10} + 3^2 \cdot \dfrac{1}{10} - \left(\dfrac{7}{5}\right)^2$

$\quad = 0 + \dfrac{3}{10} + \dfrac{16}{10} + \dfrac{9}{10} - \dfrac{49}{25} = \dfrac{14}{5} - \dfrac{49}{25} = \dfrac{70}{25} - \dfrac{49}{25} = \dfrac{21}{25}$

（3）$\sigma = \sqrt{\dfrac{21}{25}} = \dfrac{\sqrt{21}}{\sqrt{25}} = \dfrac{\sqrt{21}}{5}$

12 標本平均の分布

ここが
大切！

> 標本平均の平均、分散、標準偏差がどのように求められるかを具体的におさ
> えよう！

🐾 コレで完璧！ ポイント

標本平均とは何か？

母集団から大きさ n の標本を無作為に抽出することを考えます（この場合、「大きさ」とは、標本に属する個体の数のことです）。その標本の変量の値を、X_1、X_2、X_3、……、X_n とするとき、その平均を $\overline{X}$ とします。

すなわち、

$$\overline{X} = \frac{X_1 + X_2 + X_3 + \cdots\cdots + X_n}{n}$$

を標本平均といいます。
抽出される個体によって、その値が変わるので、**標本平均 $\overline{X}$ は確率変数です。**

例題　3、5、7 と書かれたカードが、それぞれ 100 枚、300 枚、600 枚あります。この 1000 枚を母集団として、カードに書かれた数字を変量 X とするとき、次の問いに答えましょう。

（1）母集団の母平均 m、母分散 σ^2、母標準偏差 σ をそれぞれ求めましょう。

（2）この母集団から、大きさ 2 の標本を無作為に復元抽出するとき、標本平均 $\overline{X}$ の期待値 $E(\overline{X})$、分散 $V(\overline{X})$、標準偏差 $\sigma(\overline{X})$ をそれぞれ求めましょう。

解答　（ 解答 は P226 まで続きます。）

（1）3 と書かれたカードは、1000 枚のうち 100 枚なので、その確率は $\frac{100}{1000} = \frac{1}{10}$ です。同

様に考えると、5 のカードの確率は $\frac{3}{10}$、7 のカードの確率は $\frac{6}{10}$ となり、**母集団分布**は次

の **表1** のようになります（分母を 10 にそろえています）。

表1

X	3	5	7	計
P	$\frac{1}{10}$	$\frac{3}{10}$	$\frac{6}{10}$	1

この分布により、母平均 m、母分散 σ^2、母標準偏差 σ は、次のように求められます。

$$母平均\ m = 3 \cdot \frac{1}{10} + 5 \cdot \frac{3}{10} + 7 \cdot \frac{6}{10} = \frac{3}{10} + \frac{15}{10} + \frac{42}{10} = \frac{60}{10} = \underset{\sim}{6}$$

$$母分散\ \sigma^2 = (3-6)^2 \cdot \frac{1}{10} + (5-6)^2 \cdot \frac{3}{10} + (7-6)^2 \cdot \frac{6}{10}$$

$$= \frac{9}{10} + \frac{3}{10} + \frac{6}{10} = \frac{18}{10} = \underset{\sim}{\frac{9}{5}}$$

$$母標準偏差\ \sigma = \sqrt{\frac{9}{5}} = \frac{\sqrt{9}}{\sqrt{5}} = \frac{3}{\sqrt{5}} = \underset{\sim}{\frac{3\sqrt{5}}{5}}$$

（1）の答え

（2）この母集団から、「大きさ 2 の標本を復元抽出する」ので、1000 枚のカード（母集団）から、1 枚目 X_1、2 枚目 X_2 と順に 2 枚のカード（標本）を取り出すと考えます。このとき、取り出した標本を 樹形図（「何通りあるか」を調べるために使う、木が枝分かれしたような形の図）に表すと、次のようになります（全 9 通り。記号㋐〜㋘は、解説のために付けたものです）。

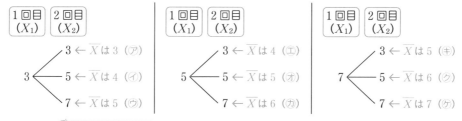

1回目 (X_1)	2回目 (X_2)
3	3 ← $\overline{X}$ は 3（㋐）
	5 ← $\overline{X}$ は 4（㋑）
	7 ← $\overline{X}$ は 5（㋒）

1回目 (X_1)	2回目 (X_2)
5	3 ← $\overline{X}$ は 4（㋓）
	5 ← $\overline{X}$ は 5（㋔）
	7 ← $\overline{X}$ は 6（㋕）

1回目 (X_1)	2回目 (X_2)
7	3 ← $\overline{X}$ は 5（㋖）
	5 ← $\overline{X}$ は 6（㋗）
	7 ← $\overline{X}$ は 7（㋘）

ところで、コレで完璧！ポイント に書いた通り、標本の変量の値を、X_1、X_2、X_3、……、X_n とするとき、その平均である、$\overline{X} = \dfrac{X_1 + X_2 + X_3 + \cdots\cdots + X_n}{n}$ が標本平均です。

この 例題 では、1 枚目 X_1、2 枚目 X_2 の標本平均 $\overline{X}$ を、次のように表せます。

$$\overline{X} = \frac{X_1 + X_2}{②}$$

標本平均　　標本の大きさ 2

例えば、樹形図の㋒の場合を考えてみましょう。すなわち、1 枚目が 3 のカード（$X_1 = 3$）で、2 枚目が 7 のカード（$X_2 = 7$）である場合です。このとき、$\overline{X} = \dfrac{X_1 + X_2}{2} = \dfrac{3 + 7}{2} = 5$

となります。同じように、$\overline{X} = 5$ となるのは、㋔（$X_1 = 5$ と $X_2 = 5$）と㋖（$X_1 = 7$ と $X_2 = 3$）の、あわせて 3 通りです。

そして、$\overline{X} = 5$ となる確率は、次のように求められます。

$$P(\overline{X} = 5) = \frac{1}{10} \times \frac{6}{10} + \frac{3}{10} \times \frac{3}{10} + \frac{6}{10} \times \frac{1}{10} = \frac{6}{100} + \frac{9}{100} + \frac{6}{100} = \frac{21}{100}$$

$\overline{X} = 5$ である確率　　$X_1 = 3$ かつ $X_2 = 7$ である確率　　$X_1 = 5$ かつ $X_2 = 5$ である確率　　$X_1 = 7$ かつ $X_2 = 3$ である確率

左ページの 表1 を参照

（次のページへ続く）

同様に考えると、$\overline{X}$ のとる値は、3、4、5、6、7です。$\overline{X} = 5$ 以外の確率を求めると、次のようになります。

$$P(\overline{X} = 3) = \underbrace{\frac{1}{10} \times \frac{1}{10}}_{X_1 = 3 \text{ かつ } X_2 = 3 \text{ である確率}} = \frac{1}{100}$$

$$P(\overline{X} = 4) = \underbrace{\frac{1}{10} \times \frac{3}{10}}_{\substack{X_1 = 3 \text{ かつ} \\ X_2 = 5 \text{ で} \\ \text{ある確率}}} + \underbrace{\frac{3}{10} \times \frac{1}{10}}_{\substack{X_1 = 5 \text{ かつ} \\ X_2 = 3 \text{ で} \\ \text{ある確率}}} = \frac{3}{100} + \frac{3}{100} = \frac{6}{100}$$

$$P(\overline{X} = 6) = \underbrace{\frac{3}{10} \times \frac{6}{10}}_{\substack{X_1 = 5 \text{ かつ} \\ X_2 = 7 \text{ で} \\ \text{ある確率}}} + \underbrace{\frac{6}{10} \times \frac{3}{10}}_{\substack{X_1 = 7 \text{ かつ} \\ X_2 = 5 \text{ で} \\ \text{ある確率}}} = \frac{18}{100} + \frac{18}{100} = \frac{36}{100}$$

$$P(\overline{X} = 7) = \underbrace{\frac{6}{10} \times \frac{6}{10}}_{\substack{X_1 = 7 \text{ かつ} \\ X_2 = 7 \text{ で} \\ \text{ある確率}}} = \frac{36}{100}$$

これをもとにすると、$\overline{X}$ の確率分布は、次の **表2** のようになります。

表2

$\overline{X}$	3	4	5	6	7	計
P	$\frac{1}{100}$	$\frac{6}{100}$	$\frac{21}{100}$	$\frac{36}{100}$	$\frac{36}{100}$	1

この分布により、P224 の **例題**（2）の答えである、標本平均 $\overline{X}$ の期待値 $E(\overline{X})$、分散 $V(\overline{X})$、標準偏差 $\sigma(\overline{X})$ は、次のように求められます。

期待値 $E(\overline{X}) = 3 \cdot \frac{1}{100} + 4 \cdot \frac{6}{100} + 5 \cdot \frac{21}{100} + 6 \cdot \frac{36}{100} + 7 \cdot \frac{36}{100}$

$$= \frac{3}{100} + \frac{24}{100} + \frac{105}{100} + \frac{216}{100} + \frac{252}{100} = \frac{600}{100} = \underset{\sim}{6}$$

分散 $V(\overline{X}) = (3-6)^2 \cdot \frac{1}{100} + (4-6)^2 \cdot \frac{6}{100} + (5-6)^2 \cdot \frac{21}{100} + (6-6)^2 \cdot \frac{36}{100} + (7-6)^2 \cdot \frac{36}{100}$

$$= \frac{9}{100} + \frac{24}{100} + \frac{21}{100} + 0 + \frac{36}{100} = \frac{90}{100} = \underset{\sim}{\frac{9}{10}}$$

標準偏差 $\sigma(\overline{X}) = \sqrt{\frac{9}{10}} = \frac{\sqrt{9}}{\sqrt{10}} = \frac{3}{\sqrt{10}} = \underset{\sim}{\frac{3\sqrt{10}}{10}}$

コレで完璧！ ポイント

標本平均 $\overline{X}$ の期待値 $E(\overline{X})$、分散 $V(\overline{X})$、標準偏差 $\sigma(\overline{X})$ の性質をおさえよう！

例題 （1）では、母集団について、次のように求められました。

母平均 $m=6$、 母分散 $\sigma^2=\dfrac{9}{5}$、 母標準偏差 $\sigma=\dfrac{3\sqrt{5}}{5}$

（2）では、標本平均 $\overline{X}$ について、次のように求められました。

期待値 $E(\overline{X})=6$、 分散 $V(\overline{X})=\dfrac{9}{10}$、 標準偏差 $\sigma(\overline{X})=\dfrac{3\sqrt{10}}{10}$

（1）と（2）の結果を比べると、母平均 m と期待値 $E(\overline{X})$ は同じ値6です。一方、母分散 σ^2 の $\dfrac{9}{5}$ を大きさ 2 で割ると、$\dfrac{9}{5}\div 2=\dfrac{9}{10}$ となり、分散 $V(\overline{X})$ と等しくなることがわかります。

また、母標準偏差 $\sigma=\dfrac{3\sqrt{5}}{5}$ を、（大きさ 2 を $\sqrt{}$ に入れた）$\sqrt{2}$ で割ると、$\dfrac{3\sqrt{5}}{5}\div\sqrt{2}=\dfrac{3\sqrt{5}}{5\sqrt{2}}=\dfrac{3\sqrt{10}}{10}$

となり、標準偏差 $\sigma(\overline{X})$ と等しくなります。ここから、次のことがわかります。

> **標本平均の期待値、分散、標準偏差**
>
> 母平均 m、母分散 σ^2、母標準偏差 σ の母集団から、大きさ n の標本を無作為に復元抽出するとき、標本平均 $\overline{X}$ の期待値 $E(\overline{X})$、分散 $V(\overline{X})$、標準偏差 $\sigma(\overline{X})$ は、
>
> $$E(\overline{X})=m、\qquad V(\overline{X})=\frac{\sigma^2}{n}、\qquad \sigma(\overline{X})=\frac{\sigma}{\sqrt{n}}$$

例題 では復元抽出（標本を1個ずつ戻しながら抽出）の場合について調べました。
一方、非復元抽出（標本を戻さず抽出）については、母集団の大きさが（標本の大きさ n より）十分に大きいとき、復元抽出の結果とほぼ同様になると考えられます。

✍ **練習問題**

母平均30、母分散20、母標準偏差 $2\sqrt{5}$ の母集団から、大きさ5の標本を無作為に復元抽出するとき、標本平均 $\overline{X}$ の期待値 $E(\overline{X})$、分散 $V(\overline{X})$、標準偏差 $\sigma(\overline{X})$ をそれぞれ求めましょう。

解答

母平均 m、母分散 σ^2、母標準偏差 σ の母集団から、大きさ n の標本を無作為に復元抽出するとき、標本平均 $\overline{X}$ の期待値 $E(\overline{X})$、分散 $V(\overline{X})$、標準偏差 $\sigma(\overline{X})$ は、「$E(\overline{X})=m$」「$V(\overline{X})=\dfrac{\sigma^2}{n}$」「$\sigma(\overline{X})=\dfrac{\sigma}{\sqrt{n}}$」であることをもとに求めましょう。

$m=30$、$\sigma^2=20$、$\sigma=2\sqrt{5}$、$n=5$ だから、

$$E(\overline{X})=m=\underline{30}、\qquad V(\overline{X})=\frac{\sigma^2}{n}=\frac{20}{5}=\underline{4}、\qquad \sigma(\overline{X})=\frac{\sigma}{\sqrt{n}}=\frac{2\sqrt{5}}{\sqrt{5}}=\underline{2}$$

13 母平均と母比率の推定

ここが
大切！

信頼度、信頼区間、推定のそれぞれの意味をおさえよう！

 コレで完璧！ ポイント

「母平均の推定」を学ぶ前に復習しよう！

本題に入る前に、次の2つのことを復習しましょう。

ア **正規分布から標準正規分布へ**

確率変数 X が正規分布 $N(m, \sigma^2)$ に従う場合、$Z = \dfrac{X - m}{\sigma}$ とおくと、Z は標準正規分布 $N(0, 1)$ に従います（P212）。ちなみに、正規分布 N の表し方は、$N(平均, 分散)$ です。

イ **標本平均の期待値、分散、標準偏差**

母平均 m、母分散 σ^2、母標準偏差 σ の母集団から、大きさ n の標本を無作為に復元抽出するとき、標本平均 $\overline{X}$ の期待値 $E(\overline{X})$、分散 $V(\overline{X})$、標準偏差 $\sigma(\overline{X})$ は、

$$E(\overline{X}) = m、\qquad V(\overline{X}) = \frac{\sigma^2}{n}、\qquad \sigma(\overline{X}) = \frac{\sigma}{\sqrt{n}}$$

となります（P227）。

コレで完璧！ ポイント の ア から、「確率変数 X が正規分布 $N(m, \sigma^2)$ に従う場合、$Z = \dfrac{X - m}{\sigma}$ とおくと、Z は標準正規分布 $N(0, 1)$ に従う」ので、これを標本平均 $\overline{X}$ にあてはめて考えてみましょう。

ところで、「n が十分に大きいとき、標本平均 $\overline{X}$ は近似的に、正規分布 $N\left(m, \dfrac{\sigma^2}{n}\right)$ に従う」ことが知られています（ここで初めて習います）。

そこで、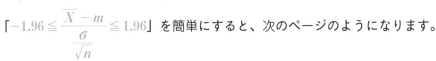 コレで完璧！ ポイント の ㋑（$\overline{X}$ の期待値 $E(\overline{X}) = m$、分散 $V(\overline{X}) = \dfrac{\sigma^2}{n}$、標準偏差

$\sigma(\overline{X}) = \dfrac{\sigma}{\sqrt{n}}$） から、$Z = \dfrac{X - m}{\sigma}$ の、X に $\overline{X}$ を、σ に $\dfrac{\sigma}{\sqrt{n}}$ をそれぞれ代入すると、

$Z = \dfrac{\overline{X} - m}{\dfrac{\sigma}{\sqrt{n}}}$ となります。この $Z = \dfrac{\overline{X} - m}{\dfrac{\sigma}{\sqrt{n}}}$ が近似的に、**標準**正規分布 $N(0,\ 1)$ に従うという

ことです。

そのまま

X が正規分布 $N(m,\ \sigma^2)$ に従うとき、$Z = \dfrac{X - m}{\sigma}$ とおくと、Z は $N(0,\ 1)$ に従う

近似的に

標準正規分布

σ^2 に $\sqrt{\ }$ をつけて、$\sqrt{\sigma^2} = \sigma$

そのまま

$\overline{X}$ が正規分布 $N\left(m,\ \dfrac{\sigma^2}{n}\right)$ に従うとき、$Z = \dfrac{\overline{X} - m}{\dfrac{\sigma}{\sqrt{n}}}$ とおくと、Z は $N(0,\ 1)$ に従う

近似的に

標準正規分布

$\dfrac{\sigma^2}{n}$ に $\sqrt{\ }$ をつけて $\sqrt{\dfrac{\sigma^2}{n}} = \dfrac{\sqrt{\sigma^2}}{\sqrt{n}} = \dfrac{\sigma}{\sqrt{n}}$

ところで、正規分布表（P217）の 1.96 を調べると、確率が約 0.475 です。$0.475 \times 2 = 0.95$ なので、確率 $P(-1.96 \leqq Z \leqq 1.96) \fallingdotseq 0.95$ であるといえます。

この式に、$Z = \dfrac{\overline{X} - m}{\dfrac{\sigma}{\sqrt{n}}}$ を代入すると、

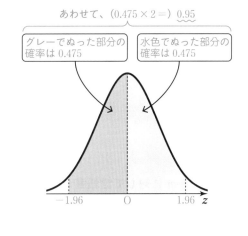

あわせて、$(0.475 \times 2 =)\ 0.95$

グレーでぬった部分の確率は 0.475

水色でぬった部分の確率は 0.475

$P\left(-1.96 \leqq \dfrac{\overline{X} - m}{\dfrac{\sigma}{\sqrt{n}}} \leqq 1.96\right) \fallingdotseq 0.95$　になります。

$P\left(-1.96 \leqq \dfrac{\overline{X} - m}{\dfrac{\sigma}{\sqrt{n}}} \leqq 1.96\right)$ のかっこのなかの

「$-1.96 \leqq \dfrac{\overline{X} - m}{\dfrac{\sigma}{\sqrt{n}}} \leqq 1.96$」を簡単にすると、次のページのようになります。

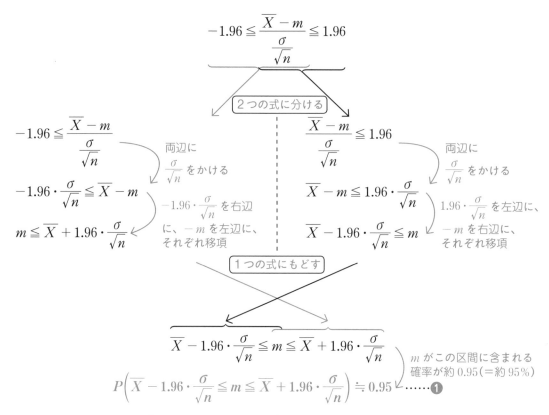

$$P\left(\overline{X} - 1.96 \cdot \frac{\sigma}{\sqrt{n}} \leq m \leq \overline{X} + 1.96 \cdot \frac{\sigma}{\sqrt{n}}\right) \fallingdotseq 0.95 \quad \cdots\cdots \text{❶}$$

❶の式は、「$\overline{X} - 1.96 \cdot \frac{\sigma}{\sqrt{n}}$ 以上、$\overline{X} + 1.96 \cdot \frac{\sigma}{\sqrt{n}}$ 以下」の区間に、母平均 m が含まれる確からしさが、約95%期待できることを表しています。

標本の大きさ n が十分に大きいとき、この区間を、母平均 m に対する、信頼度95%の信頼区間といい、

$$\left[\overline{X} - 1.96 \cdot \frac{\sigma}{\sqrt{n}}, \ \overline{X} + 1.96 \cdot \frac{\sigma}{\sqrt{n}}\right]$$

と表します。

※**母平均 m に対して信頼度95%の信頼区間を求めることを、「母平均 m を信頼度95%で推定する」** ともいいます（信頼度には、99%や90%などもありますが、ここでは省略します）。また、**母集団が正規分布に従うと仮定できるとき、標本をもとに、母平均などが入っていそうな区間を推定することを、区間推定**といいます。

📝 練習問題

ある工場で大量生産された商品のなかから、100個を無作為抽出して重さをはかりました。その結果、重さの平均値が 151.8g でした。重さの母標準偏差が 5g のとき、商品1個の重さの平均値を、信頼度95%で推定しましょう。ただし、小数第2位を四捨五入して、小数第1位まで答えてください。

標本平均 $\overline{X}$ について、母標準偏差が σ、大きさが n のとき、母平均 m（商品1個の重さの平均値）に対する、信頼度 95% の信頼区間は、$\left[\overline{X} - 1.96 \cdot \dfrac{\sigma}{\sqrt{n}},\ \overline{X} + 1.96 \cdot \dfrac{\sigma}{\sqrt{n}}\right]$ です。

これに、$\overline{X} = 151.8$、$\sigma = 5$、$n = 100$ を代入すると、

$$\left[151.8 - 1.96 \cdot \frac{5}{\sqrt{100}},\ 151.8 + 1.96 \cdot \frac{5}{\sqrt{100}}\right]$$

$\dfrac{5}{\sqrt{100}} = \dfrac{5}{10} = \dfrac{1}{2}$ なので、さらに計算して小数第1位まで答えると、$[150.8, 152.8]$

コレで完璧！ ポイント

標本比率から、母比率を推定しよう！

母集団のなかで、ある性質 A をもつ個体の割合を、性質 A の**母比率**といいます。一方、**標本のなかで、性質 A をもつ個体の割合**を、性質 A の**標本比率**といいます。母比率と標本比率について、次のことが成り立ちます。

> 標本の大きさ n が十分に大きいとき、標本比率を R とします。このとき、母比率 p に対する信頼度 95% の信頼区間は、$\left[R - 1.96\sqrt{\dfrac{R(1-R)}{n}},\ R + 1.96\sqrt{\dfrac{R(1-R)}{n}}\right]$

これを使って、次の問題を解いてみましょう。

問題 あるテレビ番組の（個人の）視聴率を調べたところ、400人中40人が視聴したという結果が出ました。この番組の視聴者全体における視聴率 p に対して、信頼度 95% の信頼区間を求めましょう。ただし、小数第4位を四捨五入して、小数第3位まで答えてください。

解き方 400人中40人が視聴したので、標本比率 $R = \dfrac{40}{400} = \dfrac{1}{10} = 0.1$ です。

$\left[R - 1.96\sqrt{\dfrac{R(1-R)}{n}},\ R + 1.96\sqrt{\dfrac{R(1-R)}{n}}\right]$ に、$R = 0.1$、$n = 400$ を代入すると、

$$\left[0.1 - 1.96\sqrt{\frac{0.1(1-0.1)}{400}},\ 0.1 + 1.96\sqrt{\frac{0.1(1-0.1)}{400}}\right]$$

$\sqrt{\dfrac{0.1(1-0.1)}{400}} = \dfrac{\sqrt{0.09}}{\sqrt{400}} = \dfrac{0.3}{20} = 0.015$ なので、さらに計算して

小数第3位まで答えると、$[0.071, 0.129]$

※ $[0.071, 0.129]$ は、この番組の視聴率の信頼度 95% の信頼区間が、約 7.1% 以上、約 12.9% 以下であることを表します。

14 正規分布を使った仮説検定

ここが
大切！

仮説検定の問題を **5つのステップ** で解こう！

※2022年度以降に高校に入学した生徒は、新学習指導要領によって、数学Bに新たに加わった「仮説検定」を学びます。

1 仮説検定を学ぶための用語の復習

真 … 命題（正しいか正しくないかがはっきり決まる文や式）が正しいとき、その命題は真であるという

否定 … 条件 p に対して、「p でない」という条件を、p の否定という

2 正規分布を使った仮説検定

 コレで完璧！ ポイント

仮説検定の問題は、5ステップで求めよう！
次の5ステップで、「母集団についての、ある仮説が正しいかどうかを、標本をもとに判断する**方法**」を、**仮説検定**といいます。

ステップ1 対立仮説 H_1（証明したい仮説）を立てる

ステップ2 帰無仮説 H_0（対立仮説 H_1 と逆の内容をもつ仮説）を立てる

ステップ3 帰無仮説 H_0 を正しいと仮定したとき、その事象が起こる確率 p を求める

ステップ4 **ステップ3** で求めた確率 p と、有意水準（めったに起こらないと考えられる確率）を比べて、帰無仮説 H_0 が真であることを否定できるかどうかを確認する

ステップ5 帰無仮説 H_0 が真であることを否定できた場合、対立仮説 H_1 は正しいと考えられる

では実際に、仮説検定の問題を解いてみましょう。

例題 あるコインを 400 回投げたとき、表が 223 回出ました。このとき、このコインには歪みがあると言えるでしょうか。ただし、有意水準は 5% とします。

解き方のコツ すでに習った、次の⑦〜⑨を使います。

二項分布の表し方

1回の試行において、事象 A が起こる確率を p とします。

この試行を n 回行う反復試行において、A の起こる回数を X とすると、『確率変数 X の確率分布は、二項分布 $B(n, p)$ に従う』と表します（P208）。

試行を
行う回数

1回の試行で
事象 A が
起こる確率

二項分布の正規分布による近似

二項分布 $B(n, p)$ に従う確率変数 X について、試行の回数 n が十分に大きいとき、$q = 1 - p$ とすると、正規分布 $N(np, npq)$ に近づいていきます。ちなみに、正規分布 N の表し方は、$N(平均, 分散)$ です（P218）。

正規分布から標準正規分布へ

確率変数 X が正規分布 $N(m, \sigma^2)$ に従う場合、$Z = \dfrac{X - m}{\sigma}$ とおくと、Z は標準正規分布 $N(0, 1)$ に従います（P212）。

解答 （ 解答 は P235 まで続きます。また、大事なポイントに、**グレーのかげ** をつけています。）

コレで完璧！ポイント の5ステップで解きましょう。

ステップ 1 対立仮説 H_1（証明したい仮説）を立てる

「このコインには歪みがある」ということについて、「表が出る確率と、裏が出る確率は等しくない」というのが対立仮説 H_1（証明したい仮説）です。

ステップ 2 帰無仮説 H_0（対立仮説 H_1 と逆の内容をもつ仮説）を立てる

ステップ 1 の対立仮説 H_1「表が出る確率と、裏が出る確率は等しくない」と逆の内容が帰無仮説 H_0 です。だから、帰無仮説 H_0 は「表が出る確率と、裏が出る確率は等しい」です。

対立仮説 H_1 ←逆の内容→ 帰無仮説 H_0

ステップ 3 帰無仮説 H_0 を正しいと仮定したとき、その事象が起こる確率 p を求める

帰無仮説 H_0「表が出る確率と、裏が出る確率は等しい」ことを真と仮定したとき、「表が 223 回以上出る」という事象が起こる確率 p を求めましょう。

この 例題 は、あるコインを 400 回投げる反復試行です。ここで、表が出る回数を X とすると、試行の回数は 400 回で、1回の試行で表が出る確率は $\dfrac{1}{2}$ です。よって、上の 解き方のコツ の⑦

から、X は二項分布 $B\left(400, \dfrac{1}{2}\right)$ に従います。

試行を
行う回数

1回の試行で
表が出る確率

（次のページへ続く）

PART
9

確率分布と統計的な推測

また、 解き方のコツ の④から、二項分布 $B(n, p)$ に従う確率変数 X について、試行の回数が十分に大きいとき、$q = 1 - p$ とすると、正規分布 $N(np, npq)$ に近づいていきます。$n = 400$、$p = \dfrac{1}{2}$、$q = 1 - \dfrac{1}{2} = \dfrac{1}{2}$ だから、確率変数 X は、近似的に正規分布 $N\left(400 \cdot \dfrac{1}{2},\ 400 \cdot \dfrac{1}{2} \cdot \dfrac{1}{2}\right)$、すなわち、$N(200, 100)$ に従います。

正規分布 N の表し方は、$N(\text{平均},\ \text{分散})$ なので、平均 $m = 200$、分散 $\sigma^2 = 100$ ということです。よって、標準偏差 $\sigma = \sqrt{100} = 10$ とわかります。

ここで、 解き方のコツ の⑦から、確率変数 X が正規分布 $N(m, \sigma^2)$ に従う場合、$Z = \dfrac{X - m}{\sigma}$ とおくと、Z は標準正規分布 $N(0, 1)$ に従います。

$m = 200$、$\sigma = 10$ を、$Z = \dfrac{X - m}{\sigma}$ に代入すると、$Z = \dfrac{X - 200}{10}$ となります。この $Z = \dfrac{X - 200}{10}$ が、近似的に標準正規分布 $N(0, 1)$ に従います。

問題文から、表が出る回数 $X = 223$ を、$Z = \dfrac{X - 200}{10}$ に代入すると、

$Z = \dfrac{223 - 200}{10} = \dfrac{23}{10} = 2.3$ です。

ここで、正規分布表（P217）の 2.30 を調べると、確率 $P(0 \leqq Z \leqq 2.3) = 0.4893$　……❶

表が 223 回以上出る確率 $P(X \geqq 223) = P(Z \geqq 2.3)$ は、次の「標準正規分布のグラフ」の水色部分（Ⓑの部分）にあたります。

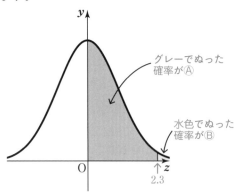

グレーでぬった
確率がⒶ

水色でぬった
確率がⒷ

Ⓑの確率を求めるには、「Ⓐ＋Ⓑの確率」すなわち $P(Z \geqq 0)$ から、「Ⓐの確率」すなわち $P(0 \leqq Z \leqq 2.3)$ を引けばよいことがわかります。

$P(Z \geqq 0) = 0.5$ で、左ページの**❶**から、$P(0 \leqq Z \leqq 2.3) = 0.4893$ なので、

Ⓑの確率 $P(X \geqq 223) = P(Z \geqq 2.3)$ は、次のように求められます。

$P(X \geqq 223)$

$= P(Z \geqq 2.3)$ ← Ⓑの部分の確率を求めたい

$= P(Z \geqq 0) - P(0 \leqq Z \leqq 2.3)$ ← Ⓑ = 右半分（Ⓐ＋Ⓑ）－ Ⓐ
　　　　　　　　　　　　　　　　　$P(Z \geqq 0) = 0.5$
　　　　　　　　　　　　　　　　　$P(0 \leqq Z \leqq 2.3) = 0.4893$

$= 0.5 - 0.4893$ ←

$= 0.0107$（百分率に直すと、約 1.1%）

ステップ4 **ステップ3** で求めた確率 p と、有意水準（めったに起こらないと考えられる確率）を比べて、帰無仮説 H_0 が真であることを否定できるかどうかを確認する

ステップ3 から、表が 223 回以上出る確率は約 1.1% と求められました。これは、（問題文に書いている）有意水準 5% より小さいです。

そのため、帰無仮説 H_0「表が出る確率と、裏が出る確率は等しい」が真であることが否定できると考えられます。

ステップ5 帰無仮説 H_0 が真であることを否定できた場合、対立仮説 H_1 は正しいと考えられる

ステップ4 で、帰無仮説 H_0 が真であることを否定できたので、対立仮説 H_1「表が出る確率と、裏が出る確率は等しくない」は正しいと考えられます。

よって、「このコインには歪みがある」と考えるのが適切であるとわかります。

（P232の 例題 の 解答 終了）

⚡ **コレで完璧！ ポイント**

帰無仮説が否定できない場合は、どう考えればいい？

例題 の 解答 **ステップ4** で帰無仮説が真であることを否定できたので、対立仮説は正しいと導けました。

一方、帰無仮説が否定できない場合は、どのように考えればよいのでしょうか？

帰無仮説が否定できないとき、「帰無仮説は正しい」と判断するのは誤りなので注意しましょう。

正しくは、帰無仮説に矛盾がないことが示されただけです。

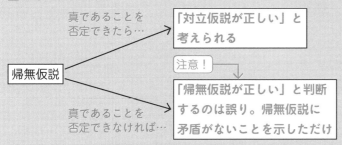

例えば、 例題 の問題文の回数を「223 回」から「215 回」にかえると、表が 215 回以上出る確率は約 6.7% と求められます。この約 6.7% が、有意水準 5% より大きいからといって、帰無仮説の「表が出る確率と、裏が出る確率は等しい」ことを真と考えるのは誤りということです。

仮説検定において、間違って理解されやすいところなので注意しましょう。

※ PART 9 - 14 の参考文献……高等学校学習指導要領（平成 30 年告示）解説【数学編　理数編】（文部科学省）

PART
9

確率分布と統計的な推測

意味つき索引

※太字のページには、用語の解説が詳しく載っています

237

ま行

や行

ら行

わ行

著者紹介

小杉　拓也（こすぎ・たくや）

◉——東大卒プロ数学講師、志進ゼミナール塾長。東大在学時から、プロ家庭教師、SAPIXグループの個別指導塾などで指導経験を積み、常にキャンセル待ちの人気講師として活躍。

◉——現在は、自身で立ち上げた個別指導塾「志進ゼミナール」で、小学生から高校生に指導を行う。毎年難関校に合格者を輩出。指導教科は小学校と中学校の全科目と高校数学で、暗算法の開発や研究にも力を入れている。数学が苦手な生徒の偏差値を43から62に上げて難関大学に合格させるなど、成績を飛躍的に伸ばす手腕に定評がある。

◉——もともと数学が得意だったわけではなく、中学3年生のときの試験では、学年で下から3番目の成績。分厚い数学の問題集をすべて解いても成績が上がらなかったため、基本に立ち返って教科書で勉強をしたところ、テストで点数がとれるようになる。それだけではなく、ほとんど塾に通わずに現役で東大に合格するほど学力が伸びた。この経験から、「自分にとって難しすぎる問題を解いても無意味」ということを知り、苦手意識のある生徒の学力向上に活かしている。

◉——おもな著書に、『ビジネスで差がつく計算力の鍛え方——「アイツは数字に強い」と言われる34のテクニック』（ダイヤモンド社）、『増補改訂版 中学校3年分の数学が教えられるほどよくわかる』（ベレ出版）などがある。

◉——本書は、ベストセラーになった『改訂版 小学校6年間の算数が1冊でしっかりわかる本』『改訂版 中学校3年間の数学が1冊でしっかりわかる本』『改訂版 高校の数学Ⅰ・Aが1冊でしっかりわかる本』（いずれもかんき出版）の続編で、高校数学Ⅱ・Bについて短時間で基礎から理解できるよう、ていねいに解説したもの。

かんき出版 学習参考書のロゴマークができました！

明日を変える。未来が変わる。

マイナス60度にもなる環境を生き抜くために、たくさんの力を蓄えているペンギン。
マナPenくんは、知識と知恵を蓄え、自らのペンの力で未来を切り拓く皆さんを応援します。

マナPenくん®

高校（こうこう）の数学（すうがく）Ⅱ（に）・B（びー）が1冊（さつ）でしっかりわかる本（ほん）

2023年2月6日　　第1刷発行
2024年9月26日　　第4刷発行

著　者——小杉　拓也
発行者——齊藤　龍男
発行所——株式会社かんき出版
　　　　　東京都千代田区麹町4-1-4 西脇ビル　〒102-0083
　　　　　電話　営業部：03(3262)8011代　編集部：03(3262)8012代
　　　　　FAX　03(3234)4421　　　　　振替　00100-2-62304
　　　　　https://kanki-pub.co.jp/
印刷所——TOPPANクロレ株式会社